U0190241

近代物理实验

刘海霞　康　颖　主编

中国海洋大学出版社
·青岛·

图书在版编目(CIP)数据

近代物理实验 / 刘海霞,康颖主编. —青岛:中国海洋
大学出版社,2013.8(2020.4 重印)

ISBN 978-7-5670-0422-1

Ⅰ.①近… Ⅱ.①刘…②康… Ⅲ.①物理学一实验
一高等学校一教材 Ⅳ.①O41-33

中国版本图书馆 CIP 数据核字(2013)第 211635 号

出版发行	中国海洋大学出版社		
社 址	青岛市香港东路 23 号	**邮政编码**	266071
出 版 人	杨立敏		
网 址	http://pub.ouc.edu.cn		
电子信箱	coupljz@126.com		
订购电话	0532—82032573(传真)		
责任编辑	李建筑	**电 话**	0532—85902505
印 制	日照报业印刷有限公司		
版 次	2013 年 9 月第 1 版		
印 次	2020 年 4 月第 2 次印刷		
成品尺寸	185 mm×260 mm		
印 张	20.25		
字 数	467 千		
定 价	48.00 元		

编委会

主　任：王金城

副主任：刘海霞　康　颖

编　委：王金城　刘海霞　康　颖
　　　　盖　磊　王桂忠　陈维真

主　编：刘海霞　康　颖

前　言

　　近代物理实验是为物理及相关专业高年级学生开设的一门重要的基础实验课程。近代物理实验不仅使学生生动直观地观察学习近代物理学发展过程中的重要实验,领会实验设计思想,进一步巩固和综合应用已学习的理论知识;而且通过严格的实验训练,丰富和活跃学生的物理思想,培养学生对物理现象的观察能力、分析能力,使其掌握近代物理实验方法,提高科学素质,以及创新能力、实践能力。

　　本教材所涉及的物理知识面广,具有多种理论、多种技术、多种学科交叉的特点。根据近代物理实验大纲的要求,及实验室现有设备,我们在选题时注意了以下几点:

　　(1)选择了一些在物理学发展历史上具有代表性、并对物理学发展起着重要作用的著名实验,其中有获得诺贝尔物理学奖的实验项目,通过这些实验加深学生对近代物理的基本现象和规律的理解,了解物理实验对推动物理学发展的重要作用和意义。

　　(2)挑选了一些在理论和技术上具有显著时代性的实验项目,包括现代光学、光谱学、磁共振技术、微波技术、光纤通讯、弱信号检测技术、色度学测量、混沌现象研究等方面的内容。注重知识的拓展与综合,知识难度的提升,以及现代科技知识与技术的融入。其中有些实验项目既包括必做内容,也包含具有提高性、设计性的选做内容,为能力较强的学生提供了拓展提高的空间。

　　本教材在 2001 年出版的《综合与近代物理实验》一书的基础上,既进行了全面的修改、补充和完善,又增加了一些新的实验项目,特别是新增加了基于 PASCO 科学工作室的物理实验项目。

　　基于 PASCO 科学工作室的物理实验不同于传统物理实验,亦非虚拟实验,而是采用"传统实验装置＋传感器＋接口＋计算机"配以 DataStudio 数据处理软件,用电脑采集和处理数据的实验方法。这是信息技术在教学实验领域的重要应用。其独特优点在于:

　　(1)与传统实验相比,实验设置时间大大减少,实验课的效率提高,实验耗材减少,学生有更多时间进行创造性的探索和尝试。

　　(2)使用了多种先进的传感器,可满足各种物理量的测量需要,尤其对瞬间变化的物理量(如小车碰撞前后的速度),可以真实实现传统仪器无法实现的过程。

　　(3)应用了数字化信息技术,能够在进行实验的同时,在计算机上进行数据处理和理论归纳,有益于培养学生理论联系实际的能力。

　　(4)开放性强。除能够囊括物理教学的大部分基础实验外,还可进行生物、化学、地球科学等基础科学实验。

　　(5)软件界面全部汉化,附带中英文对照的实验指导书,亦适合双语教学。

　　基于 PASCO 科学工作室的数字化物理实验目前在国内还没有专门的教材,而且也不适合与传统物理实验简单地归为一类。考虑到学生一般是完成基础物理实验项目之后,再进行基于 PASCO 系列实验,相当于基础实验到近代物理实验之间的一个过渡,而且这部分实验目前主要面向物理系有关专业的学生开设。因此,在本教材编排过程中,将 PASCO 系列实验列入。通过这部分内容,学生将从一个全新的角度去认识物理现象和过程,有益于他们开拓思路。提高认识和分析能力。

本教材力求提供较全面的基本知识,注重实验原理、方法和技术的系统性和完整性,在清楚叙述实验原理和方法的前提下,减少过细的实验指导,以培养学生独立思考、勇于实践的探索精神。

本教材是承担近代物理实验教学工作的教师和实验技术人员集体劳动的结晶。教材在编写过程中,参考了部分文献和兄弟院校的教材,编者在此向这些资料的作者表示衷心的感谢。

由于我们的水平所限,本书不足之处在所难免,希望使用本书的教师和学生提出宝贵意见,以便于我们今后改进。

编　者

2013 年 5 月

目　录

近代物理实验

基于 PASCO 科学工作室的数字化物理实验

测量误差及数据处理

§1 引 言

但凡测量都存在误差,误差存在于测量过程的始终,对此我们称为误差存在的普遍性。由于误差的存在,真值不能确切地知道,反过来,误差的计算也只能是一种估算。这就使我们实验所得到的测量结果,只能是给出一个真值可能存在的区间。

误差影响我们对客观真值的认识,而且普遍存在,所以在实验中一定要有误差观念。应正确估算误差,注意观察、分析引起误差的可能因素,设法避免、减小误差,尽量提高测量的精确度。

基于误差传递的误差分析在实验中有着重要的作用,可以帮助我们更好地进行实验(比如更好地选择参量,正确地使用仪器,选择得当的操作方法等),进一步改进实验,合理地设计实验。

误差按性质分为系统误差和随机误差两大类,系统误差又分为已定(定值)和未定(变量)系统误差。

随机误差由实验中微小的难以控制的随机因素引起,它表现为在很多次重复测量中所得观测值具有起伏性,并服从一定的统计分布。绝大部分实验的随机误差服从正态分布,通常用标准误差表示随机误差。标准误差是一个概率统计的概念,它表示多次重复测量中测量数据的离散程度。增加测量次数可减少实验结果的随机误差。

在实验测量中,观测值的随机性除了来自随机误差以外,有时还来自于待测物理量本身固有的随机性质。若待测物理量本身的统计涨落造成的测量值的离散程度大大超过测量的随机误差造成的离散程度,这时测量结果的随机性主要反映了待测物理量本身固有的随机性质。如在核物理实验中,利用各种探测器检测原子核衰变产生的各种射线时,计数率的统计涨落常常是造成测量数据离散的主要因素。

已定系统误差是其大小和正负均已确定的误差,未定系统误差则具有一定的不确定性。对系统误差的处理主要是发现和消除问题,这是一个重要而复杂的问题,它是实验者实验水平的重要体现。

从某种意义上讲,随机误差和系统误差之间的差别往往是一种程度上的差别,并非种类上的差别。如所谓引起随机误差的微小的难以控制的因素,是相对于观测者所能控制的程度而言,实际上,随机误差本身正是许多微小的、独立的、不可分离的系统误差的随机组合。

有效数字由可靠数字和存疑数字组成,误差表示测量的不准确性范围,它应与测量结果的有效数字相对应。测量结果的有效数字最后一位应该是绝对误差的末位数所在位,在未给出误差的情况下,可根据有效数字的运算规则大致确定测量结果的有效数字位数。

有效数字的位数多少与测量结果的相对误差相对应,有效数字位数越多,相对误差越小。据此并结合有效数字的运算规则,可以帮助我们更好地进行实验、改进实验、设计实验。用有效数字虽不及用误差分析那样严格、具体,但简单易行。

下面在已学测量误差和数据处理基本知识的基础上,就随机误差的统计分布,及其涉及的某些基本的概率统计概念,曲线拟合,系统误差的发现和消除作进一步的阐述。另外,现在国际上和国内都决定用不确定度来对测量结果进行表示,本教材对此作基本介绍。

§2　随机变量及其分布

一、随机变量

在个别实验中呈现不确定性,在大量重复实验中又具有规律性,此类现象称为随机现象。在一定条件下,某一事件可能出现,也可能不出现,这类事件称为随机事件。

在物理实验中因各种随机因素的存在或物理量本身的涨落统计,使单次测量的观测值具有随机性,而很多次重复测量的观测值表现为服从一定的分布,此属随机现象。而实验中某一个可能的观测值则为一个随机事件。

随机变量是为研究随机现象而引入的变量,它的各个可能取值分别代表其所包含的各个随机事件的实数。任何的一个随机事件都可以用一个实数表示,故随机变量的全部取值为实数轴上的一个集合。

随机变量按其取值的情况分为离散型和连续型:只能取一串或有限个可数的数值的随机变量称为离散型随机变量;而可能值布满某个区间的随机变量称为连续型随机变量。在核物理实验和单光子计数实验中,离子或光子的计数率是离散型随机变量,而在物理量的测量中,更多见的是连续型随机变量。

随机变量全部可能取值的集合称为母体或总体。一次测量得到随机变量的一个具体数值,称为随机变量的一个随机数。如果进行了 n 次独立的实验,得到随机变量的 n 个随机数 $(x_1, x_2, \cdots, x_n)$,则将其称为随机变量的一个随机子样(或称为样本),简称为子样。一个子样中随机数的数目 n 称为子样的容量。物理量的测量总是获得某些随机变量的子样,子样的容量由重复测量的次数决定。

二、随机变量的分布

随机现象的统计规律性表现为其包含的各个随机事件的统计分布,即随机变量的各个可能取值及其可能出现的概率的分布,称为随机变量的分布。

这个分布可用分布函数表示。另外,对离散型随机变量可用概率函数表示,对连续型随机变量可用概率密度函数表示。

若用 x 表示随机变量 X 的取值,则分布函数定义为

$$F(x)=P(X\leqslant x)$$

式中,$P(X\leqslant x)$ 为随机变量 X 的取值小于或等于 x 的概率。根据定义应有

$$F(-\infty)=0 \tag{1}$$

$$F(\infty)=1 \tag{2}$$

对离散型随机变量其概率函数定义为

$$p(x)=P(X=x) \tag{3}$$

式中,x 为 X 可取的分离值,$x=x_1,x_2,\cdots$。相应的分布函数应为

$$F(x) = \sum_{x_i\leqslant x} p(x_i) \tag{4}$$

对于连续型随机变量因其取某一 x 的概率趋于 0,故不能像离散型随机变量那样用概率函数表示其分布。在此我们引入概率密度函数,其定义为

$$f(x)=\mathrm{d}F(x)/\mathrm{d}x \tag{5}$$

相应的分布函数为

$$F(x) = \int_{-\infty}^{x} f(x)\mathrm{d}x \tag{6}$$

根据式(2)应有

$$\int_{-\infty}^{\infty} f(x)\mathrm{d}x = 1 \tag{7}$$

此称为概率密度函数应满足的归一化条件。

三、分布的数字特征

随机变量的分布函数能够完整地描述随机变量的统计特性,但在实际中,我们往往更关心随机变量分布的某些重要特征。为此,对于不同的分布,引入一些有共同定义的数字特征量,以表征这些特征,其中最重要的特征量是期望和方差。下面以连续型随机变量对其定义。

1. 随机变量的期望、方差和标准差

随机变量的期望(又称均值)定义为

$$E(x) = \int_{-\infty}^{\infty} xf(x)\mathrm{d}x \tag{8}$$

由此定义式可见,随机变量的期望即为随机变量按概率算得的平均值,所以期望又称均值。

随机变量的方差定义为

$$Var(x) = E[x - E(x)]^2 = \int_{-\infty}^{\infty} [x - E(x)]^2 f(x)\mathrm{d}x \tag{9}$$

从定义式可见,随机变量的方差即为随机变量与其平均值之差的平方的平均值。随

机变量的方差的平方根称为随机变量的标准差或根方差,用 σ 表示。不难想到,标准差和方差可以用来表征随机变量围绕其平均值的离散程度,即随机变量取值偏离其平均值起伏的大小。

2.两个随机变量的协方差

两个随机变量的协方差定义为

$$Cov(x,y)=\int_{-\infty}^{\infty}\int_{-\infty}^{\infty}\big[(x-E(x))(y-E(y))\big]f(x,y)\mathrm{d}x\mathrm{d}y \tag{10}$$
$$=E[(x-E(x))(y-E(y))]$$

式中,$f(x,y)$ 为随机变量 x 和 y 的联合概率密度函数。协方差描述两个随机变量的相关程度。当 x 和 y 相互独立时,可得 $Cov(x,y)=0$,若 $Cov(x,y)\neq0$,则 x 和 y 一定不相互独立。但是如果 $Cov(x,y)=0$,x 和 y 可能相互独立,也可能不相互独立。通常还用相关系数 $\gamma(x,y)$ 描述 x 和 y 的相关程度:

$$\gamma(x,y)=\frac{Cov(x,y)}{\sigma(x)\sigma(y)} \tag{11}$$

可证 $-1\leqslant\gamma(x,y)\leqslant1$。若 $\gamma(x,y)>0$,称 x 和 y 为正相关,y 值有随 x 值增大而增大的趋势;$\gamma(x,y)<0$,称 x 和 y 为负相关,y 值有随 x 的增大而减小的趋势;若 $|\gamma(x,y)|=1$,称为完全线性相关,此时一个变量是另一个变量的线性函数。图 1 表示具有各种相关系数的二维随机变量 (x,y) 的随机分布情形。

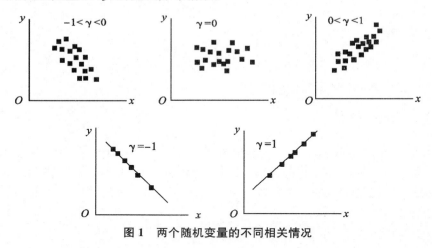

图 1　两个随机变量的不同相关情况

§3　随机误差的统计分布

一、随机误差的正态分布和数据处理

1. 正态分布

大量的实验和理论都证明,若随机误差是由若干独立的微小因素综合产生的,则随机误差服从正态分布,一般的物理实验绝大部分都属于这种情况。从理论上讲,实验中随机误差服从正态分布是相应于重复测量次数无限大的情况。

若以测量值 x 为随机变量,以 x_0 表示待测量的真值,则正态分布的密度函数表达式为

$$f(x)=\frac{1}{\sqrt{2\pi}\sigma}\mathrm{e}^{\frac{(x-x_0)^2}{2\sigma^2}} \qquad (-\infty<x<\infty) \tag{12}$$

计算可得测量值 x 的期望为

$$\int_{-\infty}^{\infty}xf(x)\mathrm{d}x=x_0=\frac{1}{n}\sum_{i=1}^{n}x_i=\bar{x} \qquad (n\to\infty) \tag{13}$$

方差为

$$\int_{-\infty}^{\infty}(x-x_0)^2f(x)\mathrm{d}x=\sigma^2=\frac{1}{n}\sum_{i=1}^{n}(x_i-x_0)^2 \qquad (n\to\infty) \tag{14}$$

标准差为

$$\sigma=\sqrt{\frac{\sum_{i=1}^{n}(x_i-x_0)^2}{n}} \qquad (n\to\infty) \tag{15}$$

若以随机误差 $\delta=x-x_0$ 为随机变量,则正态分布的表达式变为

$$f(\delta)=\frac{1}{\sqrt{2\pi}\sigma}\mathrm{e}^{\frac{\delta^2}{2\sigma^2}} \tag{16}$$

由式(12)和(16)可算得

$$p(-\sigma<\delta<\sigma)=\int_{-\sigma}^{\sigma}f(\delta)\mathrm{d}\delta=0.683 \tag{17}$$

或

$$p(x_0-\sigma<x<x_0+\sigma)=\int_{x_0-\sigma}^{x_0+\sigma}f(x)\mathrm{d}x=0.683 \tag{18}$$

由以上各式可知,当 $n\to\infty$ 时,测量值的算术平均值即为真值。标准误差 σ 的含义为:若做任一次测量,误差落在 $(-\sigma,\sigma)$ 区间内的概率 p 为 0.683,或者说,若做任一次测量,其测量真值落在 $(x_0-\sigma,x_0+\sigma)$ 区间内的概率为 0.683。σ 亦称为单次测量的标准误差。

上面所说的概率称为置信概率,其对应的区间称为置信区间。对应不同的置信概率有不同的置信区间。例如根据式(12)可算得,若置信概率取 0.997,则对应的置信区间为 $(x_0-3\sigma,x_0+3\sigma)$,$3\sigma$ 又称为极限误差。

概率论和数理统计的理论指出,若随机变量 X 服从正态分布,则 n 次测量的算术平均值 $\bar{x}$ 亦为随机变量,且亦服从正态分布。即:若做 n 次测量得到一个平均值 $\bar{x}$,如此重复得到很多个算术平均值,它们会有不同,其总体遵从正态分布规律。

可证,$\bar{x}$ 的期望值仍为真值 x_0,其标准误差 $\sigma(\bar{x})$ 是单次测量标准误差的 $\frac{1}{\sqrt{n}}$,即

$$\sigma(\bar{x})=\frac{\sigma}{\sqrt{n}}$$

2. 有限次测量中待测量的真值及其标准误差的估计

以上所给出的结果是对正态分布的母体而言的,即对应于测量次数无限大的情况。对于有限次测量,测量值 x 则偏离正态分布(以下会知服从 t 分布)。此时,算术平均值 $\bar{x}$ 亦不等于真值 x_0,但它是真值的最佳估计值,单次测量值的标准误差的估计值为

$$s = \sqrt{\frac{\sum_{i=1}^{n} \nu_i^2}{n-1}} = \sqrt{\frac{\sum_{i=1}^{n}(x_i - \bar{x})^2}{n-1}} \tag{19}$$

这里 $\nu_i = x_i - \bar{x}$ 称为残差,s 亦称为单次测量的标准偏差或测量列 $x_1, x_2, \cdots, x_n$ 的标准偏差。算术平均值 $\bar{x}$ 的标准误差估计值(算术平均值的标准偏差)为

$$s(\bar{x}) = \frac{s}{\sqrt{n}} = \sqrt{\frac{\sum_{i=1}^{n}(x_i - \bar{x})^2}{n(n-1)}} \tag{20}$$

3. 直接测量的数据处理

(1)等精度测量的数据处理

以上所讲的多次测量是在相同的条件下进行的,所以各次测量可以认为是等精度的,在此情况下,测量结果表示为

$$x = \bar{x} \pm s(\bar{x}) \tag{21}$$

其中,

$$\bar{x} = \frac{1}{n}\sum_{i=1}^{n}x_i, s(\bar{x}) = \sqrt{\frac{\sum_{i=1}^{n}(x_i - \bar{x})^2}{n(n-1)}}$$

式(21)表示的意义为,真值以约为 68.3% 的置信概率落在 $[\bar{x} - s(\bar{x}), \bar{x} + s(\bar{x})]$ 区间内。

注意:这里的"约 68.3%"概率是因为测量值 x 在有限次测量中偏离正态分布,若要保持标准偏差 68.3% 的置信概率,还应该乘一个 t 因子(后叙)。

(2)不等精度测量的数据处理

一般说,在不同测量条件下或用不同精度的仪器和不同的测量方法进行测量,所得的测量值是不等精度的。这时若依然取测量值的算术平均值作为最佳估计值显然是不合理的,应该让精度高的测量值有较大贡献、精度低的有较小贡献,即采用所谓的"加权平均"的做法,使精度不同的测量值占有不同的权(或权重)。

权 ω 可以如下定义:

$$\omega = \frac{k^2}{s^2} \tag{22}$$

式中,s 为测量值的标准偏差,k 为可使计算方便任意选取的常数,亦可令 $k=1$。

不等精度测量结果的表示式仍为 $x = \bar{x} \pm s(\bar{x})$,但这里 $\bar{x}$ 为测量值的加权平均值:

$$\bar{x} = \sum_{i=1}^{n} \omega_i x_i / \sum_{i=1}^{n} \omega_i \tag{23}$$

$s(\overline{x})$ 为加权平均值的标准偏差,即

$$s(\overline{x}) = \sqrt{\frac{1}{(n-1)\sum\limits_{i=1}^{n}\omega_i}\sum\limits_{i=1}^{n}\omega_i(x_i-\overline{x})^2} \tag{24}$$

从以上可见,标准偏差越小的观测值的权重越大,标准偏差越大的权重越小。

4. 间接测量的数据处理

设间接测量量为

$$y = f(x_1, x_2, \cdots)$$

其中,$x_1, x_2, \cdots$ 为直接测量量,且为独立变量。间接测量量的测量结果表示为

$$y = \overline{y} + s(\overline{y})$$
$$\overline{y} = f(\overline{x_1}, \overline{x_2}, \cdots)$$

其中,

$$s(\overline{y}) = \sqrt{\left[\frac{\partial f}{\partial x_1}s(\overline{x_1})\right]^2 + \left[\frac{\partial f}{\partial x_2}s(\overline{x_2})\right]^2 + \cdots} \tag{25}$$

式(25)亦称为标准偏差传递公式。

二、t 分布

上面一再提到,在测量中正态分布是以测量次数 $n \to \infty$ 为条件的,但实际中只能做有限次测量,此时遵从正态分布的随机变量偏离正态分布而服从 t 分布(亦称学生分布),令

$$t = \frac{\overline{x} - x_0}{s(\overline{x})} \qquad (x_0 \text{ 为真值}) \tag{26}$$

则随机变量 t 服从自由度为 $v = n-1$ 的分布,t 分布的概率密度函数为

$$f(t) = \frac{\Gamma(\frac{v+1}{2})}{\sqrt{v\pi}\Gamma(\frac{v}{2})}(1+\frac{t^2}{v})^{\frac{v+1}{2}} \tag{27}$$

其中,

$$\Gamma(\frac{v+1}{2}) = \int_0^\infty t^{\frac{v-1}{2}}\mathrm{e}^{-t}\mathrm{d}t$$

$$\Gamma(\frac{v}{2}) = \int_0^\infty t^{\frac{v}{2}-1}\mathrm{e}^{-t}\mathrm{d}t$$

为 Γ 函数,它的性质和运算规则可以由数学用表查得。

计算表明,t 的期望

$$E(t) = 0$$

t 的方差

$$Var(t) = \frac{v}{v-2} \qquad (v > 2)$$

式(27)表明,在有限次测量中,随机误差的分布不仅与误差的大小有关,而且与测量

的次数 $n(n=v+1)$ 有关。t 分布的概率密度函数是关于 $t=0$ 的对称分布图线，一般比正态分布图线矮而宽，且在 n 越小时越明显，当 n 较大如 $n>20$ 时，t 分布图线与正态分布图线基本上一致。

当 $n\to\infty$ 时，t 分布趋于标准化正态分布（即期望为 0，方差为 1 的正态分布）：

$$f(t)=\frac{1}{\sqrt{2\pi}}\mathrm{e}^{-\frac{t^2}{2}} \tag{28}$$

图 2 中，图线 Ⅱ 为 $v=4$ 的 t 分布图线，Ⅰ 为标准化正态分布图线。

根据概率密度函数的定义，随机变量 t 在某范围 $(-t_p,t_p)$ 内的概率 P（图 2）为

$$P(-t_p\leqslant t\leqslant t_p)=\int_{-t_p}^{t_p}f(t)\mathrm{d}t \tag{29}$$

从 t 分布的专门数据表可以查出各种测量次数的 t_p 与 P 的对应关系。

由 $t=\dfrac{\overline{x}-x_0}{s(\overline{x})}$ 可知，t 在 $(-t_p,t_p)$ 范围内，即

$-t_p\leqslant\dfrac{\overline{x}-x_0}{s(\overline{x})}\leqslant t_p$。由此可得

$$\overline{x}-t_p s(\overline{x})\leqslant x_0\leqslant\overline{x}+t_p s(\overline{x}) \tag{30}$$

结合式(29)可知，式(30)表明：真值以 P 的置信概率落在置信区间 $[\overline{x}-t_p s(\overline{x}),\overline{x}+t_p s(\overline{x})]$ 之内。

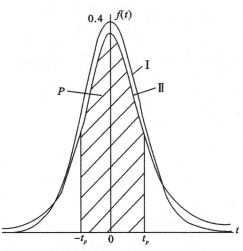

图 2　t 分布图线

由以上可知，在有限次测量中，若求出 $\overline{x}$ 和 $s(\overline{x})$，并根据所要求的 P 值和测量次数 n，从 t 分布数据表查出相应的 t_p 值，即可据式(30)求得真值以概率 P 可能落在其内的区间。

式(30)也可写为

$$x_0=\overline{x}\pm t_p s(\overline{x}) \tag{31}$$

由式(31)可见，在有限次测量中，特别在测量次数很少的情况下，要使测量结果中的误差仍保持标准偏差所对应的 68.3% 的置信概率，应该将 $s(\overline{x})$ 乘以 t 因子 $t_{0.683}$。即在系统误差可以忽略不计的情况下，服从正态分布的测量值，其测量结果的严格表示应为

$$x=\overline{x}\pm t_{0.683}s(\overline{x}) \quad(p=68.3\%) \tag{32}$$

表 1 为对应不同测量次数 n 的 $t_{0.683}$ 表。从表中可见，$t_{0.683}$ 随测量次数 n 的增加而趋于 1，相应于 t 分布当 $n\to\infty$ 时趋向正态分布。

表 1　不同测量次数 n 对应的 $t_{0.683}$

n	2	3	4	5	6	7	8	9	10	15	20	∞
$t_{0.683}$	1.84	1.32	1.2	1.14	1.11	1.09	1.08	1.07	1.06	1.04	1.03	1

三、二项式分布和泊松分布

1. 二项式分布

二项式分布是离散型分布。在对某一随机事件进行独立测量时，若事件出现的概率为 p，不出现的概率为 $q(q=1-p)$，那么 n 次独立重复测量中，该事件出现 k 次的概率为

$$P(k)=\frac{n!}{k!\ (n-k)!}p^{n}q^{n-h} \tag{33}$$

它的期望为 $\bar{k}=np$，方差为 $\sigma^{2}(k)=npq$。

2. 泊松分布

泊松分布也是离散型分布。当二项式分布中的 n 很大 p 又很小时，也就是说，对稀有事件进行很多次测量时，泊松分布是二项式分布的渐进表达式。泊松分布为

$$P(k)=\frac{\lambda^{k}}{k!}\mathrm{e}^{-\lambda} \tag{34}$$

其中，k 为出现该事件的次数，$\lambda=np$。在实际应用当中，当 $n\geqslant10$，$p\leqslant0.1$ 时，就可以选用泊松分布来描述。泊松分布的数学期望与方差都等于 λ，即 $\bar{k}=\lambda$，$\sigma^{2}(k)=\lambda$。因此，只要知道 λ 的值，就可以完全地确定其泊松分布。泊松分布如图 3 所示，它是一个不对称分布。数目相当多的原子各自独立发射光子或数目相当多的原子核各自独立发生衰变就是这种情形，这时单位时间内发射光子的数目或衰变次数遵从泊松分布。

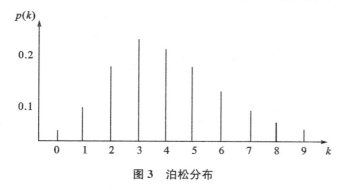

图 3　泊松分布

四、均匀分布

均匀分布的特点是随机变量 x 在一定的范围内，其概率密度函数为常数 $\frac{1}{2\varepsilon}$，而在该范围之外则为 0，即

$$f(x)=\begin{cases}\dfrac{1}{2\varepsilon} & |x|\leqslant\varepsilon \\ 0 & |x|>\varepsilon\end{cases} \tag{35}$$

$f(x)$ 的图线如图 4 所示。

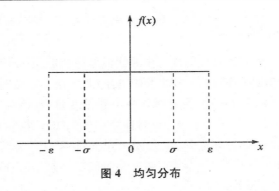

图 4　均匀分布

在物理实验中,如仪器灵敏阈不能反映的误差、仪器估读或数字截尾而引入的误差,都可认为服从均匀分布。

由计算可得,服从均匀分布的随机变量其期望为 0,标准差为 $\sigma = \dfrac{\varepsilon}{\sqrt{3}}$。

由 $\displaystyle\int_{-\sigma}^{+\sigma} f(x)\mathrm{d}x = \dfrac{1}{\sqrt{3}} = 57.7\%$ 可知,真值落入任意测量值附近 $\pm\sigma$ 的范围内的概率为 57.7%。又通过计算可知,对于随机误差其置信概率为 0.683 的取值区间为 $(-0.683\varepsilon, 0.683\varepsilon)$,$0.683\varepsilon \approx 2\varepsilon/3$。

如在进行读数时,由估读引起的估读误差最大不会超过最小可分辨单位的一半,即读数最后一位的半个单位,而且在这正负半个单位的区间内估读误差应该是均匀分布的。均匀分布式中的 ε 正好等于这半个单位,于是可得对应于置信概率为 0.683 的误差应为 $\dfrac{2}{3}\times\varepsilon = \dfrac{2}{3}\times\dfrac{1}{2} = \dfrac{1}{3}$ 个读数的最小单位,即对应于置信概率 0.683 有 1/3 个最小读数单位数的估读误差。

§4　测量结果的不确定度表示

一、测量结果的不确定度表示

1. 不确定度概念

在测量中由于误差的存在,真值不能确切知道,反过来,误差也不能确知,这就使测量的结果只能给出误差的可能范围,或真值存在的可能区间。为此,在误差的基础上引入不确定度概念,以作为对测量结果的不准确程度的量化表述。不确定度是测量误差可能范围的测度,或者说是待测值可能存在区间的估计,它和测量误差是不同的概念。按照误差的定义,误差是测量值与真值之差,而且在实际上是未知的,所以它不能作为测量结果的不确定程度的量化表示。

2. 不确定度的两类分量和合成不确定度

测量结果的不确定度一般包含若干分量,这些分量可按其数值的评定方法归并成

A、B 两类，A 类是对多次重复测量结果用统计方法计算的标准偏差；B 类是用其他方法估计的相当于标准偏差的值。

用标准偏差或相当于标准偏差的值表示的不确定度称为标准不确定度，它对应着约 68％的置信概率。如果各分量是独立的，测量结果的合成标准不确定度是各个分量平方和的正平方根。

根据需要可将合成标准不确定度乘以一个包含因子 k（取值范围为 2～3），作为展伸不确定度，使测量结果能以更高概率（95％以上）包含被测真值。

3. 测量结果的不确定度表示

测量结果的不确定度表示为

$$x = \bar{x} \pm \mu_x$$

$$U_r = \frac{\mu_x}{\bar{x}} \cdot 100\% \qquad (P = 68.3\%) \tag{36}$$

式中，$\bar{x}$ 为测量值的平均值；μ_x 为不确定度；U_r 为相对不确定度；P 为置信概率。上述表示式的意义是：待测量的真值以置信概率 P 落在 $(x - \mu_x, x + \mu_x)$ 范围内，其相对不确定度为 U_r。

在用不确定度对测量结果进行表示和书写时应注意下列问题：

(1)如果直接测量结果是最终结果，不确定度用一位或两位数字表示。如果是作为间接测量的一个中间结果，不确定度最好取两位数。相对不确定度一律用两位数的百分数来表示。

(2)不确定度在计算中做尾数截取时，采用"只入不舍"的办法，以保证不降低其置信概率水平。例如，计算得到不确定度为 0.241 2，截取两位数为 0.25，截取一位数为 0.3。

(3)测量结果的最末位以不确定度末位相对齐来确定并截取。例如，某长度 l 的测量结果，计算得其平均值为 1.835 49 m，其标准不确定度计算得 0.013 47 m，则测量结果表示为

$$l = (1.835 \pm 0.014)\text{m} \qquad U_r = 0.77\% \qquad (P \approx 68\%)$$

$$l = (1.84 \pm 0.02)\text{m} \qquad U_r = 1.1\% \qquad (P \approx 68\%)$$

二、直接测量结果的不确定度评定

在实际测量中，根据已定系统误差的处理原则，对测量结果的已定系统误差分量进行修正后，已定系统误差的影响即被消除。测量结果的不确定度由各类未定系统误差因素和随机误差因素引起。

1. 直接测量结果的 A 类不确定度分量估算

若对待测量 x 进行多次重复测量，测量结果以平均值 $\bar{x}$ 表示，其 A 类标准不确定度分量为

$$\mu_A = t_{0.68} \cdot s(\bar{x}) = t_{0.68} \cdot \sqrt{\frac{\sum_{i=1}^{n} (x_i - \bar{x})^2}{n(n-1)}} \tag{37}$$

式中，$s(\bar{x})$ 为平均值的标准偏差，$t_{0.68}$ 是 t 因子。若测量次数较多时，可考虑直接用 $s(\bar{x})$ 作为标准不确定度，即 $\mu_A = s(\bar{x})$。

2. 直接测量结果的 B 类不确定度分量估计

B 类不确定度是指用非统计方法求出或评定的不确定度，如测量仪器不准确、标准不准确、某些未定系统误差因素引起的测量不准确等。

评定 B 类不确定度常用估计的方法：

对 B 类不确定度的具体估计往往是一个复杂而容易存在争议的问题，因为它涉及获得 B 类不确定度的信息（如仪器准确度、器具材料的某些指标等）和引起不确定度因素的研究或认识（如对引起不确定度的误差服从的分布规律的估计等），对其估计是否适当还与实验者的实践经验和学识水平有关。对 B 类不确定度的估计是不确定度研究的重点问题。

在物理实验中，我们对直接测量能掌握的有关 B 类不确定度的信息主要来自于仪器或器件的准确度。对学生实验，基于简化考虑，在一般情况下仅限于对由仪器或器具引起的 B 类不确定度的处理。

对仪器和器具引起的不确定度介绍如下几种情况：

（1）不确定度给出为标准差的若干倍

例如，一标称值为 1 000 g 的标准砝码，鉴定证书给出信息：“质量 $m_s = 1\,000.000\,325$ g，该值的不确定度按三倍标准差为 240 μg。”显见，该值的 B 类不确定度 $\mu_B = 240\,\mu g/3 = 80\,\mu g$。

（2）不确定度给出较大的置信率区间

例如，标称值为 10 Ω 的标准电阻，标准证书给出：“在 23℃时，$R_0 = 10.000\,742\,\Omega \pm 129\,\mu\Omega (P=0.99)$。”显见置信率为 99%，故 129 $\mu\Omega$ 不是标准不确定度，它是展伸不确定度，是由标准不确定度乘以一个称作包含因子的系数得到的。包含因子与置信概率的关系如表 2 所示。

表 2　包含因子与置信概率的关系

$P(\%)$	50	68.3	90	95	99	99.7
K_p	0.674 5	1	1.645	1.96	2.576	3

从表 2 可知，129 $\mu\Omega$ 是由标准不确定度乘以 2.576 得到的，所以电阻 R 的 B 类标准不确定度 $\mu_B = 129\,\mu\Omega/2.576 = 50\,\mu\Omega$。

（3）信息给出的是仪器误差限

许多仪器给出的不是不确定度，而是误差限 Δ（物理实验中遇到的大部分是这种情况），则 B 类标准不确定度 μ_B 为

$$\mu_B = \Delta/K$$

式中，K 是一个系数，视仪器误差的概率分布而定。可以计算，若仪器误差为正态分布取 $K=3$，若为均匀分布取 $K=\sqrt{3}$。通常级别较高的仪器误差可视为正态分布，级别较低的仪器误差可视为均匀分布。在物理实验中若不能确定仪器误差的分布，可视为是均匀分

布。某些常用仪器的仪器误差限(亦称允差)见表3。

表3 某些常用实验仪器的允差

仪器名称	量程	分度	允差
木尺(竹尺)	30～50 cm	1 mm	±1.0 mm
	60～100 cm	1 mm	±1.5 mm
钢板尺	150 mm	1 mm	±0.10 mm
	500 mm	1 mm	±0.15 mm
	1 000 mm	1 mm	±0.20 mm
钢卷尺	1 m	1 mm	±0.8 mm
	2 m	1 mm	±1.2 mm
游标卡尺	0～125 mm	0.02 mm	±0.02 mm
		0.05 mm	±0.05 mm
螺旋测微器(千分尺)	0～25 mm	0.01 mm	±0.004 mm
七级天平(物理天平)	500 g	0.05 g	综合误差$\begin{cases}满量程\ 0.08\ g\\1/2\ 满量程\ 0.06\ g\\1/3\ 满量程\ 0.04\ g\end{cases}$
三级天平(分析天平)	200 g	0.1 mg	综合误差$\begin{cases}满量程\ 1.3\ mg\\1/2\ 满量程\ 1.0\ mg\\1/3\ 满量程\ 0.7\ mg\end{cases}$
普通温度计(水银或有机溶剂)	0℃～100℃	1℃	±1℃
精密温度计(水银)	0℃～100℃	0.1℃	±0.2℃
电表(0.5级)			0.5%×量程
电表(1.0级)			1.0%×量程
数字万用表			±a%×读数±字数(其中a对不同的表和不同的测量功能有不同的数值)

3. 直接测量结果的合成不确定度和测量结果表示

直接测量结果其 A、B 两类不确定度分量合成的标准不确定度可表示为

$$\mu_{\bar{x}}=\sqrt{\mu_{A}^{2}+\mu_{B}^{2}} \tag{38}$$

测量结果为

$$x=\bar{x}\pm\mu_{\bar{x}},U_{r}=\frac{\mu_{\bar{x}}}{\bar{x}}\cdot 100\% \qquad (P\approx 68\%) \tag{39}$$

4. 直接测量结果不确定度的评定步骤

(1)尽可能把测量中各种系统误差减至最小。例如,采用适当的测量方法予以抵消,或改变测量条件使之随机化,或确定出修正值进行修正。

(2)确定并记录仪器的型号,量程,最小分度值,示值误差限和灵敏阈。

(3)准备好测量时,取 3～4 个观察值并注意其偏差情况。如果偏差几乎不存在,或

与仪器的误差限相比很小,那就不必进行多次测量,而以其中任一次测量值表达测量结果,其不确定度只以仪器示值误差限计算。

(4)若发现各观测值偏差较大,以至于可以与仪器的误差限相比拟或更大,则取 5～10 次的测量值,以平均值表示测量结果,其不确定度以 A 类和 B 类的合成不确定度表示。

三、间接测量的不确定度和测量结果表示

设 y 为间接测量量,$x_1,x_2,\cdots$ 为独立的直接测量量:

$$y=f(x_1,x_2,\cdots)$$

其测量结果表示为

$$y=\bar{y}\pm\mu_{\bar{y}},U_r=\frac{\mu_{\bar{y}}}{\bar{y}}\cdot100\% \qquad (P\approx68\%) \qquad (40)$$

其中,

$$\bar{y}=f(\overline{x_1},\overline{x_2},\cdots)$$

$$\mu_{\bar{y}}=\sqrt{(\frac{\partial f}{\partial x_1}\cdot\mu_{x_1})^2+(\frac{\partial f}{\partial x_2}\cdot\mu_{x_2})^2+\cdots} \qquad (41)$$

以上 $\mu_{\bar{y}}$ 与 U_r 为间接测量量的不确定度和相对不确定度,$\mu_{\bar{x}_i}$ 为各直接测量量的不确定度。式(41)亦称为间接测量的不确定度的传递或合成公式,在形式上与标准偏差的传递公式完全一致。常用函数的不确定度传递公式可参照相应的标准偏差传递公式。

以上关于不确定度传递关系既适用于标准不确定度,也适用于高置信概率的不确定度,但要注意统一。所有直接测量值都用标准不确定度表达时,传递的间接测量结果的不确定度也是标准不确定度,即置信概率保持在 68% 左右。所有直接测量值都用高置信概率表达时,经传递后仍然是高置信概率的不确定度。

§5　曲线拟合

在数据处理中,经常需要根据两个量的一批测量值 $(x_i,y_i)(i=1,2\cdots,n)$ 来找出两个量 Y 与 X 满足的一个函数关系式 $Y=f(X)$,此类问题称为曲线拟合问题。在这类问题中,又可分为两种情况:①变量间的函数形式可根据理论分析或以往的经验确定,但其中的一些参数有待实验来确定;②变量间的具体函数形式没有确定,有待实验确定并估计出其中的参数,这类问题,往往用一个多项式来拟合。下面就如何用最小二乘法在等精度测量的条件下进行拟合作简单的介绍。

最小二乘法原理:设 Y 和 X 两个物理量有函数关系

$$Y=f(X;a_1,a_2,\cdots,a_k) \qquad (42)$$

其中,$a_1,a_2,\cdots,a_k$ 等参数有待确定,现在欲从一批测量到的数据 $(x_i,y_i)(i=1,2,\cdots,n)$ 作出对这些参数的估计。设实验中的误差主要来自对 Y 的测量,X 的测量误差可以忽略

不计。最小二乘法原理表明,在等精度测量的情况下,各参数的估值应使 Y 的测量值 y_i 与其真值的误差为最小,即各参数的估值应使下式为最小。

$$\sum_{i=1}^{n}\left[y_i - f(x_i;a_1,a_2,\cdots,a_k)\right]^2 \tag{43}$$

若 $Y=f(X,a_1,a_2,\cdots,a_k)$ 是参数 $a_1,a_2,\cdots,a_k$ 的线性函数,则称 $a_1,a_2,\cdots,a_k$ 为线性参数,否则为非线性参数。下面重点介绍线性参数情况,这其中又着重介绍常用的直线拟合和用多项式拟合曲线的情况。

一、线性参数情况

一般地讲,解决此类问题的大致程序为:①首先根据所测数据所表现的规律性,或根据理论、经验,确定 X 和 Y 的函数关系,即给出式(42)的具体形式;②根据最小二乘法原理,求式(43)对各参数的偏导数,并使其等于0,进而得到与参数个数相等的以各参数为未知数的线性方程所组成的方程组,借此方程组求出各参数的最佳估值;③因为测量值有误差,各参数的估值亦必有误差,求出各参数估值的标准差。必要时还可求出各参数估值间的协方差,以了解其相关关系。

一般来说,解上述方程组是一个很繁杂的工作,往往把方程组写成规定的形式(称为正规方程),采用矩阵—向量的方法对其表示和计算。矩阵方法不仅表达式简洁,而且特别便于计算机处理。

1. 直线拟合

(1)a 和 b 的估计

设 Y 和 X 两变量有直线关系

$$Y=a+bX \tag{44}$$

其中,a,b 是两个待定的参数。现由 X 和 Y 的 n 组测量值 $(x_i,y_i)(i=1,2,\cdots,n)$ 对参数 a,b 进行估值。

设 X 和 Y 两个量中 X 的相对误差很小可忽略,而 Y 有测量误差,且是等精度测量。根据最小二乘法原理,参数 a,b 的估值 $\hat{a},\hat{b}$ 应使下式为最小:

$$R = \sum_{i=1}^{n}\left[y_i - (a+bx_i)\right]^2 \tag{45}$$

由

$$\begin{cases} \dfrac{\partial R}{\partial a}=0 \\ \dfrac{\partial R}{\partial b}=0 \end{cases} \tag{46}$$

可得正规方程

$$\begin{cases} \hat{a}\cdot n+\hat{b}\sum_{i=1}^{n}x_i = \sum_{i=1}^{n}y_i \\ \hat{a}\sum_{i=1}^{n}x_i+\hat{b}\sum_{i=1}^{n}x_i^2 = \sum_{i=1}^{n}x_iy_i \end{cases} \tag{47}$$

解得

$$\hat{a} = \frac{\sum y_i \sum x_i^2 - \sum x_i \sum x_i y_i}{n \sum x_i^2 - (\sum x_i)^2} \tag{48}$$

$$\hat{b} = \frac{n \sum x_i y_i - \sum x_i \sum y_i}{n \sum x_i^2 - (\sum x_i)^2} \tag{49}$$

其中，$\sum$ 为 $\sum\limits_{i=1}^{n}$ 的简略表示形式（下同）。

（2）估值 $\hat{a}$ 和 $\hat{b}$ 的标准差 $s(\hat{a})$ 和 $s(\hat{b})$

求出 $\hat{a}$ 和 $\hat{b}$ 之后，可以求出各个测量值 y_i 与其最佳估值即 $(\hat{a}+\hat{b}x_i)$ 的残差 ν_i。

$$\nu_i = y_i - (\hat{a} + \hat{b}x_i) \tag{50}$$

各个 y_i 与其估值的残差会有不同，其离散程度可用 y 的测量值相对于其估值的标准偏量 $s(y)$ 表示。

$$s(y) = \sqrt{\frac{\sum \nu_i^2}{n-2}} \tag{51}$$

由 $\hat{a}$ 和 $\hat{b}$ 的计算式（48）和（49）可知，$\hat{a}$，$\hat{b}$ 为测量值 y_i 和 x_i 的函数，根据标准偏差传递公式，并据 $\hat{a}$ 和 $\hat{b}$ 的计算式可求得 $s(\hat{a})$ 和 $s(\hat{b})$，即由

$$s^2(\hat{a}) = \sum_{i=1}^{n} \left[\frac{\partial}{\partial y_i} \left[\frac{\sum y_i \sum x_i^2 - \sum x_i \sum x_i y_i}{n \sum x_i^2 - (\sum x_i)^2} \right] \right]^2 s^2(y) \tag{52}$$

$$s^2(\hat{b}) = \sum_{i=1}^{n} \left[\frac{\partial}{\partial y_i} \left[\frac{n \sum x_i y_i - \sum x_i \sum y_i}{n \sum x_i^2 - (\sum x_i)^2} \right] \right]^2 s^2(y) \tag{53}$$

计算可得

$$s(\hat{a}) = \frac{\sqrt{\dfrac{\sum x_i^2}{n}}}{\sqrt{\sum x_i^2 - \dfrac{1}{n}(\sum x_i)^2}} s(y) \tag{54}$$

$$s(\hat{b}) = \frac{1}{\sqrt{\sum x_i^2 - \dfrac{1}{n}(\sum x_i)^2}} s(y) \tag{55}$$

$$s(\hat{a}) = \sqrt{\frac{\sum x_i^2}{n}} s(\hat{b}) \tag{56}$$

（3）相关系数和线性相关检验

在"随机变量及其分布"一节中已讲述了可以用相关系数来检验变量 Y 和 X 的线性相关程度的问题，在这里不再复述。根据相关系数的定义可得出相关系数的计算式为

$$\gamma = \frac{L_{xy}}{\sqrt{L_{xx}L_{yy}}} \tag{57}$$

其中，

$$L_{xy} = \sum (x_i - \bar{x}) \sum (y_i - \bar{y}) = \sum x_i y_i - \frac{1}{n} \sum x_i \sum y_i$$

$$L_{xx} = \sum (x_i - \bar{x})^2 = \sum x_i^2 - \frac{1}{n} (\sum x_i)^2$$

$$L_{yy} = \sum (y_i - \bar{y})^2 = \sum y_i^2 - \frac{1}{n} (\sum y_i)^2$$

另外,不难想到,从另一角度看,假若 Y 和 X 为线性关系,那么 γ 的大小亦可反映由于误差存在而引起的测量的不准确性程度。如从关系式 $\dfrac{s(\hat{b})}{\hat{b}} = \dfrac{1}{\sqrt{n-2}} \sqrt{\dfrac{1}{r^2} - 1}$ 可见一斑。

(4)直线拟合的矩阵处理

用矩阵—向量形式表示的等精度测量的正规方程是

$$X^{\mathrm{T}} X \hat{A} = X^{\mathrm{T}} Y \tag{58}$$

其中,X^{T} 是 X 的转置矩阵,即用带有"T"的上角码表示响应矩阵的转置矩阵。

由式(58)可得到估值向量 $\hat{A}$ 的解的矩阵表示式

$$\hat{A} = (X^{\mathrm{T}} X)^{-1} X^{\mathrm{T}} Y \tag{59}$$

其中,$(X^{\mathrm{T}} X)^{-1}$ 为 $X^{\mathrm{T}} Y$ 的逆矩阵。

式(58)和(59)中的有关矩阵或向量,当应用于直线方程参数估计时,取下列形式:

$$Y = \begin{pmatrix} y_1 \\ y_2 \\ \vdots \\ y^n \end{pmatrix}; X = \begin{pmatrix} 1 & x_1 \\ 1 & x_2 \\ \vdots & \vdots \\ 1 & x_n \end{pmatrix}; \hat{A} = \begin{pmatrix} \hat{a} \\ \hat{b} \end{pmatrix} \tag{60}$$

其中,$(x_i, y_i)(i = 1, 2, \cdots, n)$ 是 Y 和 X 的 n 组测量值,$\hat{a}$ 和 $\hat{b}$ 为待估参数 a, b 的估值。在等精度测量,且各测量值相互独立的情况下,各参数的估计向量 $\hat{A}$ 的协方差矩阵 V_A 的表示式为

$$V_A = (X^{\mathrm{T}} X)^{-1} s^2(y) \tag{61}$$

其中,$s^2(y)$ 是测量值 y 的方差,它可由下式计算得到估值:

$$s^2(y) = \frac{R}{n-k} \tag{62}$$

其中,$R = \sum [y_i - (\hat{a} + \hat{b} x_i)]^2$,$k$ 为待估参数个数,在这里 $k = 2$。

据式(61)可得,参数 $\hat{a}, \hat{b}$ 的方差由 $(X^{\mathrm{T}} X)^{-1}$ 矩阵相应的对角元素和 $s^2(y)$ 的乘积给出;$\hat{a}, \hat{b}$ 间的协方差由 $(X^{\mathrm{T}} X)^{-1}$ 相应的非对角元素和 $s^2(y)$ 的乘积给出。

2.用多项式拟合曲线

设 X 和 Y 两个变量的一组测量数据为 $(x_i, y_i)(i = 1, 2, \cdots, n)$,而 X 和 Y 间的函数形式无法写出,但总可以找到一个多项式来描述 Y 和 X 间所遵循的关系。将 Y 写成

$$Y = a_0 + a_1 X + a_2 X^2 + \cdots + a_k X^k \tag{63}$$

式中,$a_0, a_1, a_2, \cdots, a_k$ 是待定的 $k+1$ 个线性参数,当式(63)右边的多项式的项数确定后,此曲线拟合问题就成为一个对多个线性参数的估值问题。

参数的正规方程和估值向量 $\hat{A}$ 的解的矩阵表示式仍为式(58)和(59),其中的 $\hat{A}$,Y 和 X 矩阵或向量的元素分别为

$$\hat{A}=\begin{bmatrix} \hat{a}_0 \\ \hat{a}_1 \\ \hat{a}_2 \\ \vdots \\ \hat{a}_k \end{bmatrix};Y=\begin{bmatrix} y_1 \\ y_2 \\ y_3 \\ \vdots \\ y_k \end{bmatrix};X=\begin{bmatrix} 1 & x_1 & x_1^2 & \cdots & x_1^k \\ 1 & x_2 & x_2^2 & \cdots & x_2^k \\ \vdots & \vdots & \vdots & & \vdots \\ 1 & x_n & x_n^2 & \cdots & x_n^k \end{bmatrix} \tag{64}$$

各参数的协方差矩阵 V_A 的表示式仍为式(61),V_A 是一个方阵,它的第 j 个对角元素与 $s^2(y)$ 的乘积为 $\hat{a}_j$ 的方差,V_A 的第 i,j 个矩阵元素与 $s^2(y)$ 的乘积为 $\hat{a}_i$ 和 $\hat{a}_j$ 的协方差。$s(y)$ 由式(62)求得,但式(62)中的 R 应为

$$R = \sum_{i=1}^{n} [y_i - (\hat{a}_0 + \hat{a}_1 x_i + \hat{a}_2 x_i^2 + \cdots + \hat{a}_k x_i^k)]^2$$

用多项式作曲线拟合时,正确地选取多项式的阶数是一个重要的问题,可用统计性的判据予以解决,此处不再作介绍。

二、非线性参数情况

当 $f(X;a_1,a_2,\cdots,a_k)$ 不是待定参数的线性函数,一般情况下,用最小二乘法原理求得的方程是参数 $(a_1,a_2,\cdots,a_k)$ 的非线性方程组,直接求解往往是不可能的。解决的办法是把非线性关系线性化。方法之一是根据 y 和 x 之间已知的函数关系作合适的变量替换,使其成为待定参数的线性函数。例如,$y=ae^{bx}$ 的函数关系中 a 和 b 是待定参数 $\ln a$ 和 b 的线性函数。

通过变量替换把非线性关系线性化不总是能够做到的,比较常用的方法是把 $f(X;a_1,a_2,\cdots,a_k)$ 在参数初始估计值 $a_1^{(0)},a_2^{(0)},\cdots,a_k^{(0)}$ 附近做泰勒展开,略去非线性项,使由最小二乘法原理所得的方程组线性化,然后用逐次迭代的方法求解。

以上介绍的有关曲线拟合的数学计算方法,实验者可根据自己已学数学的情况酌情采用。

§6　系统误差的发现和消除

随机误差表现为多次重复测量中所得数据的起伏性,可根据误差理论给出的计算式对其进行计算。而系统误差对不同实验的情况和表现往往各不相同,因而系统误差不仅不像随机误差那样容易发现,而且不存在对其进行计算的普遍方法。于是,实验中有时会出现这种情况,实际上存在系统误差,但却未能发现和消除,从而得出错误的实验结果。

另外,通过实验实践还会认识到,所有实验方法的改进、新仪器的研制,基本上都是围绕着如何减小和消除系统误差进行的,它与实验技术的创新密切相关。实际上在进行

实验方案设计时,一个重要问题就是如何限制或消除系统误差。

由上述可见,系统误差的发现和消除是一个重要而复杂的问题。可以这样讲,一个实验者的实验水平,不在于他对随机误差的处理,而更多地反映在他对系统误差的处理能力上,即在于他能否发现、消除或减小系统误差,以保证得到正确的实验结果。

系统误差的发现和消除主要靠对测量技术的研究,即从测量的各个方面,找出产生系统误差的各种可能因素,研究由其引起的系统误差的表现和规律,从而采取措施消除系统误差或引入修正量对测量结果进行修正。

系统误差的发现和消除对于某一情况可以有很多种方法,但还没有一种普遍适用的方法。下面就部分常用方法作简单介绍,以使对系统误差的发现和消除的问题有个基本认识。

一、已定(定值)系统误差的发现和消除

1. 对比法

已定系统误差使每次测量值都有固定偏离,因而不可能通过多次重复测量所得数据表现的规律和特点发现其存在。实验对比法是通过改变实验方法或实验条件等发现已定系统误差的一种方法,它是发现已定系统误差的根本方法。

将求得的测量值 $\bar{x}$ 与理论值或给定的公认值 x_H 相比较,若两者之差大于 $3s(\bar{x})$,则测量值必定存在定值系统误差,且大致可按 $\Delta = \bar{x} - x_H$ 来估算。

用两种方法做实验,对比其实验结果,若它们在随机误差允许的范围内不重合,则表示至少其中一个存在系统误差。

改变实验中的某个仪器、某个参数或某个实验条件进行对比测量,可发现某些因素引起的已定系统误差。

2. 替代法(置换法)

以天平为例,当天平平衡后保持左盘质量为 m 的砝码不变。将右盘的待测物体取下,放上质量为 m_H 的标准砝码,若天平再达平衡,则待测物体的质量 $M = m_H$。此可消除由天平不等臂或质量为 m 的砝码欠准等因素引起的已定系统误差。

3. 交换法(对置法)

交换法就是将待测量与标准量的位置互换进行两次测量,以达到消除某些已定系统误差的目的。仍以天平为例,设天平的两臂长为 $l_左$ 和 $l_右$,第一次称衡时将质量为 M 的重物放在左盘,砝码放在右盘,平衡时有 $M = \dfrac{l_右}{l_左} m_1$。然后互换位置,即将重物放在右盘,砝码放在左盘,再次平衡时有 $M = \dfrac{l_左}{l_右} m_2$(m_1 和 m_2 分别为两次称衡时的砝码质量)。于是可得 $M = \sqrt{m_1 m_2}$,这样就消除了因天平两臂不等长引起的定值系统误差。

4. 抵消法

这种方法是对待测量进行两次测量,使两次测量中的定值系统误差大小相等、方向相反,取两次测量值的平均值作为测量结果,从而消除系统误差。如霍尔效应实验中,霍

尔器件的不等势电压与工作电流的方向有关,改变工作电流的方向再做一次测量,取两次所得霍尔电压的平均值,即可消除不等势电压对测霍尔电压引起的定值系统误差。

5. 零示比较法

这种方法是电磁测量中常用的一种方法。在测量时,使待测量与标准量产生的效应相互抵消,使总的效应刚好为零,即达到平衡,从而消除系统误差。用直流电阻电桥测电阻就是典型的例子,其测量精确度决定于平衡指示器(检流计)的灵敏度和标准量(比例臂电阻和比较臂电阻)的精度,从而避开了像用伏安法测电阻那样因电表的内阻和电表的允许误差等引起的系统误差。电位差计中的补偿原理也属于这种方法。

二、未定(变值)系统误差的发现和消除

未定系统误差除依赖技术上的措施发现和消除外,还可用数据分析的方法发现它的存在。这是因为变值系统误差在每次测量中其大小和正负具有一定的不确定性,从而影响随机误差的分布和特征。现以用测量方法消除几种特殊情况下的变值系统误差为例,对此简略介绍如下。

1. 残差代数和法

以下三种用残差检验是否有变值系统误差存在的依据是:服从正态分布的随机误差具有对称性(或相消性),在物理实验中绝大部分随机误差都服从正态分布。

如将一组重复测量所得的 n 个数据 x_i 大致均分为两组,按测量次序排列起来,第一组 i 从 1 到 k,第二组 i 从 $k+1$ 到 n,若残差的正负没有一定规律性,如图 5(a)所示,且两组残差之和都趋向于零,即

$$\sum_{i=1}^{k} v_i \approx 0, \sum_{i=k+1}^{n} v_i \approx 0$$

若按测量的顺序来排列,残差 v_i 的大小及正负变化有明显的规律性。如从正逐渐变负,如图 5(b)所示,或从负逐渐变正,如图 5(c)所示,而且两组残差的代数和相差较大时,则可能存在递减或递增的变值系统误差。

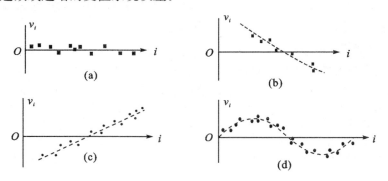

图 5　v_i 变化的规律

如两组残差的代数和都趋于零,但整个残差存在由正到负的变化,如图 5(d)所示,则可能存在周期性变化的系统误差。

2.残差的符号检验法

如不存在系统误差,则由随机误差的正负对称性可知,正残差的数目 n_+ 应与负残差的数目 n_- 基本相等,即应有 $|n_+ - n_-| \approx 0$。

如测量次数不太多,则一般只有在满足 $|n_+ - n_-| < \sqrt{n-1}$ 时,才可认为用这种方法未发现变值系统误差,否则应怀疑有系统误差存在。

应注意,用以上两种方法时要求测量次数 n 较大。

3.序差检验法

该法是发现变值系统误差一种较好的办法。它对于发现周期性变值系统误差尤为适用。其依据依然是随机误差的相消性,即对于对称的随机误差来讲,在 n 足够大时,其交叉项乘积之和应等于零,即有

$$\sum_{P \neq Q}^{n} v_Q \cdot v_P = 0$$

设按测量次序来排列的测量值为 $x_1, x_2, \cdots, x_n$,相应的残差为 $v_1, v_2, \cdots, v_n$,并令 $x_{n+1} = x_1, v_{n+1} = v_1$,则序差(相邻两个残差值之差)$v_i - v_{i+1}$ 的平方和 B 为

$$B = \sum_{i=1}^{n}(v_i - v_{i+1})^2 = \sum_{i=1}^{n} v_i^2 + \sum_{i=1}^{n} v_{i+1}^2 - 2\sum_{i=1}^{n} v_i \cdot v_{i+1}$$

因 $\sum_{i=1}^{n} v_i^2 = \sum_{i=1}^{n} v_{i+1}^2$,设它们等于 A,故当只存在随机误差时,由此时的 $\sum_{i=1}^{n} v_i \cdot v_{i+1} \approx 0$ 可知,如不存在变值系统误差,则应有 $B \approx 2A$ 或 $\frac{B}{2A} \approx 1$。如测量次数不太多,则至少应有 $\left| \frac{B}{2A} - 1 \right| \leqslant \frac{1}{\sqrt{n}}$。

可以根据上式是否成立来判断测量中有没有变值系统误差。

4.分布检验法

由理论分析或对同类测量的分析,可以认定测量值应服从某一统计分布。分布检验法就是通过检验测量值的分布与原认定的分布是否相符,对变值系统误差进行检验。若检验结果与原认定的分布不相符,则应怀疑测量中存在变值系统误差。

χ^2 检验法可对各种认定的分布进行检验,它是应用 χ^2 分布函数来实现检验的。当原假设的分布为正态分布时,可用检验正态分布的方差实现检验;当原假设分布是其他分布时,则用皮尔逊统计实现检验。对正态分布还可用 t(分布)检验法进行检验。

5.半周期观测法

这是消除周期性变化的变值系统误差的一种有效方法。从图 6 所示的周期性变化的系统误差中可看出,如在 θ 处测一个值,其误差为 $\Delta_1 = e\sin\theta$,而再隔半个周期测一个值,则其误差为 $\Delta_2 = e\sin(\theta + \pi) = -e\sin\theta$,将这两个测量值的平均数作为测量结果,就可消除周期性变值系统误差。如许多光学仪器为了消除圆刻度盘的刻度中心与其转动中心不重合而产生的偏心误差,在刻度盘直径的两端对称地设置两个读数游标进行读数,以消除只用单个游标进行读数时引起的偏心误差。若用单个游标读数,读数的偏心误差会以 $360°$ 为周期呈周期性变化。

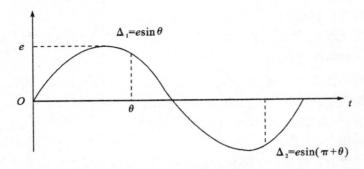

图6　周期性变化的系统误差图

6. 对称观测法

这种方法可消除测量中因某些因素的线性变化引起的系统误差。如一阻值为 R_x 的待测电阻串联一阻值为 R_0 的标准电阻,根据通电流时两个电阻上电压比等于其电阻比,对待测电阻阻值进行测量。若通过电阻的电流线性下降,如图7所示,图中 t_1,t_2,t_3 为等时间间隔点,显然在每个等时间间隔内电流有相同的变化,设为 ΔI。若在时刻 t_1 测得待测电阻两端电压为 U_1,设此时通过它的电流为 I_1,则有 $U_1=I_1R_x$;又在时刻 t_2 测得标准电阻两端电压为 U_0,设通过电流为 I_2,则有 $U_0=I_2R_0$;再在时刻 t_3 测得待测电阻两端电压为 U_3,设通过电流为 I_3,则有 $U_3=I_3R_x$;又应有 $I_1=I_2+\Delta I$,$I_3=I_2-\Delta I$。由以上各式可得

$$R_x=\frac{\frac{1}{2}(U_1+U_3)}{U_0}R_0$$

若只用前两次测量则得

$$R_x=\frac{U_1}{U_0}R_0\left(1-\frac{R_0\Delta I}{U_0+R_0\Delta I}\right)$$

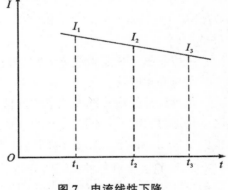

图7　电流线性下降

若以 $R_x=\frac{U_1}{U_0}R_0$ 计算测量结果,则有系统误差

$$\Delta R_x=-\frac{R_0\Delta I}{U_0+R_0\Delta I}\cdot\frac{U_1}{U_0}R_0$$

由以上分析可见,若以 t_2 为中心等时间间隔对称测量,则可消除因回路电流线性变化引起的系统误差。

近代物理实验

实验一　光电效应

1887年,赫兹在研究电磁辐射时意外发现,光照射金属表面时,在一定的条件下,有电子从金属的表面溢出,这种物理现象被称作光电效应,所溢出的电子称为光电子。由此光电子的定向运动形成的电流称光电流。

1888年以后,W·哈尔瓦克斯、A·Γ·斯托列托夫、P·勒纳德等人对光电效应进行了长时间的研究,并总结出了光电效应的基本实验事实:

(1)光强一定,光电管两端电压增大时,光电流趋向一饱和值。对于同一频率不同光强时,光电发射率(光电流强度或逸出电子数)与光强 P 成正比,见图1(a)、(b)。

(2)对于不同频率的光,其截止电压不同,光电效应存在一个阈频率(截止频率、极限频率或红限频率),当入射光频率 ν 低于某一阈值时,不论光的强度如何,都没有光电子产生,见图1(c)、(d)。

(3)光电子的动能与入射光强无关,但与入射光的频率呈线性关系。

(4)光电效应是瞬时效应,一经光束照射立即产生光电子。

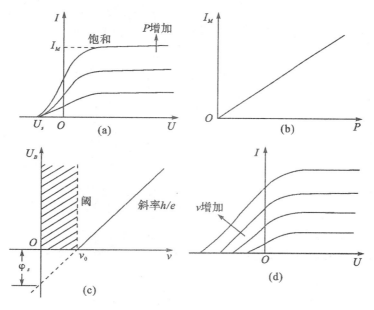

图1　光电效应规律

上述实验事实用麦克斯韦的经典电磁理论无法作出圆满的解释。1905年,爱因斯坦用光量子理论圆满解释了光电效应,并得出爱因斯坦光电效应方程。后来,密立根对光电效应展开全面的实验研究,证明了爱因斯坦光电效应方程的正确性,并精确测出普朗

克常数 h。因为在光电效应等方面的杰出贡献，爱因斯坦和密立根分别于 1921 年和 1923 年获得诺贝尔物理学奖。

光电效应和光量子理论在物理学的发展史上具有划时代的意义，量子论是近代物理的理论基础之一。而光电效应则可以给量子论以直观鲜明的物理图像。随着科学技术的发展，利用光电效应制成的光电元件在许多科技领域得到广泛的应用，并且至今还在不断开辟新的应用领域，具有广阔的应用前景。

本实验利用"减速电势法"测量光电子的动能，从而验证爱因斯坦方程，并测得普朗克常数。通过本实验有助于进一步理解量子理论。

【实验目的】

（1）通过实验了解光的量子性。

（2）测量光电管的弱电流特性，找出不同光频率下的截止电压。

（3）验证爱因斯坦方程，并由此求出普朗克常数。

【实验原理】

当一定频率的光照射某些金属表面时，可以使电子从金属表面逸出，这就是光电效应现象。1900 年德国物理学家普朗克（Plank）在研究黑体辐射时，提出辐射能量不是连续的的假设。1905 年爱因斯坦在解释光电子效应时，将普朗克的辐射能量不连续的假设作了重大发展，提出光并不是由麦克斯韦（Maxwell）电磁场理论提出的传统意义上的波，而是由能量为的光电子（简称光子）构成的粒子流。他认为光是以能量的光量子的形式一份一份向外辐射。具有能量的一个光子作用于金属中的一个自由电子，光子能量或者完全被电子吸收，或者完全不吸收。电子吸收光子能量后，一部分用于逸出功 A，剩余部分成为逸出电子的最大动能，如果此能量大于或等于电子摆脱金属表面约束的逸出功，电子就能从金属中逸出。按照能量守恒定律有

$$h\nu = \frac{1}{2}mV_m^2 + A \tag{1}$$

式（1）即为爱因斯坦方程，其中 h 为普朗克常量，ν 为光电子频率，表示逸出光电子的最大速率，$\frac{1}{2}mV_m^2$ 为光电子逸出金属表面时所具有的最大初动能，A 为光束照射金属材料逸出功。此式表明：光电子的初动能与入射光的频率有线性关系，而与入射光强度无关。若入射光频率低，光子能量小于逸出功 A 时，将不会产生光电效应。此时对应入射光频率为

$$\nu_0 = \frac{A}{h} \tag{2}$$

式中，ν_0 为极限频率。不同金属材料因逸出功不同，其极限频率也各不相同。

本实验采用减速电场法，实验原理如图 2 所示，当单色光照射到光电管的阴极 K 上时，有光电子逸出。若给阳极 A 加上正向电压、阴极 K 加上反向电压，光电子被加速，光电流增加。而当阴极 K 加上正向电压、阳极 A 加上反向电压时，光电子减速。由于光电

子具备初动能,即使不外加加速电压,仍然有光电子落到阳极。

当光电管加反向电压(A 反向,K 正向)光电流减少,直到电压达到 U_a 时,光电流为 0,此时没有光电子逸出,U_a 称为截止电压。与此对应的光电子最大初动能应等于它克服电场力所做的功。

$$\frac{1}{2}mV_m^2 = eU_a \tag{3}$$

光电流与外加电压的伏安特性曲线如图 3 所示。

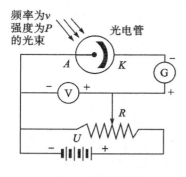

图 2　实验原理图

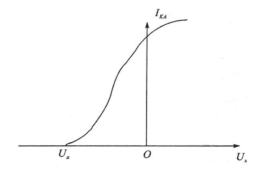

图 3　光电管的 $I-V$ 特性曲线

将式(1)和(2)代入式(3)可得

$$U_a = \frac{h}{e}\nu - \frac{A}{e} = \frac{h}{e}(\nu - \nu_0) \tag{4}$$

式(4)表明:截止电压 U_a 与入射光频率 ν 是线性关系,只要测出不同频率下的 U_a 值,作出 $\nu - U_a$ 曲线,该曲线应为一直线,见图 4。其斜率为 $\frac{h}{e}$,从而可以求出 h。

实际测出的曲线较图 4 复杂,如图 5 所示。

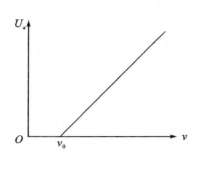

图 4　$\nu - U_a$ 曲线

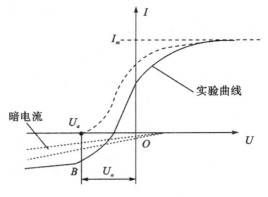

图 5　$U-I$ 曲线

主要影响因素有以下几个方面。

1. 暗电流和本底电流

光电管在没有受到光照时产生的电流叫做暗电流。它主要是由阴极 K 在常温下的电子热运动产生的热电流和光电子等漏电形式下的漏电流组成。本底电流是由于各种漫反射光照在光电管二电极上引起的电流。这两种电流都会随外电压的变化而变化，且二者都使外电压为$-U_a$时，光电流不能降为0。为此应尽量减少杂散光进入光电管，并保持底座、引脚和玻璃泡的清洁与干燥。因暗电流和本底电流均属于直流，可使用交流电光源和交流放大器，以减少上述因素的影响。

2. 反向电流

在制作和使用光电管时，阳极A上会溅有阴极材料，当光束照射到阳极A上时，阳极也会发射电子，阴极K上发射的光电子也可能被A表面所反射，反向的电压对阳极发射的光电子起加速作用，形成反向饱和电流。因此在实验时，应适当减小光阑的孔径，并调整暗盒的方向避免光直接照射到阳极上，从而使反向电流最小。

3. 接触电位差

必须指出，爱因斯坦方程是在同种金属做发射体（阴极）和接受体（阳极）的情况下导出的。不同的两种金属相接触的地方存在着接触电位差。接触电位差的大小与金属的逸出功有关。由于阴极、阳极和导线的材料不同而形成的电位差为接触电压。此电压难以测量，因而给实验带来误差。由于接触电压是不随入射光的频率变化的常数，只影响U_a的准确性，不影响$\nu-U_a$图的直线斜率$\dfrac{h}{e}$，对测定h无影响。

【实验配置】

ZKY-GD-3普朗克常数测试仪。

本仪器主要由光源，滤色片和光阑，光电管，微电流测量仪四部分组成。如图6所示。

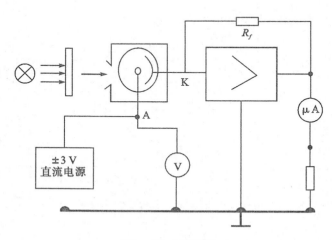

图6　实验原理图

(1)光电管：GDH-1型。阳极为镍圈。阴极为银—氧—钾，光谱范围为$300\sim700$ nm，最小阴极光灵敏度$\geqslant1$ μA/lm，暗电流$\leqslant2\times10^{-12}$A（-2 V$\leqslant U_{AK}\leqslant0$ V）。

(2)光源仪器用高压汞灯。在$3\,023\sim8\,720$ Å的谱线范围内有6条谱线可供使用。

如表 1 所示。

表 1

波长(Å)	3 650	4 047	4 358	5 461	5 770	5 790

(3)滤色片:一组 5 片,它可以透射中心波长分别为 3 650 Å、4 047 Å、4 358 Å、5 461 Å、5 770 Å。

(4)光阑 3 片,直径分别为 2 mm、4 mm、8 mm。

(5)微电流测量放大器:控制面板如图 7 所示。电流测量范围在 $10^{-8} \sim 10^{-13}$ A,三位半数显。机内附有 $-2 \sim +2$ V, $-2 \sim +30$ V 两挡精密连续可调的光电管工作电压源,稳定度≤1‰,三位半数显。

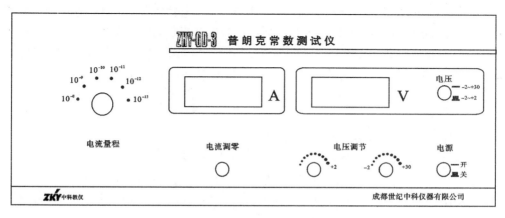

图 7　微型电流放大器面板图

【实验内容及步骤】

1.测试前的准备

(1)认真阅读光电效应实验仪的使用说明书。

(2)安放好仪器,用遮光罩罩住暗盒的光窗。

(3)将光源、光电管暗盒、微电流测量仪安排在适当位置。光源汞灯与光电管距离约 40 cm,在暗盒上装入直径 Φ4 mm 的光阑,并用遮光罩盖住光电管暗盒的光窗。

(4)接好电源,打开微电流放大器的电源开关和光源开关,预热 20～30 min 然后调整测量放大器的零点和满度。

注意:汞灯一旦开启,不要随意关闭。点亮的汞灯如熄灭需经 3～5 min 冷却后才能再次开启。

2.测量内容

(1)测量光电管的暗电流和本底电流

用遮光罩盖住光电管暗盒的光窗,顺时针缓慢旋转"电压调节"旋钮,并相应地改变"电压量程"和"电压极性"开关,从 -2 V 到 $+2$ V 之间每变化 0.2 V 测量一组数据,记录电压及对应电流值。该电流为光电管的暗电流和本底电流。作出暗电流的 $I\text{-}U$ 特性曲线并给出结论。

（2）手动测量不同波长下光电管的 $I\text{-}U$ 特性

①取下暗盒遮光罩，分别换上 365.0 nm、435.8 nm 的滤色片和 2 mm 的光阑，微电流放大器倍率置 10^{-11} A 或 10^{-12} A 挡（只是作为参考，具体量程应根据实际情况确定），电压调节选择 $-2\sim+30$ V 挡，从低到高调节电压记录对应的电流值，作出 $I\text{-}U$ 特性曲线并求出截止电压。

②分别测出波长为 365.0、404.7 nm、435.8 nm、546.1 nm、577.0 nm 的截止电压（可用零电流法或补偿法）。注意：选那一挡电压测量更合适。

（3）验证光电流与光强的关系

①在同一波长（如 365.0 nm）、同一入射光距离不变的情况下，分别放置 2 mm、4 mm、8 mm 光阑时，按上述方法测量 $I\text{-}U$ 值。验证光电流与光强的关系。

②在同一波长（如 365.0 nm）、同一光阑（2 mm，4 mm，8 mm）情况下，光电管与入射光不同距离时（如 300 mm、400 mm）按上述方法测量 $I\text{-}U$ 值。验证光电流与光强的关系。

（4）数据处理

所有的测量数据均要列出表格，给出相应结论。

①作出暗电流和本底电流的 $I\text{-}U$ 特性曲线并给出结论。

②作出 365.0 nm、435.8 nm 波长时的 $I\text{-}U$ 特性曲线并求出截止电压。

③测出波长为 365.0、404.7 nm、435.8 nm、546.1 nm、577.0 nm 时的截止电压并求出 h 值。

利用以下两种方法求出 h 值并计算误差，分析误差的产生原因：

▲以 U_a 为纵坐标，以 ν 为横坐标在坐标纸上绘制出对应直线。求出直线的斜率 k，将其代入 $h=ek$ 求出 h。并计算出测量值和公认值之间的误差。

▲利用线形回归法（最小二乘法）求出最佳直线斜率 k，然后求出 h，并计算出测量值和公认值之间的误差。

$$k=\frac{\overline{U_a}\cdot\overline{\nu}-\overline{U_a\nu}}{\overline{\nu}^2-\overline{\nu^2}}$$

④验证光电流与光强的关系，并得出结论。

【注意事项】

（1）滤色片一定安装在暗盒光窗上。

（2）更换滤色片时，一定使用遮光罩盖住暗盒光窗。

（3）不能用手触摸滤光片。

【思考题】

（1）实验时，如果改变光电管与暗盒的距离对 $I\text{-}U$ 曲线有无影响？

（2）为什么利用作图法求 h 不受接触电压的影响？

（3）光电流或截止电压随光源光强变化吗？对这些现象的解释与光的波动理论是否一致？

（4）光电管的阴极用涂有溢出功小的光敏材料，而阳极则采用溢出功大的金属材料制造，为什么？

（5）本实验有哪些误差来源？实验中如何减小误差，你有何改进建议？

光电效应在技术中的应用

利用光电效应制成的光电管在工业生产和现代科学技术领域得到广泛的应用，这里仅举两例。

光控制电器

利用光电管制成的光控制电器，可以用于自动控制，如自动计数、自动报警、自动跟踪等。图 8 是光控继电器的示意图，它的工作原理是：当光照在光电管上时，光电管电路中产生电光流，经过放大器放大，使电磁铁 M 磁化，而把衔铁 N 吸住，当光电管上没有光照时，光电管电路中没有电流，电磁铁 M 就自动失磁。利用光电效应还可测量一些转动物体的转速。

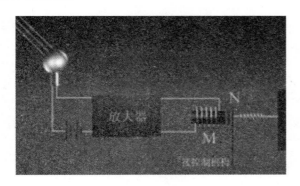

图 8　光控制电器原理　　　　　图 9　光电倍增管结构图

光电倍增管

利用光电效应还可以制造多种光电器件，如光电倍增管、电视摄像管、光电管、电光度计等。这里介绍一下光电倍增管，这种管子可以测量非常微弱的光。图 9 是光电倍增管的大致结构图，它的管内除有一个阴极 K 和一个阳极 A 外，还有 K_1、K_2、K_3、K_4、K_5 等若干个倍增电极。使用时不但要在阴极和阳极之间加上电压，各倍增电极也要加上电压，使阴极电势最低，各个倍增电极的电势依次升高，阳极电势最高，这样，相邻两个电极之间都有加速电场，当阴极受到光的照射时，就发射光电子，并在加速电场的作用下，以较大的动能撞击到第一个倍增电极上，光电子能从这个倍增电极上激发出较多的电子，这些电子在电场的作用下，又撞击到第二个倍增电极上，从而激发出更多的电子，依此类推，激发出的电子数不断增加，最后阳极收集到的电子数将比最初从阴极发射的电子数增加了很多倍（一般为 $10^5 \sim 10^8$ 倍）。因而，这种管子只要受到很微弱的光照，就能产生很大电流，它在工程、天文、军事等方面都有重要的作用。

实验二　色度学实验研究

研究光源或经光源照射后物体透射、反射颜色的学科称为色度学。这是一门有着广泛应用的学科,目的是对人眼能观察到的颜色进行定量的测量。

色度学本身涉及物理、生理及心理等领域的知识,是一门交叉性很强的边缘学科。人眼对物体色彩的视觉感受涉及物理学(物体的自发光、透射光或反射光形成颜色刺激)、生理学(感光细胞响应与传输,颜色刺激转变为神经信号)、心理学(颜色感知的响应)等方面。我们所说的色度学是对颜色刺激进行物理测量、数学计算并定量评价的学科,它不涉及神经响应、传输及颜色感知。

为了把"颜色"这个经过生理及心理等因素加工后的生物物理量变换到客观的纯物理量,从而能使用光学仪器对色光进行测量,以消除那些因人而异、含混不清的颜色表达方式。

国际上颜色的定量表述有多种系统,如用色卡表述的孟塞尔表色系统、国际照明委员会推荐的 CIE 表色系统等,各系统之间一定条件下可以转换。本实验主要介绍常用的 CIE 表色系统,它是基于加色法混色系统发展而来的。

【实验目的】

(1)了解色度学的基本知识。
(2)初步掌握颜色相加混合、相减混合及颜色匹配等方法。
(3)了解并掌握测色原理。
(4)掌握颜色定量表示方法及色度坐标的测定。

【实验仪器】

TCC-1 型三色合成仪、WDM1-3 光栅单色仪、光电接收装置和微电流计、高压汞灯、镀膜滤色片、照度计、CIE1931 色度图等。

【实验原理】

对颜色的描写一般是使用色调、饱和度和明度这三个物理量。色调是颜色的主要标志量,是各颜色之间相互区别的重要参数。红、橙、黄、绿、青、蓝、紫以及其

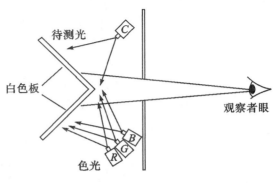

图 1　色匹配实验方法

他的一些混合色均是因色调的不同而加以区分。饱和度是指颜色的纯洁程度,可见光谱中的单色光最纯;如果单色光中混杂白光后,其纯度将会下降。明度是指物体的透射、反射程度。对光源来讲,相当于它的亮度。

1. 颜色匹配和颜色三刺激值

实验表明,人眼对相同强度、不同波长的光照引起的反应是不同的,这包括色调和明度的感觉。在色度学中,定义等能光谱引起人眼的色调感觉为白色,称为等能白。在可见光范围,太阳光的光谱近似等能光谱。

我们可以把人眼看成是一个把光的客观物理量转变到生理和心理反应的转换器,从这个观点出发,就必须找出有普遍意义的转换规律。把两种颜色调整到视觉相同的过程称作颜色匹配,它是利用色光加色法来实现的。图 1 中左方是一块白色板,下方为红光 R、绿光 G、蓝光 B 三原色光,上方为任意待配色光 C,三原色光照射白色板的下半部,待配色光照射白屏幕的上半部,白色板上、下部分之间用一黑屏隔开,白色板的反射光通过小孔射到观察者的眼中。观察者眼中看到的视场范围在 $2°$ 左右,被分成两部分。颜色匹配实验通过独立调节下方三原色光的强度混合完成,当视场中的两部分色光相同时,视场中的分界线消失,两部分视场合为同一视场,此时认为待配色光的光色与三原色光的混合光色达到色匹配。

大量的实验证明,使用 R、G、B 三原色的不同配比就可以匹配出可见光中各种光色。国际照明委员会(Commission International de I'Éclairage,简称 CIE)规定 R、G、B 三原色的波长分别为 700 nm、546.1 nm、435.8 nm。

在颜色匹配实验中,当这三原色光的相对亮度比例为 1.000 0 : 4.590 7 : 0.060 1 时就能匹配出等能白光,CIE 选取这一比例作为红、绿、蓝三原色的各自单位量,分别记为 (R)、(G)、(B),即等能白光时 $(R):(G):(B)=1:1:1$。即在色光加色法中红、绿、蓝三原色光等分量混合结果为白光。显然,当 (R)、(G)、(B) 不等分量时,混合的结果为色光,颜色匹配可用颜色方程表示为

$$[C]=R[R]+G[G]+B[B] \tag{1}$$

式中 $[R]$、$[G]$、$[B]$ 为原刺激(如取 $\lambda_R=700.0$ nm,$\lambda_G=546.1$ nm,$\lambda_B=435.8$ nm),其与基础刺激(等能光谱白光)相匹配时的光度量 L_R、L_C、L_B 称为色度学单位。R、G、B 分别为匹配色光 $[C]$ 时 $[R]$、$[G]$、$[B]$ 的数量,若匹配 $[C]$ 时 $[R]$、$[G]$、$[B]$ 的光度量分别为 P_R、P_G、P_B,则 $R=\dfrac{P_R}{L_R}$,$G=\dfrac{P_G}{L_G}$,$B=\dfrac{P_B}{L_B}$,R、G、B 称为三刺激值,对于基础刺激(等能光谱白光)有 $R=G=B=1$。

实验表明颜色匹配遵循以下两个法则(格拉斯曼法则):

比例法则:若 $[C_1]=[C_2]$,则 $\alpha[C_1]=\alpha[C_2]$。

加法法则:若 $[C_1]=[C_2]$、$[C_3]=[C_4]$,

则 $[C_1]+[C_3]=[C_2]+[C_4]$,$[C_1]+[C_4]=[C_2]+[C_3]$。

显然色光增减、合成时的表述与通常的数学式子完全等价。

我们对一定辐射功率(1 W)、波长为 λ 的单色刺激 $[C_\lambda]$ 进行匹配可得出

$$[C_\lambda] = \bar{r}_\lambda[R] + \bar{g}_\lambda[G] + \bar{b}_\lambda[B]$$

$\bar{r}_\lambda$、$\bar{g}_\lambda$、$\bar{b}_\lambda$ 是该单色光的颜色三刺激值,称为色匹配系数;如果波长遍及可见光范围,则得到刺激值按波长的变化,这个变化称为光谱三刺激值。作为波长的函数得到的$\bar{r}(\lambda)$、$\bar{g}(\lambda)$、$\bar{b}(\lambda)$称为色匹配函数。它反映了人眼对光—色转换按波长变化的规律,这是颜色定量测量的基础。

当某光刺激的光谱功率分布函数 $P(\lambda)$ 已知时,各单色光λ、带宽 $d\lambda$ 处的功率为$P(\lambda)\cdot d\lambda$,在格拉斯曼法则指导下,该光刺激的三刺激值可以由下式来求出:

$$R = \int_{\text{vis}} P(\lambda)\bar{r}(\lambda)\mathrm{d}\lambda$$

$$G = \int_{\text{vis}} P(\lambda)\bar{g}(\lambda)\mathrm{d}\lambda$$

$$B = \int_{\text{vis}} P(\lambda)\bar{b}(\lambda)\mathrm{d}\lambda \tag{2}$$

值得注意的是色匹配函数是在色匹配实验的基础上确定的,它与原刺激、基础刺激的选取有关,原刺激、基础刺激改变时色匹配函数也会改变。

2. RGB 表色系统中色度坐标的确定

为直观表示三刺激值,可以建一个如图 2 所示的三维直角坐标系,以$[R]$、$[G]$、$[B]$作为轴的单位向量,那么由三刺激值确定的向量可以代表颜色刺激$[C]$,更简化一点,可以选取该向量与单位平面 $R+G+B=1$ 的交点$(r+g+b=1)$在$[R][G]$平面的垂直投影点(r,g)来表示色$[C]$,r、g、b可由下式求得:

$$r = \frac{R}{R++G+B}$$

$$g = \frac{G}{R++G+B} \tag{3}$$

$$b = \frac{B}{R++G+B} = 1-r-g$$

(r,g)称为色$[C]$的色度坐标,将色度坐标表示在平面上的图形为色度图,如图 3 所示。由色度坐标所确定的颜色$[C]$的物理性质称为$[C]$的色度。

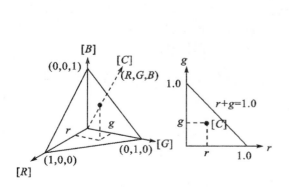

图 2　色$[C]$的三维表示与平面表示

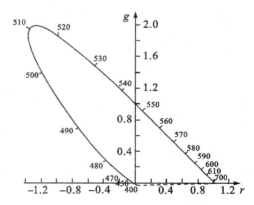

图 3　RGB 色度系统的 rg 色度图

在色度图上 r、g 会为负,原因是当 $[C]$ 处于三原色围成的三角形色域外面时,需要将一种原色如红色加到被匹配色中,而用其余两原色进行匹配,这样式(1)中的 R 变为负值。另外,色度图上由单色光的色度坐标连接所成的曲线为单色光轨迹,它与下面的紫红轨迹直线围成的区域涵盖了所有可能的色度坐标点,而其外部的色虽在数学上是可能的,但在实际上是不存在的,故称其为虚色,图中的 E 点 $r＝g＝1/3$ 为等能光谱白光的色坐标点。

3. CIE1931XYZ 色度系统及颜色的主波长、兴奋纯度

为避免色匹配函数 $\bar{r}(\lambda)$、$\bar{g}(\lambda)$、$\bar{b}(\lambda)$ 中的负值在理解、计算中的不利影响,同时满足一些特殊的色匹配函数数据上的要求,国际照明委员会(简称 CIE)在 1931 年选取了三个虚色 $[X]$、$[Y]$、$[Z]$ 作为原刺激,得到了 XYZ 色度系统,称为 CIE1931XYZ 标准色度系统 2°视场,CIE 还规定有 10°视场的 CIE1964XYZ 色度系统(视场的大小反映色匹配实验中参与响应的中央凹周围感光细胞的多少),其对于等能光谱白光的色匹配函数为 $\bar{x}(\lambda)$、$\bar{y}(\lambda)$、$\bar{z}(\lambda)$,且根据特殊的规定,三刺激函数中的 Y 正好表示了光度量。RGB 色度系统中的三刺激值 R、G、B 与 CIE1931 标准色度系统中的三刺激值 X、Y、Z 可以按一定的数学关系式进行换算,其转换关系如下式:

$$X＝0.490R＋0.310G＋0.200B$$
$$Y＝0.177R＋0.812G＋0.011B$$
$$Z＝0.010G＋0.990B$$

同样,色度坐标 r、g、b 与 x、y、z 间也可相互转换。

当我们要求某色刺激 $\Phi(\lambda)$ 的三刺激值时,可以参照 RGB 色度系统中的做法,由下式来计算得出。

$$X = k\int_{\text{vis}} \Phi(\lambda)\bar{x}(\lambda)\mathrm{d}\lambda$$
$$Y = k\int_{\text{vis}} \Phi(\lambda)\bar{y}(\lambda)\mathrm{d}\lambda \quad (\text{其中 } k \text{ 为常数}) \tag{4}$$
$$Z = k\int_{\text{vis}} \Phi(\lambda)\bar{z}(\lambda)\mathrm{d}\lambda$$

式中的 $\Phi(\lambda)$ 根据实际测量对象的不同可作如下选取:对于发光光源色 $\Phi(\lambda)＝P(\lambda)$;对于物体反射色 $\Phi(\lambda)＝P(\lambda) \cdot R(\lambda)$;对于物体透射色 $\Phi(\lambda)＝P(\lambda) \cdot T(\lambda)$;其中 $P(\lambda)$ 为光源(照明光源)的光谱功率分布函数,$R(\lambda)$ 为反射物体的光谱反射率函数,$T(\lambda)$ 为透射物体的光谱透过率函数。式(4)中的常数 k 的选择是使完全漫反射面($R(\lambda)＝1$)的三刺激值 $Y＝100$,即 $k = 100 \big/ \int_{\text{vis}} P(\lambda)\bar{y}(\lambda)\mathrm{d}\lambda$。对透射色和反射色 $R(\lambda)$、$T(\lambda)$ 一般小于 1,则 $Y <$ 100,它与物体色的明度或亮度大致相关。

由三刺激值 X、Y、Z 可得到 x, y, z 色度系统的色度坐标:

$$x = \frac{X}{X + + Y + Z}$$

$$y = \frac{Y}{X + + Y + Z}$$ (5)

$$z = \frac{Z}{X + + Y + Z}$$

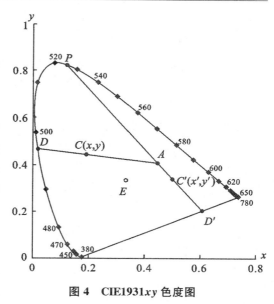

图 4   CIE1931 xy 色度图

显然,在求色度坐标(x,y)时式(4)中的常数 k 会消去,因此实际测量计算时可以不必考虑 k 的大小,同时也不需要测出光源的绝对光谱功率分布,只需知道光源相对光谱功率分布即可。

色度学在描述某一色刺激时,可以给出该色刺激的色度坐标,在 CIE1931 色度图(图 4)上标出色度点。除此之外,为进一步表述该颜色的色彩属性,还可以按下述方法给出颜色的主波长(反映彩色的色调)与兴奋纯度(反映色纯度的大小)。图 4 中 $E(x=y=1/3)$ 是等能白光色坐标点,$A(x=0.447\ 6, y=0.407\ 5)$ 是 A 标准光源色坐标点(溴钨灯近似为 A 光源)。任一颜色 $C(x,y)$ 的色调是由其照明光源坐标点(如 A 点)到 C 点连线并延长后与光谱轨迹相交于 D 点的光谱色的色调所决定的,D 点单色光谱的波长称为色[C]的主波长。色[C]的兴奋纯度为 $P_e = \frac{AC}{AD} = \frac{x-x_A}{x_D-x_A} = \frac{y-y_A}{y_D-y_A}$,表示色[C]与单色刺激[D]接近的程度。当 AC' 连线无法与光谱色轨迹相交而是交于紫红线(紫红线上各点代表的色为混合色,不是单色光)时,反向延长该连线以与光谱轨迹相交可得到 P 点,P 点的单色光谱波长称为[C']色的补色主波长,它表示由色[P]与色[C']可以混合得到色[A],此时[C']的兴奋纯度为 $P_e = \frac{AC}{AD'} = \frac{x'-x_A}{x_D-x_A} = \frac{y'-y_A}{y_D-y_A}$,求 P_e 时基于提高计算精度考虑应取 x 表示式与 y 表示式中分母数值较大的为宜。

4.标准照明体和标准光源

我们知道,照明光源对物体的颜色影响很大。不同的光源,有着各自的光谱能量分布及颜色,在它们的照射下物体表面呈现的颜色也随之变化。为了统一对颜色的认识,首先必须规定标准的照明光源。因为光源的颜色与光源的色温密切相关,所以 CIE 规定了四种标准照明体的色温标准。

标准照明体 A:代表黑体在 2 856 K 发出的光($X_0 = 109.87, Y_0 = 100.00, Z_0 = 35.59$);

标准照明体 B:代表相关色温约为 4 874 K 的直射阳光($X_0 = 99.09, Y_0 = 100.00, Z_0 = 85.32$);

标准照明体 C:代表相关色温大约为 6 774 K 的平均日光,光色近似阴天天空的日光($X_0 = 98.07, Y_0 = 100.00, Z_0 = 118.18$);

标准照明体 D65:代表相关色温大约为 6 504 K 的日光($X_0=95.05,Y_0=100.00,Z_0=108.91$)。

CIE 规定的标准照明体是指特定的光谱能量分布,只规定了光源颜色标准。它并不是必须由一个光源直接提供,也并不一定用某一光源来实现。为了实现 CIE 规定的标准照明体的要求,还必须规定标准光源,以具体实现标准照明体所要求的光谱能量分布。CIE 推荐下列人造光源来实现标准照明体的规定。

标准光源 A:色温为 2 856 K 的充气螺旋钨丝灯,其光色偏黄。

标准光源 B:色温为 4 874 K,由 A 光源加滤光器组成,光色相当于中午日光。

标准光源 C:色温为 6 774 K,由 A 光源加滤光器组成,光色相当于有云的天空光。

无论何种光源,在刺激人眼后都会产生光与色的感觉,它们分别属于光度学与色度学研究的内容。经验表明,若只用光度学内容来描绘某个光源是不完整的。唯有全面地考察某个光源的"光"与"色",才能对其有完整的认识。

5.红绿蓝的补色与减法混色

由于用红、绿、蓝三基色能混合产生其围合三角形内的所有颜色,所以用白光依次减去三基色的补色(称为减法三基色,即黄=白-蓝、品=白-绿、青=白-红)进行混合也能产生这些颜色。即:

$$黄+品+青=(白-蓝)+(白-红)+(白-绿)=白-(红+绿+蓝)$$
$$=白-任意颜色=任意颜色的补色$$

不过此种混合是通过减法三基色滤色片重叠来实现的(一般只用两色滤色片),改变减法基色(黄、品、青)滤色片的密度,就能改变透过的白光中红、绿、蓝光的通量。各基色滤色片密度大时可吸收较多的红、绿、蓝光,则黄、品、青三色光的颜色较浓;密度小时,吸收较少的红、绿、蓝光,则黄、品、青三色光的颜色较淡(这也是扩印彩色照片时矫正偏色的方法)。实验中的缺憾是各色滤色片只有一块,无法做到改变各基色滤色片的密度。

【实验仪器】

三色合成实验仪的仪器原理图见图 5。

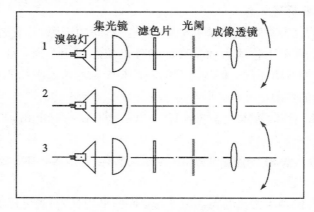

图 5　三色合成实验仪原理图

　　仪器包括三色合成仪和辅助光源两部分,三色合成仪中有三个相互独立的光路,其中光路 1、3 可绕竖直轴转动,光路 2 可绕水平轴转动。通过移动光斑就可以获得图 6 的图形。

　　光源为溴钨灯,它是 CIE 推荐的 A 标准光源,溴钨灯发出的光经集光镜会聚在滤色片上,再由镜头成像在屏上,通过调节镜头的焦距,可在 1～8 m 的范围内成像。

　　滤色片为镀膜滤色片。颜色有红、绿、蓝、黄、品、青六种。

　　光阑为可调光阑,通过调整光阑(圈),可以改变三色光的亮度,从而改变合成色的色度。

　　该套仪器还配有照度计用来测量光源照度。

　　另外,实验室提供低压汞灯及电源,用以标定光栅单色仪,并作为被测光源测其色度坐标。

【实验内容与步骤】

　　1. 用三色合成仪进行颜色相加及相减合成实验

　　(1)验证颜色相加混合规律

　　①两色相加混合。实验时在光路 1 和 2 中分别放入红、蓝滤色片,转动光路使两色光斑在屏上重合,这时在屏上产生中间色——品红,减小光路 1 中的光阑使红色亮度减少,屏幕上的色调偏向蓝色。

　　②三色相加混合。将红、绿、蓝三个滤色片分别放在三个光路中,调整三个光阑,改变三个光斑的位置,使三色圆斑部分重叠。图 6 是仪器将三色光两两重叠相加混合的结果。同时也可观察到三基色及其相应的补色。

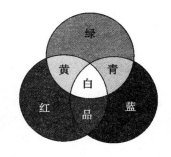

图 6　三色相加混合

　　(2)验证三原色的补色与颜色相减混合

　　①验证黄、品、青滤色片所吸收的颜色。任选一光路,在放置滤色片的位置放入品、黄、青中的两个滤色片,打开光源,使光穿过滤色片投影到屏幕上。根据实验原理,在屏幕上得到的分别是什么颜色? 将等密度的黄、品、青同时放入,在屏幕上得到的又是什么颜色? 根据色度图加以解释。

　　②将三原色滤色片之一与补色滤色片之一放入同一光路中,观察结果是什么,实验所有组合,并对结果加以解释。

　　2. 红、绿、蓝三基色相加混合生成任意颜色,并计算其色度坐标

　　调整三个光阑,先在屏上合成或匹配某颜色[C],在混合色的中心点上分别测三路白光(去掉滤色片)的照度 E_i,并用单色仪测三个滤色片的透过率 $T_i(\lambda)$(波段 380～780 nm,间隔 $\Delta\lambda$ 取 5 nm 或 10 nm)。从附表查出色匹配函数及照明光源的相对光谱功率分布 $S(\lambda)$ 值,由式(6)求出合成色的三刺激值,再由式(5)计算色度坐标。最后在 CIE1931 色度图上标出色坐标点,指出合成色的色调,并计算其兴奋纯度(仪器光源的色坐标近似为 $x=0.4476,y=0.4075$)。

$$X = \sum_{i=1}^{3} E_i \left(\sum_{\lambda=380}^{780} S(\lambda) T_i(\lambda) \bar{x}(\lambda) \Delta\lambda \right)$$

$$Y = \sum_{i=1}^{3} E_i \left(\sum_{\lambda=380}^{780} S(\lambda) T_i(\lambda) \bar{y}(\lambda) \Delta\lambda \right) \qquad (6)$$

$$Z = \sum_{i=1}^{3} E_i \left(\sum_{\lambda=380}^{780} S(\lambda) T_i(\lambda) \bar{z}(\lambda) \Delta\lambda \right)$$

(1)单色仪外光路的调整

为减少杂散光的影响、充分发挥单色仪的色散性能,应使聚焦在入射狭缝上的入射光(图 7)正好充满仪器内的离轴抛物镜进而充满分光光栅,有效利用所有光栅刻线以提高分辨率,因此应在测量数据前调整单色仪外光路的共轴,并选择好聚光透镜的(透光直径为 a)位置使得

$$\frac{a}{x} = \frac{D}{f}$$

式中,D/f 是单色仪相对孔径比,其中 D 和 f 分别是抛物凹面镜的宽度和焦距。查仪器说明书可得其值为 $1/6.7$。

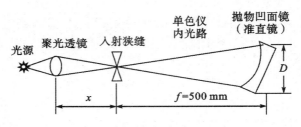

图 7　单色仪外光路要求示意图

(2)单色仪波长精度及波长重复性检查

狭缝开启宽度 0.1 mm 或以下,狭缝光阑高度 10 mm。用低压汞灯作为光源,使用汞灯的 435.8 nm、546.1 nm、577.0 nm、579.1 nm 等谱线作为标准谱线。单色仪由低到高单向改变波长,当光电池输出显示值最大时,记录波长显示值。三次测定上述谱线,观察测定值与标准值是否一致,三次测定结果是否一致。若检查结果表明显示值(测定值)与标准值相差一固定值,则在测量时应修正此显示值所引起的系统误差。

(3)用光栅单色仪测量红、绿、蓝各滤色片的光强透过率

测一标准连续光源(如溴钨灯)经聚光、单色仪实验系统后的光强随波长的分布,再测光路中(聚光透镜与狭缝之间)分别加入红、绿、蓝三个滤色片后光强随波长的分布,即可得到三个滤色片的透过率 $T_i(\lambda)$。

3. 用光栅单色仪测待测光源(低压汞灯或其他光源)的色度坐标

(1)测量实验系统的光强透过率

由于从光源发光到最后由光电池(或光电倍增管)输出与光强有关的电流(或电压)量,其经过的器件如透镜(透过率)、单色仪(光栅衍射效率)、光电池(光电倍增管)响应都对其光强大小有调制作用,因此我们要对整个测量系统的光强透过率进行测定。测定的

关键是需要一个光谱功率分布(或相对分布)已知的标准光源。

由于严格意义上的标准光源要求苛刻且难以长期保持,实验中选择溴钨灯作为近似 A 标准光源(灯丝电流在可调范围内取中间值)。

(2)具体做法

测标准光源发出的光 S_λ 经测量系统后的响应 $S_\lambda{}'$,可得到测量系统的光强透过率为 $T_\lambda = \dfrac{S_\lambda{}'}{S_\lambda}$。测量待测光源所发出的光 P_λ 经测量系统后的响应 $P_\lambda{}'$(测量线谱光源时波长间隔取 10 nm 或更小),则待测光源光谱功率分布可由下式求得:

$$P_\lambda = \frac{P_\lambda{}'}{T_\lambda} = \frac{P_\lambda{}' \cdot S_\lambda}{S_\lambda{}'} \tag{7}$$

(3)最后由式(4)、(5)可以求得待测光源的色度坐标,并由坐标点可得到其主波长、兴奋纯度。

【实验数据处理】

(1)在验证三原色的补色与颜色相减混合实验中,将三原色滤色片之一与补色滤色片之一放入同一光路中,观察结果是什么,填入下面表格中,实验所有组合,并对结果加以解释。

验证黄品青各滤色片所吸收颜色的结果

实验及结论＼验证的滤色片	实验		结论	
	放入的滤色片	生成颜色	部分或全部吸收	不能吸收
黄色(白－蓝)	黄＋蓝	灰色或黑色	蓝光	红光、绿光
	黄＋红(绿)			
品色(白－绿)	品＋绿			
	品＋红(蓝)			
青色(白－红)	青＋红			
	青＋绿(蓝)			

(2)计算红、绿、蓝三基色相加混合生成任意颜色,并计算其色度坐标。绘制红、绿、蓝三基色滤色片透过率的曲线图。

(3)计算测待测光源(低压汞灯或其他光源)的色度坐标。

【思考题】

(1)什么是光谱三刺激值? 光谱三刺激值有什么意义?

(2)什么是颜色三刺激值? 它与光谱三刺激值是什么关系?

单色仪的调整和使用

单色仪的构思萌芽可以追溯到 1666 年,牛顿在研究三棱镜时发现太阳光通过三棱镜后可分解为七色光。1814 年夫琅和费设计了包括狭缝、棱镜和视窗的光学系统并发现了太阳光谱中的吸收谱线(夫琅和费谱线)。1860 年克希霍夫和本生为研究金属光谱设计出较完善的现代光谱仪,由此光谱学诞生。由于棱镜光谱是非线性的,人们开始研究光栅光谱仪。光栅单色仪是用光栅衍射的方法获得单色光的仪器,它可以从发出复合光的光源(即不同波长的混合光的光源)中得到单色光,通过光栅偏转一定的角度得到某个波长的光,并可以测定它的数值和强度。因此,可以进行复合光源的光谱分析。

1. 实验原理

单色仪由三个主要部分组成:

(1)入射准直部分:由限制入射光束的入射狭缝和第一物镜(或叫做准直镜)组成,入射狭缝在第一物镜的焦平面上,入射光经准直部分后成为平行光照射到色散系统。

(2)色散系统:常用的有棱镜和光栅两种。近年来由于全息光栅的出现,光栅单色仪的应用日益普遍,它不仅具有波长鼓轮读数均匀的优点,而且可根据需要方便地扩大波长的范围,并具有较大的色散率,这是光栅单色仪的最大优点。

(3)出射准直部分:由出射狭缝(经色散后的平行单色光汇聚成像到出射狭缝处)和第二物镜组成(又叫会聚透镜)。

仪器原理如图 8 所示,光源或照明系统发出的光束均匀地照亮在入射狭缝 S1 上,S1位于离轴抛物镜的焦平面上,光通过 M1 变成平行光照射到光栅 G 上,再经过光栅衍射返回到 M1,经过 M2 会聚到出射狭缝 S2,由于光栅的分光作用,从 S2 出射的光为单色光。当光栅转动时,从 S2 出射的光由短波到长波依次出现。

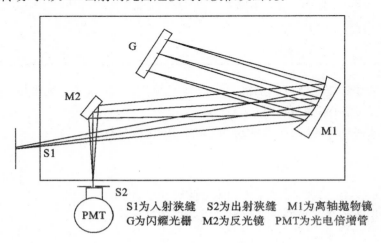

S1为入射狭缝　　S2为出射狭缝　　M1为离轴抛物镜
G为闪耀光栅　　M2为反光镜　　PMT为光电倍增管

图 8　光栅单色仪的结构和原理

本仪器光学系统为李特洛式光学系统,这种系统结构简单、尺寸小、像差小、分辨率高、更换光栅方便。光栅单色仪的核心部件是闪耀光栅,闪耀光栅是以磨光的金属板或镀上金属膜的玻璃板为坯子,用劈形钻石尖刀在其上面刻画出一系列锯齿状的槽面形成的光栅(注1:由于光栅的机械加工要求很高,所以一般使用的光栅是由该光栅复制的光栅),它可以将单缝衍射因子的中央主极大移至多缝干涉因子的较高级位置上去。因为多缝干涉因子的高级项(零级无色散)是有色散的,

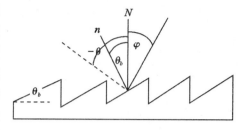

光栅面的法线 N　　入射光线的方向 φ
刻槽面的法线 n　　衍射光线的方向 θ
光栅的闪烁角 θ_b

图9　闪耀光栅

而单缝衍射因子的中央主极大集中了光的大部分能量,这样做可以大大提高光栅的衍射效率,从而提高了测量的信噪比。

当入射光与光栅面的法线 N 的方向的夹角为 φ (图9)时,光栅的闪耀角为 θ_b ,取一级衍射项,对于入射角为 φ ,而衍射角为 θ 时,光栅方程式为

$$d(\sin\varphi + \sin\theta) = \lambda$$

因此,当光栅位于某一个角度(φ、θ 一定)时,波长 λ 与 d 成正比。本次实验所用光栅(2号光栅,每毫米1 200条刻痕,一级光谱范围为380 nm～1 000 nm,刻画尺寸为64 664 mm²)。当光栅面与入射平行光垂直时,闪耀波长为570 nm。由此可以求出此光栅的闪耀角为21.58°。当光栅在步进电机的带动下旋转时,可以让不同波长的光束进入出射狭缝,从而测出该光波的波长和强度值。(注意计算时角度的符号规定和几何光学方向为闪耀波长的方向)

附表　光源的相对光谱功率分布和标准观察者光谱三刺激值数据

波长(nm)	标准照明体 A 相对光谱功率分布 $S(\lambda)$	CIE1931 标准观察者三刺激值		
		$x(\lambda)$	$y(\lambda)$	$z(\lambda)$
380	9.795	0.001	0.000	0.006
385	10.899	0.002	0.000	0.011
390	12.085	0.004	0.000	0.020
395	13.354	0.008	0.000	0.036
400	14.708	0.014	0.000	0.068
405	16.148	0.023	0.001	0.110
410	17.675	0.044	0.001	0.207
415	19.290	0.078	0.002	0.371
420	20.995	0.134	0.004	0.646
425	22.788	0.215	0.007	1.039
430	24.670	0.284	0.012	1.386

（续表）

波长（nm）	标准照明体 A 相对光谱功率分布 $S(\lambda)$	CIE1931 标准观察者三刺激值		
		$x(\lambda)$	$y(\lambda)$	$z(\lambda)$
435	26.642	0.329	0.017	1.623
440	28.702	0.348	0.023	1.747
445	30.851	0.348	0.030	1.783
450	33.085	0.336	0.038	1.772
455	35.406	0.319	0.048	1.744
460	37.812	0.290	0.060	1.666
465	40.300	0.251	0.074	1.528
470	42.869	0.195	0.091	1.288
475	45.517	0.142	0.113	1.042
480	48.242	0.096	0.139	0.813
485	51.042	0.058	0.169	0.616
490	53.913	0.032	0.208	0.465
495	56.856	0.015	0.259	0.353
500	59.861	0.005	0.323	0.272
505	62.932	0.002	0.407	0.212
510	66.063	0.009	0.503	0.158
515	69.252	0.029	0.608	0.112
520	72.495	0.063	0.710	0.078
525	75.790	0.110	0.795	0.057
530	79.133	0.166	0.862	0.042
535	82.819	0.226	0.915	0.030
540	85.947	0.290	0.954	0.020
545	89.412	0.360	0.980	0.013
550	92.912	0.433	0.995	0.009
555	96.442	0.512	1.000	0.006
560	100.000	0.595	0.995	0.004
565	103.582	0.678	0.979	0.003
570	107.184	0.762	0.952	0.002
575	110.803	0.843	0.915	0.002
580	114.436	0.916	0.870	0.002

（续表）

波长（nm）	标准照明体 A 相对光谱功率分布 $S(\lambda)$	CIE1931 标准观察者三刺激值		
		$x(\lambda)$	$y(\lambda)$	$z(\lambda)$
585	118.080	0.979	0.816	0.001
590	121.731	1.026	0.757	0.001
595	125.386	1.057	0.695	0.001
600	129.043	1.062	0.631	0.001
605	132.697	1.046	0.567	0.001
610	136.346	1.003	0.503	0.000
615	139.988	0.938	0.441	0.000
620	143.618	0.854	0.381	0.000
625	147.235	0.751	0.321	0.000
630	150.836	0.642	0.265	0.000
635	154.418	0.542	0.217	0.000
640	157.979	0.448	0.175	0.000
645	161.516	0.361	0.138	0.000
650	165.028	0.284	0.107	0.000
655	168.510	0.219	0.082	0.000
660	171.963	0.165	0.061	0.000
665	175.383	0.121	0.045	0.000
670	178.769	0.087	0.032	0.000
675	182.118	0.064	0.023	0.000
680	185.429	0.047	0.017	0.000
685	188.701	0.033	0.012	0.000
690	191.931	0.023	0.008	0.000
695	195.118	0.016	0.006	0.000
700	198.261	0.011	0.004	0.000
705	201.359	0.008	0.003	0.000
710	203.409	0.006	0.002	0.000
715	207.411	0.004	0.001	0.000
720	210.365	0.003	0.001	0.000
725	213.268	0.002	0.001	0.000
730	216.120	0.001	0.001	0.000
735	218.920	0.001	0.000	0.000
740	221.667	0.001	0.000	0.000

实验三　光速测量

　　光波是电磁波,光速是最重要的物理常数之一。光速的测量在光学的研究历程中有着重要的意义。光速测量方法和精确度的每一点提高都反映和促进了相应时期物理学的发展,尤其在微粒说与波动说的争论中,光速的测定曾给这一场著名的科学争论提供了非常重要的依据。光速测量实验已经历了 300 多年。

　　当代计算出的最精确的光速都是通过波长和频率求得的。1958 年,弗鲁姆求出光速的精确值:299 792.5±0.1 km/s。1972 年,埃文森测得了目前真空中光速的最佳数值:299 792 457.4±0.1 m/s。

【实验目的】

　　(1)测量光信号经 Δs 距离后的相位偏移 $\Delta \varphi$。

　　(2)计算光速 c。

【实验原理】

　　利用周期性光信号和一个短距离进行光速测量。为了确定光速,利用发光二极管作为光发射器,发出频率为 60 MHz 的电调制光信号。接收器是光电二极管,它把光信号转变为电信号。一与发射信号具有相同相位的参考信号,同时加入到接收端。然后测量接收器的移动距离 Δs,光信号由于传输延时 Δt 导致相移 $\Delta \varphi$。

　　一周期性的光信号的光强为

$$I=I_0+\Delta I_0 \cdot \cos(2\pi \cdot \nu \cdot t) \tag{1}$$

　　经一光电二极管将光信号变为电信号:

$$U=a \cdot \cos(2\pi \cdot \nu \cdot t) \tag{2}$$

　　若发射和接收端的距离为 Δs,则所需要的时间为 Δt,相应的相位偏移为 $\Delta \varphi$,见图 1。

$$\Delta \varphi=2\pi \cdot \nu \cdot \Delta t=2\pi \cdot \frac{\Delta t}{T} \tag{3}$$

　　到达接收器的信号除了光强有所减少外,接收器获得的信号还有一相移:

$$U=a \cdot \cos(2\pi \cdot \nu \cdot t-\Delta \varphi) \tag{4}$$

从以上公式中可导出光速为

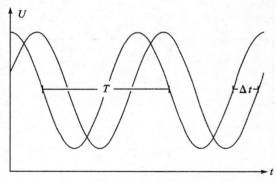

图 1　周期光信号的相位变化

$$c=\frac{\Delta s}{\Delta \varphi} \cdot 2\pi \cdot \nu \tag{5}$$

实验中 $\nu=60$ MHz,当距离改变 $\Delta s=5$ m 时,相位偏移为 2π,恰好为一周期。然而如此高的频率很难在示波器上显示出来。图 2 为光速测量原理方框图。为了能在通用的示波器上显示信号,将 $\nu=60$ MHz 和 $\nu=59.9$ MHz 的信号混频,则混合后的信号为

$$U=a \cdot \cos(2\pi \cdot \nu \cdot t-\Delta\varphi) \cdot \cos(2\pi \cdot \nu' \cdot t) \tag{6}$$

它可以表示为两项之和:

$$U=\frac{1}{2}a[\cos(2\pi \cdot (\nu+\nu') \cdot t-\Delta\varphi)+\cos(2\pi(\nu-\nu') \cdot t)-\Delta\varphi] \tag{7}$$

一项为和频 $(\nu+\nu')$,另一项为差频 $(\nu-\nu')$。和频项通过一个低通滤波器滤掉,只保留差频项:

$$U_1=\frac{1}{2}a[\cos(2\pi(\nu-\nu') \cdot t)-\Delta\varphi] \tag{8}$$

差频信号频率为 $\nu_1=(\nu-\nu')=100$ kHz。而相移 $\Delta\varphi$ 经混频后并无改变。相应的传播时间为 Δt_1,相位变化为

$$\Delta\varphi=2\pi\frac{\Delta t_1}{T_1} \tag{9}$$

光信号传播的时间为

$$\Delta t=\frac{T\Delta t_1}{T_1}=\frac{\Delta t_1}{T_1 \cdot \nu} \tag{10}$$

则光速为

$$c=\frac{\Delta s \cdot T_1}{\Delta t_1 \cdot T}=\frac{\Delta s \cdot T_1}{\Delta t_1} \cdot \nu \tag{11}$$

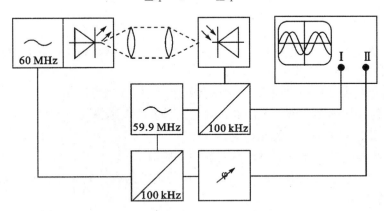

图 2　光速测量原理方框图

由于导线和仪器连接,光信号的传播时间不能被忽略。最初发射信号与接收信号的距离调为 s,这时通过调节电子移相器使参考信号同步到达接收端(即相位差为零)。然后将发射与接收端的距离取 1 m,由于延时为 Δt,而产生相移为 $\Delta\varphi$。

【实验装置】

实验仪器安排如图 3 所示,与示波器的连线图如图 4 所示。

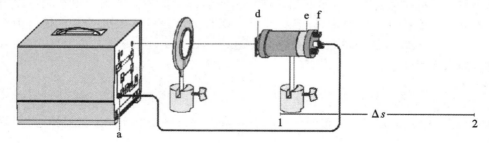

图 3　光速测量实验装置

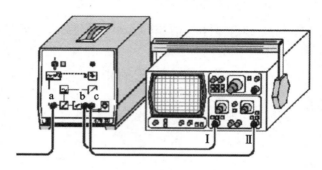

图 4　实验仪器连线图

【实验内容与步骤】

(1)发射器与接收器的距离调至约为 100.00 cm,经 600.00 cm 长的同轴电缆连接到接收器的输出端 a 端。打开接收器电源。

(2)红色光点成像在接收面板上,调节焦距和光圈,使光点清晰。

(3)将发射和接收距离调至 50.00 cm,在光路上放上透镜。

(4)将光点聚焦在接收器的光孔上。

(5)将接收器的输出端 c 端接至示波器的 1 通道。

(6)在示波器上观察光信号波形,调节光路使信号最强。若由于信号过载出现失真,可稍微移动透镜的位置。

(7)记下发射器在位置 1 时,米尺的刻度值 s_1。

(8)保持光轴共轴,将发射器移至位置 2 处,此时米尺的刻度值为 s_2,要求 $|s_2 - s_1| \geqslant$ 1 m。

【测量及数据处理】

(1)在位置 1 处通过调节电子移相器使参考信号和接收信号具有相同的相位(即相

位差为零）。

（2）将光源移至位置 2 处，此时移动的距离为 $\Delta s = s_2 - s_1$。

（3）从示波器上读出时间延迟 Δt_1，取两个不同距离，每一距离下测量 5 次 Δt_1，然后求平均值。

（4）测量出周期 T_1。

（5）计算光速 c。

实验四　单光子计数

　　光子计数也就是光电子计数,是微弱光(低于 10^{-14} W)信号探测的一种新技术。它可以探测微弱到以单光子到达时的能量。目前已被广泛应用于喇曼散射探测、医学、生物学、物理学等许多领域里微弱光现象的研究。

　　微弱光检测的方法有锁频放大技术、锁相放大技术和单光子计数方法。最早发展的锁频原理是使放大器中心频率 f_0 与待测信号频率相同,从而对噪声进行抑制。但这种方法存在中心频率不稳、带宽不能太窄、对待测信号缺乏跟踪能力等缺点。后来发展了锁相放大技术,它利用待测信号和参考信号的互相关检测原理实现对信号的窄带化处理,能有效地抑制噪声,实现对信号的检测和跟踪。但是,当噪声与信号有同样频谱时就无能为力,另外它还受模拟积分电路漂移的影响,因此在弱光测量中受到一定的限制。单光子计数方法是利用弱光照射下光电倍增管输出电流信号自然离散化的特征,采用了脉冲高度甄别技术和数字计数技术。其与模拟检测技术相比有以下优点:

　　(1)测量结果受光电倍增管的漂移、系统增益的变化及其他不稳定因素影响较小。

　　(2)基本上消除了光电倍增管高压直流漏电流和各倍增级的热发射噪声的影响,提高了测量结果的信噪比。可望达到由光发射的统计涨落性质所限制的信噪比值。

　　(3)有比较宽的线性动态范围。

　　(4)光子计数输出是数字信号,适合与计算机接口作数字数据处理。

　　因此采用光子计数技术,可以把淹没在背景噪声中的微弱光信息提取出来。目前一般光子计数器的探测灵敏度优于 10^{-17} W,这是其他探测方法所不能比拟的。

【实验目的】

　　(1)介绍微弱光的检测技术;了解 GSZFS-2B 实验系统的构成原理。

　　(2)了解光子计数的基本原理、基本实验技术和弱光检测中的一些主要问题。

　　(3)了解微弱光的概率分布规律。

【实验原理】

　　1. 光子

　　光是由光子组成的光子流,光子是静止质量为零、有一定能量的粒子,与一定的频率 ν 相对应。一个光子的能量 E_0 可由下式决定:

$$E_0 = h\nu = hc/\lambda \tag{1}$$

式中, $c = 2.998 \times 10^8$ m/s,是真空中的光速; $h = 6.626 \times 10^{-34}$ J·s,是普朗克常数。例如,实验中所用的光源波长为 $\lambda = 5\,000$ Å 的近单色光,则 $E_0 = 3.972 \times 10^{-19}$ J。光流强

度常用光功率 P 表示，单位为 W。单色光的光功率可用下式表示：

$$P=R \cdot E_p \tag{2}$$

式中，R 为光子流量（单位时间内通过某一截面的光子数目），所以，只要能测得光子的流量 R，就能得到光流强度。如果每秒接收到 $R=10^4$ 个光子数，对应的光功率为 $P=R \cdot E_p=10^4 \times 3.972 \times 10^{-19}=3.972 \times 10^{-15}$ W。

2. 测量弱光时光电倍增管输出信号的特征

在可见光的探测中，通常利用光子的量子特性，选用光电倍增管作探测器件。光电倍增管从紫外到近红外都有很高的灵敏度和增益。当用于非弱光测量时，通常是测量阳极对地的阳极电流（图 1(a)），或测量阳极电阻 R_L 上的电压（图 1(b)），测得的信号电压（或电流）为连续信号；然而在弱光条件下，阳极回路上形成的是一个个离散的尖脉冲。为此，我们必须研究在弱光条件下光电倍增管的输出信号特征。

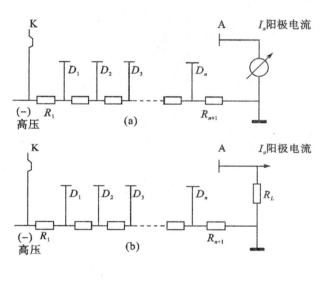

图 1　光电倍增管负高压供电及阳极电路图

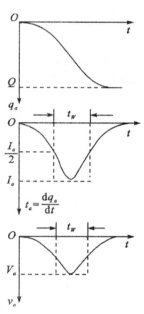

图 2　光电倍增管阳极波形

弱光信号照射到光阴极上时，每个入射的光子以一定的概率（即量子效率）使光阴极发射一个光电子。这个光电子经倍增系统的倍增，在阳极回路中形成一个电流脉冲，即在负载电阻 R_L 上建立一个电压脉冲，这个脉冲称为"单光电子脉冲"，见图 2。脉冲的宽度 t_w 取决于光电倍增管的时间特性和阳极回路的时间常数 $R_L C_0$，其中 C_0 为阳极回路的分布电容和放大器的输入电容之和。性能良好的光电倍增管有较小的渡越时间，即从光阴极发射的电子经倍增极倍增后的电子到达阳极的时间差较小。若设法使时间常数较小，则单光电子脉冲宽度 t_w 减小到 10～30 ns。如果入射光很弱，入射的光子流是一个一个离散地入射到光阴极上，则在阳极回路上得到一系列分立的脉冲信号。

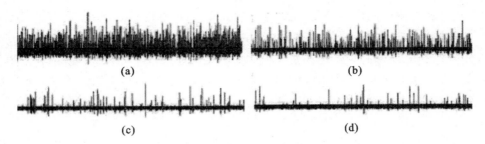

图3　不同光强下光电倍增管输出信号波形

图3是用 TDS 3032B 示波器观察到的光电倍增管弱光输出信号经过放大器后的波形。当入射光功率 $P_i \approx 10^{-11}$ W 时，光电子信号是一直流电平并叠加有闪烁噪声，如（a）所示；当 $P_i \approx 10^{-12}$ W 时，直流电平减小，脉冲重叠减小，但仍存在基线起伏，如（b）所示；当光强继续下降到 $P_i \approx 10^{-13}$ W 时，基线开始稳定，重叠脉冲极少，如（c）所示；当 $P_i \approx 10^{-14}$ W 时，脉冲无重叠，基线趋于零，如（d）所示。由图可知，当光强下降为 10^{-14} W 量级时，在 1 ms 的时间内只有极少几个脉冲，也就是说，虽然光信号是持续的，但光电倍增管输出的光电信号却是分立的尖脉冲。这些脉冲的平均计数率与光子的流量成正比。

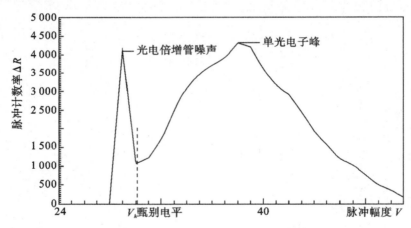

图4　光电倍增管输出脉冲幅度分布的微分曲线

图4为光电倍增管阳极回路输出脉冲计数率 ΔR 随脉冲幅度大小的分布。曲线表示脉冲幅度在 $V \sim (V + \Delta V)$ 之间的脉冲计数率 ΔR 与脉冲幅度 V 的关系，它与曲线（$\Delta R / \Delta V$）$-V$ 有相同的形式。因此在 ΔV 取值很小时，这种幅度分布曲线称为脉冲幅度分布的微分曲线。形成这种分布的原因有以下几个：

（1）除光电子脉冲外，还有各倍增极的热发射电子在阳极回路形成的热发射噪声脉冲。热电子受倍增的次数比光电子少，因此它们在阳极上形成的脉冲大部分幅度较低。

（2）光阴极的热发射电子形成阳极输出脉冲。

（3）各倍增极的倍增系数有一定的统计分布（大体上遵从泊松分布）。

因此，噪声脉冲及光电子脉冲的幅度也有一个分布，在图4中，脉冲幅度较小的主要是热发射噪声信号，而光阴极发射的电子（包括热发射电子和光电子）形成的脉冲，其幅度大部分集中在横坐标的中部,出现"单光电子峰"。如果用脉冲幅度甄别器把幅度高于 V_h 的脉冲鉴别输出,就能实现单光子计数。

3. 光子计数器的组成

光子计数器的原理方框图如图 5 所示。

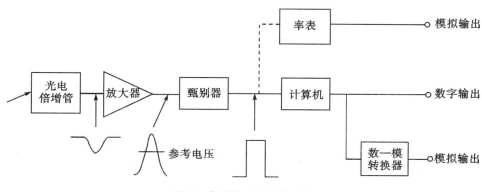

图 5　典型的光子计数系统

（1）光电倍增管

光电倍增管性能的好坏直接关系到光子计数器能否正常工作。

对光子计数器中所用的光电倍增管的主要要求有:光谱响应适合于所用的工作波段;暗电流要小(它决定管子的探测灵敏度);响应速度快、后续脉冲效应小及光阴极稳定性高。

为了提高弱光测量的信噪比,在管子选定之后,还要采取以下措施:

①光电倍增管的电磁噪声屏蔽。电磁噪声对光子计数是非常严重的干扰,因此,作光子计数用的光电倍增管都要加以屏蔽,最好是在金属外套内衬以坡莫合金。

②光电倍增管的供电。通常的光电技术中,光电倍增管采用负高压供电,如图 1 所示,即光阴极对地接负高压,外套接地。阳极输出端可直接接到放大器的输入端。这种供电方式,光阴极及各倍增极(特别是第一、第二倍增极)与外套之间有电位差存在,漏电流能使玻璃管壁产生荧光,阴极也可能发生场致辐射,造成虚假计数,这对光子计数来讲是相当大的噪声。为了防止这种噪声的发生,必须在管壁与外套之间放置一金属屏蔽层,金属屏蔽层通过一个电阻接到光阴极上,使光阴极与屏蔽层等电位;另一种方法是改为正高压供电,即阳极接正高压,阴极和外套接地,但输出端需要加一个隔直流、耐高压、低噪声的电容,如图 6 所示。

③热噪声的去除。为了获得较高的稳定性,降低暗计数率,常采用致冷技术降低光电倍增管的工作温度。当然,最好选用具有小面积光阴极的光电倍增管,如果采用大面积光阴极的光电倍增管,则需采用磁散焦技术。

（2）放大器

放大器的功能是把光电倍增管阳极回路输出的光电子脉冲和其他噪声脉冲线性放大,因而放大器的设计要有利于光电子脉冲的形成和传输。对放大器的主要要求有:有一定的增益;上升时间 $t_x \leqslant 3$ ns,即放大器的通频带宽达 100 MHz;有较宽的线性动态范围及噪声系数要低。

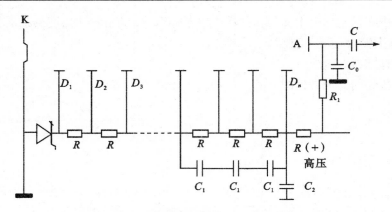

图 6　光电倍增管的正高压供电及阳极电路

放大器的增益可按如下数据估算:光电倍增管阳极回路输出的单光电子脉冲的高度为 V_a(图 2),单个光电子的电量 $e=1.602\times10^{-19}$ C,光电倍增管的增益 $G=10^6$,光电倍增管输出的光电子脉冲宽度 $t_w=10\sim20$ ns 量级。按 10 ns 脉冲计算,阳极电流脉冲幅度

$$I_a\approx1.6\times10^{-5}\text{A}=16\ \mu\text{A}$$

设阳极负载电阻 $R_L=50\ \Omega$,分布电容 $C=20$ pF 则输出脉冲电压波形不会畸变,其峰值为

$$V_a=I_aR_L\approx8.0\times10^{-4}\text{ V}=0.8\text{ mV}$$

当然,实际上由于各倍增极的倍增系数遵从泊松分布的统计规律,输出脉冲的高度也遵从泊松分布,如图 7 所示。上述计算值只是一个光子引起的平均脉冲峰值的期望值。一般的脉冲高度甄别器的甄别电平在几十毫伏到几伏内连续可调,所以要求放大器的增益大于 100 倍即可。

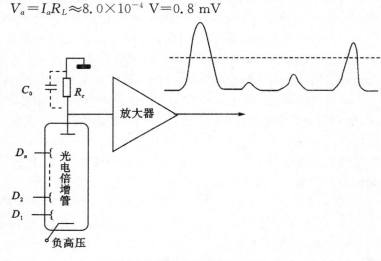

图 7　放大器的输出脉冲

放大器与光电倍增管的连线应尽量短,以减小分布电容,有利于光电脉冲的形成与传输。

(3)脉冲高度甄别器

脉冲高度甄别器的功能是鉴别输出光电子脉冲,弃除光电倍增管的热发射噪声脉冲。在甄别器内设有一个连续可调的参考电压——甄别电平 V_h。如图 8 所示,当输出脉冲高度高于甄别电平 V_h 时,甄别器就输出一个标准脉冲;当输入脉冲高度低于 V_h 时,甄别器无输出。如果把甄别电平选在与图 4 中谷点对应的脉冲高度 V_h 上,这就弃除了大量的噪声脉冲,因对光电子脉冲影响较小,从而大大提高了信噪比。V_h 称为最佳甄别(阈值)电平。

对甄别器的要求:甄别电平稳定,以减小长时间计数的计数误差;灵敏度(可甄别的最小脉冲幅度)较高,这样可降低放大器的增益要求;要有尽可能小的时间滞后,以使数据收集时间较短;死时间小、建立时间短、脉冲对分辨率≤10 ns,以保证一个个脉冲信号能被分辨开来,不致因重叠造成漏计。

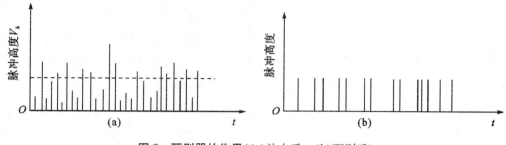

图8　甄别器的作用((a)放大后　(b)甄别后)

需要注意的是:当用单电平的脉冲高度甄别器鉴别输出时,对应某一电平值 V,得到的是脉冲幅度大于或等于 V 的脉冲总计数率,因而只能得到积分曲线(图9),其斜率最小值对应的 V 就是最佳甄别(阈值)电平 V_h,在高于最佳甄别电平 V_h 的曲线斜率最大处的电平 V 对应单光电子峰。

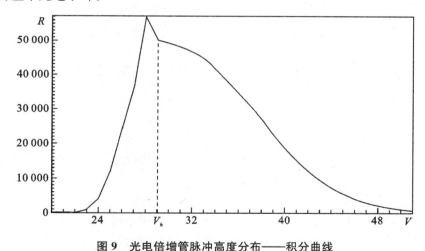

图9　光电倍增管脉冲高度分布——积分曲线

(4)计数器(定标器)

计数器的主要功能是在规定的测量时间间隔内,把甄别器输出的标准脉冲累计和显示。为满足高速计数率及尽量减小测量误差的需要,要求计数器的计数速率达到 100 MHz。但由于光子计数器常用于弱光测量,其信号计数率极低,故选用计数速率低于 10 MHz 的定标器也可以满足要求。

4. 光子计数器的误差及信噪比

测量弱光信号最关心的是探测信噪比（能测到的信号与测量中各种噪声的比）。因此，必须分析光子计数系统中各种噪声的来源。

（1）泊松统计噪声

光电倍增管探测热光源发射的光子，相邻的光子打到光阴极上的时间间隔是随机的，对于大量粒子的统计结果服从泊松分布。即在探测到上一个光子后的时间间隔 t 内，探测到 n 个光子的概率 $P_{(n,t)}$ 为

$$P_{(n,t)} = \frac{(\eta Rt)^n \mathrm{e}^{-\eta Rt}}{n!} = \frac{\bar{N}^n \mathrm{e}^{-\bar{N}}}{n!} \tag{3}$$

式中，η 是光电倍增管的量子计数效率，R 是光子平均流量（光子数/秒），$\bar{N} = \eta Rt$ 是在时间间隔 t 内光电倍增管的光阴极发射的光电子平均数。由于这种统计特性，测量到的信号计数中就有一定的不确定度，通常用均方根偏差 σ 来表示：$\sigma = \sqrt{\overline{(n-N)^2}}$。计算得出：$\sigma = \sqrt{\bar{N}} = \sqrt{\eta Rt}$。这种不确定度是一种噪声，称统计噪声。所以，统计噪声使得测量信号中固有的信噪比 SNR 为

$$SNR = \frac{\bar{N}}{\sqrt{\bar{N}}} = \sqrt{\bar{N}} = \sqrt{\eta Rt} \tag{4}$$

可见，测量结果的信噪比 SNR 正比于测量时间间隔 t 的平方根。

（2）暗计数

实际上，光电倍增管的光阴极和各倍增极还有热电子发射，即在没有入射光时，还有暗计数（亦称背景计数）。虽然可以用降低管子的工作温度、选用小面积光阴极以及选择最佳的甄别电平等使暗计数率 R_d 降到最小，但相对于极微弱的光信号，仍是一个不可忽视的噪声来源。

假如以 R_d 表示光电倍增管无光照时测得的暗计数率，则在测量光信号时，按上述结果，信号中的噪声成分将增加到 $(\eta Rt + R_d t)^{\frac{1}{2}}$，信噪比 SNR 降为

$$SNR = \frac{\eta Rt}{(\eta Rt + R_d t)^{\frac{1}{2}}} = \frac{\eta Rt^{\frac{1}{2}}}{(\eta R + R_d)^{\frac{1}{2}}} \tag{5}$$

这里假设倍增极的噪声和放大器的噪声已经被甄别器弃除了。对于具有高增益的第一倍增极的光电倍增管，这种近似是可取的。

（3）累积信噪比

当用扣除背景计数或同步数字检测工作方式时，在两个相同的时间间隔 t 内，分别测量背景计数（包括暗计数和杂散光计数）N_d 和信号与背景的总计数 N_t。设信号计数为 N_p，则

$$N_p = N_t - N_d = \eta Rt, \quad N_d = R_d t$$

按照误差理论，测量结果的信号计数 N_p 中的总噪声应为

$$(N_t + N_d)^{\frac{1}{2}} = (\eta Rt + 2R_d t)^{\frac{1}{2}}$$

测量结果的信噪比：

$$SNR = \frac{N_p}{(N_t + N_d)^{\frac{1}{2}}} = \frac{(N_t - N_d)}{(N_t + N_d)^{\frac{1}{2}}} = \frac{\eta Rt^{\frac{1}{2}}}{(\eta R + 2R_d)^{\frac{1}{2}}} \tag{6}$$

当信号计数 N_p 远小于背景计数 N_d 时,测量结果的信噪比可能小于1,此时测量结果无意义,当 $SNR=1$ 时,对应的接收信号功率 $P_{0\min}$ 即为仪器的探测灵敏度。

由上述噪声分析可见,光子计数器测量结果的信噪比 SNR 与测量时间间隔的平方根 $t^{\frac{1}{2}}$ 成正比。因此在弱光测量中,为了获得一定的信噪比,可增加测量时间间隔 t,这也是光子计数能获得很高的检测灵敏度的原因。

(4)脉冲堆积效应

光电倍增管具有一定的分辨时间 t_R,如图10所示。

当在分辨时间 t_R 内相继有两个或两个以上的光子入射到光阴极时(假定量子效率为1),由于它们的时间间隔小于 t_R,光电倍增管只能输出一个脉冲,因此,光电子脉冲的输出计数率比单位时间入射到光阴极上的光子数要少;另一方面,电子学系统(主要是甄别器)有一定的死时间 t_d,在 t_d 内输入脉冲时,甄别器输出计数率也要受到损失。以上现象统称为脉冲堆积效应。脉冲堆积效应造成的输出脉冲计数率误差,可以用下面的方法进行估算。

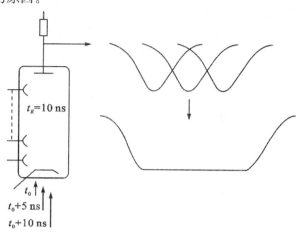

图 10　光电倍增管的脉冲堆积效应

对光电倍增管,由式(3)可知,在 t_R 时间内不出现光子的概率为

$$P_{(0,t_R)}=\exp(-R_i t_R) \tag{7}$$

式中,R_i 为入射光子,是光阴极单位时间内发射的光电子数,$R_i=\eta R$。在 t_R 内出现光子的概率为 $1-\exp(-R_i t_R)$。若由于脉冲堆积,使单位时间内输出的光电子脉冲数为 R_p,则

$$R_i-R_p=R_i[1-\exp(-R_i t_R)]$$

所以

$$R_p=R_i\exp(-R_i t_R) \tag{8}$$

由图11可见,R_p 随入射光子流量 R(即 R_i)增大而增大。当 $R_i t_R=1$ 时,R_p 出现最大值,以后 R_p 随 R_i 增加而下降,一直可以下降到零。

这就是说,当入射光强增加到一定数值时,光电倍增管输出信号中的脉冲成分趋于零。此时就可以利用直流测量的方法来检测光信号。

对于甄别器(对定标器也适用),如果不考虑光电倍增管的脉冲堆积效应,在测量时间 t 内输出脉冲信号的总计数 $N_p=R_p \cdot t$,总的"死"时间 $=N_p \cdot t_d=R_p \cdot t \cdot t_d$。因此,总的"活"时间 $=$

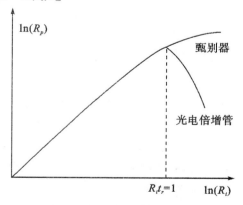

图 11　光电倍增管和甄别器的输出
计数率与输入计数率关系

$t-R_p \cdot t \cdot t_d$。所以，接收到的总的脉冲计数

$$N_p = R_p \cdot t = R_i(t - R_p \cdot t \cdot t_d)$$

甄别器的死时间 t_d 造成的脉冲堆积，使输出脉冲计数率下降为

$$R_p = \frac{R_i}{1 + R_i t_d} \tag{9}$$

式中，R_i 为假定死时间为零时，甄别器应该输出的脉冲计数率。由图 11 看出，当 $R_i t_d \geqslant 1$ 时，R_p 趋向饱和状态，即 R_p 不再随 R 增加而有明显变化。

由式(8)和式(9)可以分别计算出上述两种脉冲堆积效应造成的输出计数率的相对误差为：

光电倍增管分辨时间 t_R 造成的误差

$$\xi_{PMT} = 1 - \exp(-R_i t_R) \tag{10}$$

甄别器死时间 t_d 造成的误差

$$\xi_{DIS} = \frac{R_i t_d}{1 + R_i t_d} \tag{11}$$

当计数率较小时，有

$$R_i t_R \ll 1, R_i t_d \ll 1$$

则

$$\xi_{PMT} \approx R_i t_R \tag{12}$$

$$\xi_{DIS} \approx R_i t_d \tag{13}$$

当计数率较小并使用快速光电倍增管时，脉冲堆积效应引起的误差 ξ 主要取决于甄别器，即

$$\xi = \xi_{DIS} = R_i t_d = \eta R t_d \tag{14}$$

一般认为，计数误差 ξ 小于 1% 的工作状态就叫做单光子计数状态，处在这种状态下的系统就称为单光子计数系统。

对于由高速的甄别器和计数器组成的光子计数系统，极限光子流量近似为 $10^9/s$（光功率 $\leqslant 1$ nW）。由于脉冲堆积效应，光子计数器不能测量含有多个光子的超短脉冲光的强度。

【工作原理及装置】

1. 原理

单光子计数器利用弱光下光电输出电流信号自然离散的特征，采用脉冲高度甄别和数字计数技术将淹没在背景噪声中的弱光信号提取出来。当弱光照射到光阴极时，每个入射光子以一定的概率（即量子效率）使光阴极发射一个电子。这个光电子经倍增系统的倍增最后在阳极回路中形成一个电流脉冲，通过负载电阻形成一个电压脉冲，这个脉冲称为单光子脉冲。除光电子脉冲外，还有各倍增极的热反射电子在阳极回路中形成的热反射噪声脉冲。热电子受倍增的次数比光电子少，因而它在阳极上形成的脉冲幅度较低。此外还有光阴极的热反射形成的脉冲。噪声脉冲和光电子脉冲的幅度的分布如图 12 所示。脉冲幅度较小的主要是热反射噪声信号，而光阴极反射的电子（包括光电子和

热反射电子)形成的脉冲幅度较大,出现"单光电子峰"。用脉冲幅度甄别器把幅度低于 V_h 的脉冲抑制掉,只让幅度高于 V_h 的脉冲通过就能实现单光子计数。

单光子计数器中使用的光电倍增管其光谱响应应适合所用的工作波段,暗电流要小(它决定管子的探测灵敏度),响应速度及光阴极稳定。光电倍增管性能的好坏直接关系到光子计数器能否正常工作。

放大器的功能是把光电子脉冲和噪声脉冲线性放大,应有一定的增益,上升时间少于 3 ns,即放大器的通频带宽达 100 MHz;有较宽的线性动态范围及低噪声,经放大的脉冲信号送至脉冲幅度甄别器。单光子计数器的框图如图 13 所示。

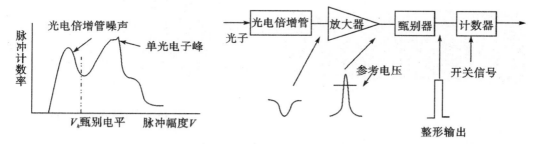

图 12　噪声脉冲和光电子脉冲的幅度的分布　　　图 13　单光子计数器的框图

在脉冲幅度甄别器里设有一个连续可调的参考电压 V_h。如图 12 所示,当输入脉冲高度低于 V_h 时,甄别器无输出。只有高于 V_h 的脉冲,甄别器才输出一个标准脉冲。如果把甄别电平选在图 12 中的谷点对应的脉冲高度上,就能去掉大部分噪声脉冲而只有光电子脉冲通过,从而提高信噪比。脉冲幅度甄别器应甄别电平、灵敏度高、死时间小、建立时间短、脉冲对分辨率小于 10 ns,以保证不漏计。甄别器输出经过整形的脉冲。

2.实验装置框图

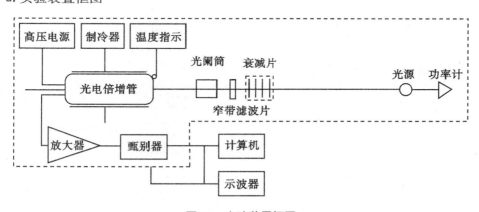

图 14　实验装置框图

3.光学系统

(1)光源

要求光源稳定、光强可调。GSZF-2B 实验系统是采用高亮度发光二极管,中心波长 λ

＝5 000 Å，半宽度 30 nm。为了提高入射光的单色性，仪器备有窄带滤光片，其半宽度为 18 nm。

（2）探测器

GSZF-2B 实验系统使用的探测器是直径 28.5 mm、锑钾铯光阴极、阴极有效尺寸是 Φ25 mm、硼硅玻玻壳、11 级盒式＋线性倍增、端窗型 CR125 光电倍增管。它具有高灵敏度、高稳定性、低暗噪声，环境温度范围－80℃～＋50℃。GSZF-2B 给光电倍增管提供的工作电压最高为 1 320 V。

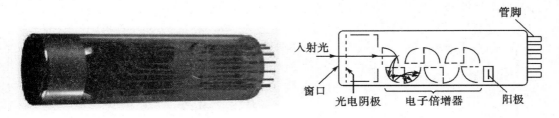

图 15　CR125 外形图　　　　　　　　　　　　图 16　CR125 内部结构图

（3）光路

如图 17 所示，为了减小杂散光的影响和降低背景计数，在光电倍增管前设置一个光阑筒，内设置光阑三个，并将光源、衰减片、窄带滤光片、光阑、接收器等严格准直同轴，把从光源出发的光信号汇聚在倍增管光阴极的中心部分。附件参数：衰减片 AB_5 透过率 5％；AB_{10} 透过率 10％；AB_{25} 透过率 25％。可以组成不同透过率的衰减片组插入光路，得到所需的入射光功率。

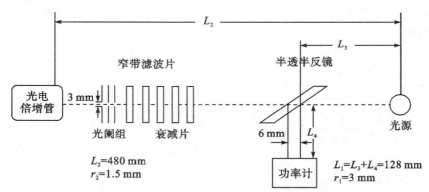

图 17　GSZF-2B 单光子计数实验系统光路参数图示

为了标定入射到光电倍增管的光功率 P_i，可先用光功率计测量出光源经半透半反镜反射的光功率 P_1，然后按下式计算 P_i：

$$P_i = AT\alpha K(\Omega_1/\Omega_2)P_1 \tag{15}$$

式中，A 为窄带滤光片在时的透射率；T 为衰减片组在 500 nm 处的透过率，$T = T_1 \cdot T_2 \cdot T_3 \cdots$；$\alpha$ 为光路中插入光学元件的全部玻璃表面反射损失造成的总效率，总效率＝$[1-(2\%\sim5\%)]^N$（N 为光路中镜片全部反射面数）；K 为半透半反镜的透过率和反射率之比；Ω_1 为光功率计接收面积 $S_1(\pi r_1^2)$ 相对于光源中心所张的立体角，Ω_2 为紧邻光电倍增管的光阑面积 $S_2(\pi r_2^2)$ 对于光源中心所张的立体角。

$$\Omega_1 = \frac{\pi r_1^2}{S_1^2} \qquad r_1 = 3 \text{ mm} \qquad S_1 = 128$$

$$\Omega_2 = \frac{\pi r_2^2}{S_2^2} \qquad r_2 = 1.5 \text{ mm} \qquad S_2 = 480$$

$$\frac{\Omega_1}{\Omega_2} = \frac{\pi r_2^2}{480^2} \frac{128^2}{\pi r_1^2} = 0.018$$

其他参数详见图 17 所标定的。

4. 电子学系统

接收电路包括放大器、甄别器、计数器、示波器。放大器输入负极性脉冲，输出正极性脉冲，输入阻抗 50 Ω，输出端除与甄别器输入端耦合外，还有 50 Ω 匹配电缆，供示波器观察波形用。

脉冲高度甄别器电路由线性高速比较器组成。甄别电平 0～2.56 V 可调（10 毫伏/挡）。

GSZF-2B 放大器输出的光电子脉冲和暗电流脉冲如图 18(a) 所示。甄别器输出的标准脉冲波形见图 18(b)。

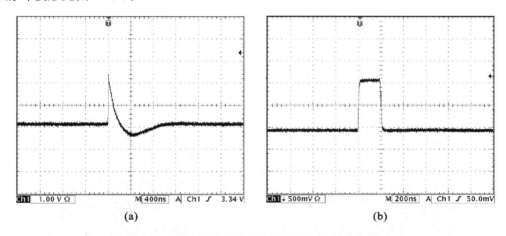

(a) 　　　　　　　　　　　　　　(b)

图 18　放大器输出的光电子脉冲和暗电流脉冲

四、实验系统的安装及操作方法

1. GSZF-2B 单光子计数系统

按照图 19 将设备摆放好，然后打开外光路 2 的上盖，将磁力表座及挡光筒放入光路中，目测将中心高调成一致，并根据实验要求将窄带滤光片、衰减滤光片按图 20 要求装在减光筒上。

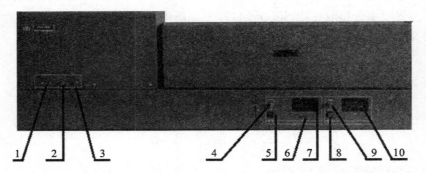

1. USB 接口　2. 监测 2　3. 监测 1　4. 调零旋钮　5. 功率计电源开关
6. 量程变换　7. 功率指示　8. 光源开关　9. 电流调节　10. 电流指示

图 19　GSZF-2B 单光子计数系统

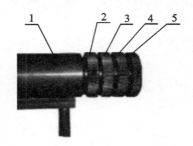

1. 减光筒　2. 窄带滤光片　3. 衰减滤光片　4. 衰减滤光片　5. 衰减滤光片

图 20　减光筒

2. 致冷系统

致冷仪器的面板如图 21、22 所示。

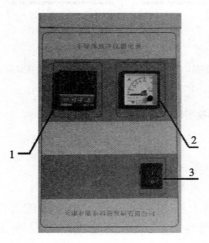

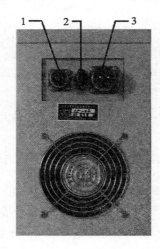

1. 温度控制　2. 电流指示　3. 电源开关　　　1. 电源插座　2. 保险器盒　3. 致冷控制电缆插座

图 21　致冷仪器前面板　　　　　　　　**图 22　致冷仪器后面板**

3. 开机操作

(1)图 19 的 USB 接口与计算机上的 USB 接口相连。

(2)将致冷控制电缆分别插在致冷仪器电源控制电缆插座及主机致冷控制电缆插座上。

(3)分别打开电源开关。

(4)调节温度控制表控制温度。

(5)待 20 min 之后温度达到所需的温度后,可用计算机采集。

4. 开机

前面已经分别叙述了光源、外光路、致冷器的开机及调整方法。下面主要谈谈整机的开机方法。

(1)按照接线图要求将线接好,并反复检查无误。

(2)按致冷器开机操作的方法将致冷器开机,等待数分钟达到待测温度后,可以启动软件测量。这里强调一点,若用户测量不需要致冷时,就不用开致冷器。

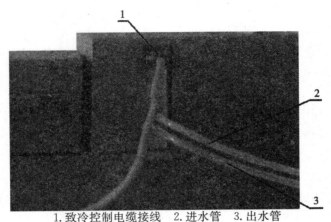

1. 致冷控制电缆接线 2. 进水管 3. 出水管

图 23 致冷器进出水管连接图

【实验内容及步骤】

1. 观察不同入射光强光电倍增管的输出波形分布,推算出相应的光功率

(1)开启 GSZF-2B 单光子计数实验仪"电源",光电倍增管预热 20～30 min。

(2)开启"功率测量"在微瓦量程进行严格调零;开启"光源指示",电流调到 3～4 mA,读出"功率测量"指示的 P 值。

(3)开启计算机,进入"单光子计数"软件,给光电倍增管提供工作电压,探测器开始工作。

(4)开启示波器,输入阻抗设置 50 Ω,调节"触发电平"处于扫描最灵敏状态。

(5)打开仪器箱体,在窄带滤光片前按照衰减片的透过率由大到小的顺序依次添加片子。观察示波器上光电倍增管的输出信号,图形应该是由连续谱到离散分立的尖脉冲,和图 3 相同。注意:每次开启仪器箱体添、减衰减片之后,要轻轻盖好,以免受到背景光的干扰。

（6）示波器与计算机相连。进入通信模块 3 GV 软件，由菜单提示采集不同光强的四帧图形，自己建立一个文档，再由式（15）推算光功率 P_i。

2.用示波器观察光电倍增管阳极输出和甄别器输出的脉冲特征，并作比较

（1）选择入射光强使光电倍增管输出为离散的单一尖脉冲（$P \approx 10^{-13} \sim 10^{-14}$ W）；固定光电倍增管的工作电压；不加致冷处于常温状态；甄别阈值电平置于给定的适当位置。

（2）分别将放大器"检测 2"和甄别器"检测 1"的输出信号送至示波器的输入端，观察并记录两种信号波形和高度分布特征。如同步骤 1（6）输入计算机，下拉文件菜单"打印"或在主工具栏"打印"，在"打印设置"取"只打印图像"。编辑打印图形。

3.测量光电倍增管输出脉冲幅度分布的积分和微分曲线，确定测量弱光时的最佳阈值（甄别）电平 V_h

（1）参照步骤 2（1）选择光电倍增管输出的光电信号是分立尖脉冲的条件，运行"单光子计数"软件。在模式栏选择"阈值方式"；采样参数栏中的"高压"是指光电倍增管的工作电压，1～8 挡分别对应 620～1 320 V，由高到低每挡 10％递减。

（2）在工具栏点击"开始"获得积分曲线。视图形的分布调整数值范围栏的"起始点"和"终止点"，"终止点"一般设在 30～60 挡（10 毫伏/挡）；再适当调整光电倍增管的高压档次（6～8 挡范围）和微调入射光强，让积分曲线图形为最佳（如图 9）。其斜率最小值处就是阈值电平 V_h。

（3）在菜单栏点击"数据/图形处理"选择"微分"，再选择与积分曲线不同的"目的寄存器"运行，就会得到与积分曲线色彩不同的微分曲线（图 4）。其电平最低谷与积分曲线的最小斜率处相对应，由微分曲线更准确的读出 V_h。

4.单光子计数

（1）由模式栏选择"时间方式"，在采样参数栏的"域值"输入步骤 3 获取的 V_h 值，数值范围的"终止点"不用设置太大，100～1 000 即可，在工具栏点击"开始"，单光子计数。将数值范围的"最大值"设置到单光子数率线在显示区中间为宜。

（2）此时，如果光源强度 P_1 不变，光子计数率 R_p 基本是一直线；倘若调节光功率 P_1 的高低，光子数率也随之高低变化。这说明：一旦确立阈值甄别电平测量时间间隔相同，P_1 与 R_p 成正比。记录实验所得最高或最低的光子计数率并推算 P_i 值。

（3）由公式（16）（见【选做内容】）计算出相应的接收光功率 P_0。

【选做内容】

（1）测量暗计数率 R_d 和光子计数率 R_p 随光电倍增管工作温度变化关系，研究工作温度对两者的影响启动半导体致冷系统，记录温度指示器读数 X_t，与其相应的暗计数 R_d（无光输入）、加光信号时总计数率 R_p，直到 X_t 趋于稳定为止（约 1 h）。画出 R_d-X_t 和 R_p-X_t 曲线。

（2）研究光计数率 R_p 和入射光功率 P_i 的对应关系：

①画出接收光信号的信噪比 SNR 与接收光功率 P_0 的关系曲线，确定最小可检测功率（即探测灵敏度）。

②研究测量时间间隔 t 对 SNR 的影响。选择衰减片组，使入射光功率 P_i 分别为 10^{-13} W、10^{-14} W、10^{-15} W、10^{-16} W 量级等几种情况，待光电倍增管工作温度稳定后，测量几种入射光功率的光计数率 R_p，测量时间间隔可选择 1 s、10 s、100 s。

③接收光功率 P_0 和 SNR 可分别按下列两式计算：

$$P_0 = \frac{E_p R_p}{\eta} \tag{16}$$

$$SNR = \frac{(N_t - N_d)}{(N_t + N_d)^{\frac{1}{2}}} \tag{17}$$

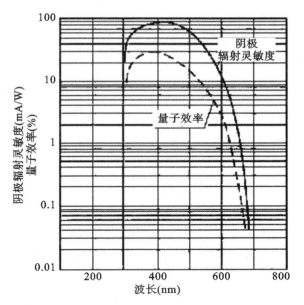

图 24　滨松 CR 系列光谱响应和量子效率曲线

式中，N_t 为测量时时间隔内测得的总计数；N_d 为测量时时间隔内测得的背景计数；$E_p = 3.96 \times 10^{-19}$ J（5 000 Å 波段光子的能量），CR125 型光电倍增管对 5 000 Å 波段的量子计数效率由图 24 给出；$\eta = 15\%$。

（3）用计算信噪比 SNR 方法确定最佳阈值（甄别）电平。改变"阈值电平"，测量加光和不加光信号的光子计数率，然后用式（6）计算出不同阈值情况下的信噪比。SNR 的最高值对应的阈值为最佳。

【注意事项】

（1）入射光源强度要保持稳定。

（2）光电倍增管要防止入射强光，光阑筒前至少有窄带滤光片和一个衰减片。

（3）光电倍增管必须经过长时间工作才能趋于稳定。因此，开机后需要经过充分的预热（20～30 min），才能进行实验。

（4）仪器箱体的开、关动作要轻，以便尽量减少背景光干扰。

（5）半导体致冷装置开机前，一定要先通水，然后再开启致冷电源。如果遇到停水，立即关闭致冷电源，否则将发生严重事故。

【实验报告要求】

（1）简述单光子计数原理和实验方法。

（2）附光电倍增管在不同入射光强的分布图形（打印）并计算出相应的 P_i 值；放大后和甄别后的输出波形图形（打印）。

（3）附实验得到的积分、微分曲线图形（打印）和由此得出的阈值电平 V_h 值。

（4）记录"域值"在 V_h 时的光子计数率 R_p；改变 P_1 得到的最高或最低的光子计数率 R_p 及计算出相应的 P_i；计算出接收光功率 P_0 与 P_i 比较，分析原因。

实验五　塞曼效应

塞曼效应是物理学史上一个著名的实验。1896 年,荷兰著名的实验物理学家塞曼(P. Zeeman)发现当光源放在足够强的磁场中时,原来的一条光谱线分裂成几条光谱线,分裂的谱线成分是偏振的,分裂的条数随能级的类别不同而不同。后人称此现象为塞曼效应。塞曼效应是继 1845 年法拉第(Fareday)效应和 1875 年克尔(Kerr)效应之后被发现的第三个磁光效应,是物理学的重要发现之一。

这一现象的发现是对光的电磁理论的有力支持,证实了原子具有磁矩和空间取向量子化,使人们对物质光谱、原子、分子有了更多的了解。特别是后来洛伦兹(H. A. Lorentz)利用经典电磁理论解释了正常塞曼效应,更受到人们的重视,被誉为继 X 射线之后物理学最重要的发现之一。由于在磁光效应方面的发现,洛仑兹与塞曼共同获得 1902 年的诺贝尔物理学奖。

早年把那些谱线分裂为三条,而裂距按波数计算正好等于一个洛伦兹单位的现象叫做正常塞曼效应(洛伦兹单位 $L=eB/4\pi mc$)。正常塞曼效应用经典理论就能给予解释。实际上大多数谱线的塞曼分裂不是正常塞曼分裂,分裂的谱线多于三条,谱线的裂距可以大于也可以小于一个洛伦兹单位,人们称这类现象为反常塞曼效应。反常塞曼效应只有用量子理论才能得到满意的解释。

1925 年,荷兰乌仑贝克(G. E. Uhlenbeck)和古兹米特(S. A. Goudsmit)为了解释反常塞曼效应提出了电子自旋的假设,应用这一假设能很好地解释反常塞曼效应。也可以说,反常塞曼效应是电子自旋假设的有力证据之一。从塞曼效应的实验结果中可以得到有关能级分裂的数据,即由能级分裂的个数可以知道能级的 J 值,由能级的裂距可以知道 g 因子。因此,直到今天塞曼效应仍是研究原子能级结构的重要方法之一。利用塞曼效应可以测量电子的荷质比。在天体物理中,塞曼效应可以用来测量天体的磁场。

【实验目的】

(1)掌握塞曼效应理论,确定能级的量子数和朗德 g 因子。

(2)掌握法布里-珀罗(Fabry-Perot)标准具的原理和使用方法。

(3)学习观测塞曼效应的实验方法,观察汞原子 546.1 nm 谱线的分裂现象及它们的偏振状态。

(4)由塞曼裂距计算电子的荷质比。

【实验仪器】

电磁铁、供电箱、法布里-珀罗(Fabry-Perot)标准具、读数望远镜、汞灯、偏振片、1/4

波片、CCD 摄像头、监视器、特斯拉计。

【实验原理】

一、理论原理

1. 单电子原子的总磁矩和总角动量

原子的总磁矩由电子磁矩和核磁矩两部分组成,由于后者较小,所以此处只考虑电子磁矩部分。原子中的电子由于做轨道运动产生轨道磁矩,电子还具有自旋运动产生自旋磁矩,根据量子力学的有关结论,电子的轨道角动量 P_L 和轨道磁矩 μ_L 以及自旋角动量 P_S 和自旋磁矩 μ_S 在数值上有下列关系:

$$\mu_L = \frac{e}{2m_e}P_L, \quad P_L = \sqrt{L(L+1)}\hbar$$

$$\mu_S = \frac{e}{m_e}P_S, \quad P_S = \sqrt{S(S+1)}\hbar \tag{1}$$

式中,e、m_e 分别表示电子电荷和电子质量;L、S 分别表示轨道量子数和自旋量子数;$\hbar = \frac{h}{2\pi}$。

轨道角动量 P_L 和自旋角动量 P_S 合成原子的总角动量 P_J,轨道磁矩 μ_L 和自旋磁矩 μ_S 合成原子的总磁矩 μ,见图 1。由于 μ_S 和 P_S 的比值是 μ_L 与 P_L 的比值的两倍,因此合成的原子总磁矩 μ 不在总角动量 P_J 的方向上。但由于 P_L 和 P_S 是绕 P_J 旋进的,因此 μ_L、μ_S 和 μ 都绕 P_J 的延长线旋进。把 μ 分解成两个分量:一个沿 P_J 的延长线,称作 μ_J,这是有确定方向的恒量;另一个是垂直于 P_J 的,它绕 P_J 转动,对外平均效果为零。因此,对外发生效果的是 μ_J。可以得到 μ_J 与 P_J 数值上的关系为

$$\mu_J = g\frac{e}{2m_e}P_J, \quad P_J = \sqrt{J(J+1)}\hbar$$

$$g = 1 + \frac{J(J+1)-L(L+1)+S(S+1)}{2J(J+1)} \tag{2}$$

式中,g 叫做朗德(Lande)因子,它表征原子的总磁矩与总角动量的关系,而且决定能级在磁场中分裂的大小。

2. 多电子原子的总磁矩和总角动量

具有两个或两个以上电子的原子,可以证明总磁矩与原子的总角动量的表达式仍与式(2)相同。但 g 因子随着耦合类型的不同有两种计算方法。

对于 LS 耦合,各电子的轨道角动量 l_i 先合成为总轨道角动量 L,各电子的自旋角动量 s_i 也先合成为总自旋角动量 S,因此有与单电子 g 因子有相同的形式:

$$g = 1 + \frac{J(J+1)-L(L+1)+S(S+1)}{2J(J+1)} \tag{3}$$

式中,$L = \sum l_i$,$S = \sum s_i$。由于满壳层中的电子的总轨道角动量和总自旋角动量都为零,所以计算 L 和 S 时只需对未满壳层中的电子进行叠加即可。

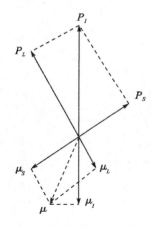
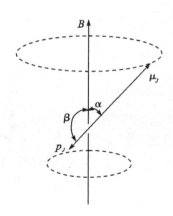

图1　磁矩和角动量矢量图　　　　　　　图2　角动量旋进

对于多电子原子除了 LS 耦合外,还有 JJ 耦合,为了简单起见,我们只讨论原子未满壳层中只有两个电子的情况,这时有

$$g = g_1 \frac{J(J+1) + j_1(j_1+1) - j_2(j_2+1)}{2J(J+1)} + g_2 \frac{J(J+1) + j_2(j_2+1) - j_1(j_1+1)}{2J(J+1)} \quad (4)$$

式中,j_1、g_1 和 j_2、g_2 分别为第一和第二个电子的总角动量和 g 因子;J 为两个电子的总角动量量子数。

3. 外磁场对原子能级的影响

在外磁场中,原子的总磁矩在外磁场 B 中受到力矩 L 的作用:

$$L = \mu_J \times B \quad (5)$$

式中,B 表示磁感应强度,力矩 L 使角动量 P_J 绕磁场方向做进动,见图2。进动引起附加的能量 ΔE 为

$$\Delta E = -\mu_J B \cos\alpha$$

将式(2)代入上式得

$$\Delta E = g \frac{e}{2m} P_J B \cos\beta \quad (6)$$

由于 μ_J 和 P_J 在磁场中取向是量子化的,也就是 P_J 在磁场方向的分量是量子化的,P_J 的分量只能是 $\hbar$ 的整数倍,即

$$P_J \cos\beta = M\hbar \qquad M = J, (J-1), \cdots, -J \quad (7)$$

磁量子数 M 共有 $2J+1$ 个值:

$$\Delta E = Mg \frac{e\hbar}{2m} B \quad (8)$$

这样,无外磁场时的一个能级,在外磁场的作用下分裂成 $2J+1$ 个子能级,每个能级附加的能量由式(8)决定,它正比于外磁场 B 和朗德因子 g。

设未加磁场时跃迁前后的能级分别为 E_2 和 E_1,则谱线的频率 ν 满足下式:

$$\nu = \frac{1}{h}(E_2 - E_1)$$

在磁场中上、下能级分别分裂为 $2J_2+1$ 和 $2J_1+1$ 个子能级,附加的能量分别为 ΔE_2 和 ΔE_1,新的谱线频率 ν' 决定于

$$\nu'=\frac{1}{h}(E_2+\Delta E_2)-\frac{1}{h}(E_1+\Delta E_1) \tag{9}$$

分裂谱线的频率差为

$$\Delta\nu=\nu'-\nu=\frac{1}{h}(\Delta E_2-\Delta E_1)=(M_2g_2-M_1g_1)\frac{e}{4\pi m}B \tag{10}$$

用波数表示为

$$\Delta\tilde{\nu}=\frac{\Delta\nu}{c}=(M_2g_2-M_1g_1)\frac{e}{4\pi mc}B \tag{11}$$

令 $L=\dfrac{eB}{4\pi mc}$,称为洛仑兹单位,将有关参数代入得

$$L=\frac{eB}{4\pi mc}=0.467B$$

式中,B 的单位用 T(特斯拉),波数 L 的单位为 cm^{-1}。

4. 塞曼能级跃迁的选择定则

并非任何两个能级间的跃迁都是可能的,跃迁必须满足以下选择定则:

$$\Delta M=0,\pm 1$$
$$当 J_2=J_1 时,M_2=0 \rightarrow M_1=0 除外$$

当 $\Delta M=0$,对应的跃迁谱线称为 π 线;当 $\Delta M=\pm 1$,对应的跃迁谱线称为 σ 线。

在微观领域中,光的偏振情况是与角动量相关联的,在跃迁过程中,原子与光子组成的系统除能量守恒外,还必须满足角动量守恒。

(1)当 $\Delta M=0$,说明原子跃迁时在磁场方向角动量不变。因此,光是沿磁场方向振动的线偏振光。故沿磁场方向观察时看不到 π 线。

(2)当 $\Delta M=+1$,说明原子跃迁时沿磁场方向的角动量减小 $\hbar$,因此发射的光子获得沿磁场的角动量 $+\hbar$,以保持原子和光子的整个体系的角动量守恒。由于光波的电矢量是围绕相应的光子角动量矢量的左手螺旋方向旋转,因此沿磁场方向观察时,能观察到逆时针的左旋圆偏振光 σ^+。同理 $\Delta M=-1$ 时,能观察到顺时针的右旋圆偏振光 σ^-。

所以当垂直于磁场方向观察(称横向效应)时,将观察到 $\Delta M=0$ 的 π 线和 $\Delta M=\pm 1$ 的 σ^-、σ^+ 线。而沿磁场方向观察时,将只观察到 $\Delta M=\pm 1$ 的左、右旋圆偏振的 σ^+、σ^- 线(表1)。

表 1　各光线的偏振态

选择定则	$K\perp B$(横向)	$K\,/\!/\,B$(纵向)
$\Delta M=0$	线偏振光 π 成分	无光
$\Delta M=+1$	线偏振光 σ 成分	右旋圆偏振光
$\Delta M=-1$	线偏振光 σ 成分	左旋圆偏振光

表 1 中 K 为光波矢量；B 为磁感应强度矢量；σ 表示光波电矢量 $E \perp B$；π 表示光波电矢量 $E /\!/ B$。

5. 汞原子 546.1 nm 光谱线的塞曼分裂

本实验所观察到的汞绿线，即 546.1 nm 谱线是能级 7^3S_1 到 6^3P_2 之间的跃迁。与这两能级及其塞曼分裂能级对应的量子数 L,S,J 和 g,M,Mg 值如表 2 所示。

表 2　汞原子 546.1 nm 的塞曼量子态

原子态符号	7^3S_1	6^3P_2
L	0	1
S	1	1
J	1	2
g	2	3/2
M	1,0,−1	2,1,0,−1,−2
Mg	2,0,−2	3,3/2,0,−3/2,−3

在外磁场的作用下，能级间的跃迁如图 3 所示。

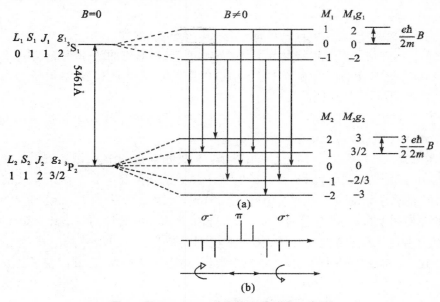

图 3　汞 546.1 nm 谱线的塞曼效应示意图

以汞的 546.1 nm 谱线为例，说明谱线分裂情况。在磁场作用下能级分裂如图 3(a) 所示。可见，546.1 nm 一条谱线在磁场中分裂成九条线，垂直于磁场观察，中间三条谱线为 π 态，两边各三条谱线为 σ 态；沿着磁场方向观察，π 态不出现，对应的六条 σ 线分别为右旋圆偏振光和左旋圆偏振光。若原谱线的强度为 100，其他谱线的强度分别约为 75、37.5 和 12.5，如图 3(b) 所示。在塞曼效应中有一种特殊情况，上、下能级的自旋量子数 S 都等于零，塞曼效应发生在单重态间的跃迁。此时，无磁场时的一条谱线在磁场中分裂成三条谱线,其中 $\Delta M=\pm 1$ 对应的仍然是 σ 态,$\Delta M=0$ 对应的是 π 态,分裂后的谱线与原谱线的波数差 $\Delta\nu=L=\dfrac{e}{4\pi mc}B$。由于历史的原因,称这种现象为正常塞曼效应,而前面介绍的称为反常塞曼效应。

二、法布里-珀罗(Fabry-Perot)标准具介绍

1. 标准具的原理及性能

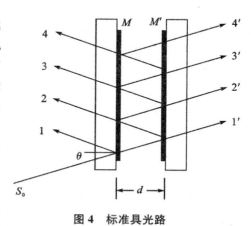

图 4 标准具光路

在观察塞曼能级分裂时,分裂谱线与原谱线的波长差很小,必须用高分辨率的分光仪器来观察和测量塞曼分裂线。本实验中我们使用法布里-珀罗标准具(以下简称 F-P 标准具)。F-P 标准具由平行放置的两块平面玻璃和夹在中间的一个间隔圈组成。平面玻璃内表面必须是平整的,其加工精度要求优于 1/20 中心波长。内表面上镀有高反射膜,膜的反射率高于 90%,间隔圈用膨胀系数很小的石英材料制作,精加工成有一定的厚度,用来保证两块平面玻璃板之间有很高的平行度和稳定的间距。再用三个螺丝调节玻璃上的压力来达到精确平行。标准具光路如图 4 所示。

当单色平行光束 S_0 以某一小角度 θ 入射到标准具的平面上时,光束在 M 和 M' 二表面上经多次反射和透射,分别形成一系列相互平行的反射光束 $1,2,3,\cdots$,及透射光束 $1',2',3',\cdots$。这些相邻光束之间有一定光程差 Δl,而且有

$$\Delta l=2nd\cos\theta$$

式中,d 为两平行板之间的距离,θ 为光束在 M 和 M' 界面上的入射角,n 为两平行板之间介质的折射率,在空气中折射率近似为 $n=1$。这一系列互相平行并有一定光程差的光束将在无限远处或在透镜的焦面上发生干涉。当光程差为波长的整数倍时产生相长干涉,得到光强极大值:

$$2d\cos\theta=N\lambda \tag{12}$$

式中,N 为整数,称为干涉序。由于标准具间距是固定的,对于波长一定的光,不同的干涉序 N 出现在不同的入射角 θ 处。如果采用扩展光源照明,F-P 标准具产生等倾干涉,它的花纹是一组同心圆环,如图 5 所示。中心处 $\theta=0$,$\cos\theta=1$,级次 N 最大,$N_{\max}=\dfrac{2d}{\lambda}$。其他同心圆亮环依次为 $N-1$ 级,$N-2$ 级等。

由于标准具是多光束干涉,干涉花纹的宽度是非常细锐的。花纹越细锐表示仪器的分辨率越高。

标准具有两个特征量量:自由光谱范围和分辨本领,分别说明如下。

(1)自由光谱范围

考虑同一光源发出的具有微小波长差的单色光 λ_1 和 λ_2(设 $\lambda_1<\lambda_2$)入射的情况,它们

将形成各自的圆环系列。对同一干涉级，波长大的干涉环直径小，如图 5 所示。如果 λ_1 和 λ_2 的波长差逐渐加大，使得 λ_1 的第 N 级亮环与 λ_2 的第 $(N-1)$ 级亮环重叠，则有

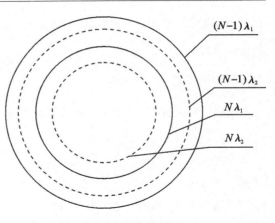

$$2d\cos\theta = N\lambda_1 = (N-1)\lambda_2$$

则　　　　$$\Delta\lambda = \lambda_2 - \lambda_1 = \frac{\lambda_2}{N} \qquad (13)$$

由于 F-P 标准具中，在大多数情况下，$\cos\theta \approx 1$，所以上式中

$$N \approx \frac{2d}{\lambda_1}$$

图 5　等倾干涉花纹

因此

$$\Delta\lambda = \frac{\lambda_1\lambda_2}{2d}$$

近似可认为 $\lambda_1\lambda_2 = \lambda_1^2 = \lambda_2^2$，则

$$\Delta\lambda = \frac{\lambda^2}{2d}$$

用波数差表示为

$$\Delta\nu = \frac{1}{2d} \qquad (14)$$

$\Delta\lambda$ 或 $\Delta\nu$ 定义为标准具的自由光谱范围。它表明在给定间隔圈厚度 d 的标准具中，若入射光的波长在 $\lambda \sim \lambda + \Delta\lambda$ 之间（或波数在 $\nu \sim \nu + \Delta\nu$ 之间），所产生的干涉圆环不重叠。若被研究的谱线波长差大于自由光谱范围，两套花纹之间就要发生重叠或错级，给分析辨认带来困难。因此，在使用标准具时，应根据被研究对象的光谱波长范围来确定间隔圈的厚度。

（2）分辨本领

定义 $\dfrac{\lambda}{\Delta\lambda}$ 为光谱仪的分辨本领，对于 F-P 标准具，分辨本领

$$\frac{\lambda}{\Delta\lambda} = NF \qquad (15)$$

式中，N 为干涉级数，F 为精细度，它的物理意义是在相邻两个干涉级之间能够分辨的最大条纹数。F 依赖于平板内表面反射膜的反射率 R：

$$F = \frac{\pi\sqrt{R}}{1-R} \qquad (16)$$

反射率越高，精细度越高，仪器能够分辨的条纹数就越多。为了获得高分辨率，R 一般为 90％ 左右。使用标准具时光近似于正入射，$\cos\theta \approx 1$，从式（12）可得 $N = \dfrac{2d}{\lambda}$。将 F 与 N 代入式（15）得

$$\frac{\lambda}{\Delta\lambda}=KF=\frac{2d\pi\sqrt{R}}{\lambda(1-R)} \tag{17}$$

例如,对于 $d=5$ mm,$R=90\%$ 的标准具,若入射光 $\lambda=500$ nm,可得仪器分辨本领

$$\frac{\lambda}{\Delta\lambda}=6\times10^{5},\Delta\lambda\approx0.001 \text{ nm}$$

可见 F-P 标准具是一种分辨本领很高的光谱仪器。正因为如此,它才被用来研究单个谱线的精细结构。当然,实际上由于 F-P 板内表面加工精度有一定的误差,加上反射膜层的不均匀以及有散射耗损等因素,仪器的实际分辨本领要比理论值低。

2. 使用 F-P 标准具测量谱线波长差

用透镜把 F-P 标准具的干涉花纹成像在焦平面上,花纹相应的光线入射角 θ 与花纹的直径 D 有如下关系:

$$\cos\theta=\frac{f}{\sqrt{f^{2}+(D/2)^{2}}}\approx1-\frac{1}{8}\frac{D^{2}}{f^{2}} \tag{18}$$

式中,f 为透镜的焦距。将式(18)代入式(12)得

$$2d\left[1-\frac{1}{8}\frac{D^{2}}{f^{2}}\right]=N\lambda \tag{19}$$

由式(19)可见,干涉序 N 与花纹直径 D 的平方呈线性关系,随着花纹直径的增大花纹越来越密。式(19)等号左边第二项的负号表明干涉环的直径越大,干涉序 N 越小。中心花纹干涉序最大。

对同一波长的相邻两序 N 和 $N-1$,花纹的直径平方差用 ΔD^{2} 表示,得

$$\Delta D^{2}=D_{N-1}^{2}-D_{N}^{2}=\frac{4f^{2}\lambda}{d} \tag{20}$$

ΔD^{2} 是与干涉序 N 无关的常数。对同一序,不同波长 λ_{a} 和 λ_{b} 的波长差为

$$\Delta\lambda_{ab}=\lambda_{a}-\lambda_{b}=\frac{d}{4f^{2}N}(D_{b}^{2}-D_{a}^{2})=\frac{\lambda}{N}\frac{D_{Nb}^{2}-D_{Na}^{2}}{D_{N-1}^{2}-D_{N}^{2}} \tag{21}$$

测量时所用的干涉花纹只是在中心花纹附近的几个序。考虑到标准具间隔圈的厚度比波长大得多,中心花纹的干涉序是很大的,因此用中心花纹的干涉序代替被测花纹的干涉序,引入的误差可以忽略不计,即 $N=2d/\lambda$,将它代入式(21),得

$$\Delta\lambda_{ab}=\lambda_{a}-\lambda_{b}=\frac{\lambda^{2}}{2d}\frac{D_{Nb}^{2}-D_{Na}^{2}}{D_{N-1}^{2}-D_{N}^{2}} \tag{22}$$

用波数差表示,$\Delta\tilde{\nu}=\Delta\lambda/\lambda^{2}$,则

$$\Delta\tilde{\nu}_{ab}=\frac{1}{2d}\frac{\Delta D_{ab}^{2}}{\Delta D^{2}} \tag{23}$$

式中,$\Delta D_{ab}^{2}=D_{a}^{2}-D_{b}^{2}$。由上两式得到波长差或波数差与相应花纹的直径平方差成正比。故应用式(22)和式(23),在测出相应的环的直径后,就可以计算出塞曼分裂的裂距。

将式(23)代入式(11),便得电子荷质比的公式:

$$\frac{e}{m}=\frac{2\pi c}{(M_{2}g_{2}-M_{1}g_{1})Bd}\left(\frac{D_{Nb}^{2}-D_{Na}^{2}}{D_{N-1}^{2}-D_{N}^{2}}\right) \tag{24}$$

【实验装置】

实验装置示意图如图 6 所示,主要包括电磁系统和光学系统两部分。

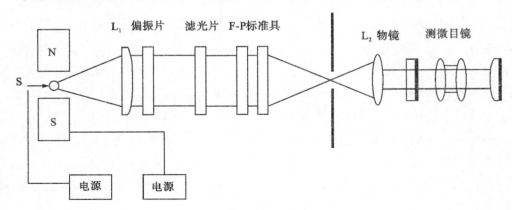

图 6　实验装置示意图

1. 电磁系统

电磁系统包括电磁铁、笔形汞灯和供电箱。

(1)直流电磁铁:电磁铁的极距为 0～15 mm 可调,磁场不均匀度<5%。磁铁可绕轴旋转 90°直接观察纵效应。

(2)采用笔型汞灯为光源,将汞灯管固定于两磁极之间的灯架上(装灯时可取下灯架),当两电极间接以 1 500 V 电压时,激发出汞的光谱线。

(3)供电箱:供应电磁铁和笔型汞灯的电源。汞灯的亮度可通过供电箱左上部的一电流旋钮调节。供电箱右上部的一电流旋钮连续可调,可为直流电磁铁提供 0～1.5 A 稳定激磁电流。

2. 光学系统

光学系统包括聚光透镜、滤光片、法布里-珀罗标准具、偏振片、1/4 波片和读数望远镜等。

(1)为了使聚光透镜、滤光片、法布里-珀罗标准具三件的光轴在一条直线上,将三件装在一个圆筒中,并固定在可仰俯调节的支架上。

(2)F-P 标准具:其中心波长 $\lambda = 546.1$ nm,分辨率 $\lambda/\Delta\lambda \geqslant 1 \times 10^5$,反射率 $\geqslant 90\%$,能观察到 9 个明显的塞曼分裂谱线。

(3)偏振片:偏振片是用以观察偏振性质不同的 π 态和 σ 态。为了把塞曼分量 π 态和 σ 态分开,只要在光路中加一块偏振片即可。

(4)1/4 波片(中心波长 546.1 nm):为了观察 σ^-、σ^+ 成分,则要在光路中加一块1/4波片,给圆偏振光 $\frac{\pi}{2}$ 的相位差,从而使圆偏振光变为线偏振光。当偏振片顺时针转 45°时,分裂的两条谱线中的一条消失了;当偏振片逆时针转 45°时,消失了谱线重现而另一条消失,从而证明前、后消失的这两条分裂的谱线分别是左、右旋的圆偏振光。当沿着磁场方向观察纵向效应时,将 1/4 波片放置于偏振片前,用以观察左、右旋的圆偏振光。

(5)测量望远镜:测量望远镜是该仪器的关键部件,干涉光束通过望远物镜成像于分划板上,通过测量望远镜的读数机构可直接测得各级干涉圆环的直径 D 或分裂宽度。读数鼓轮格值为 0.01 mm。测量望远镜与 F-P 标准具相匹配、成像清晰,便于观测。

3. F-P 标准具的调整

(1)调节电磁铁的极距,因汞灯外径为 6 mm,故应转动电磁铁螺丝盘,使盘距为 6.5 mm 左右,然后调节磁芯的双层螺丝帽,使磁极外表面平齐,最后用双层螺丝帽锁紧。

(2)点燃汞灯,不加磁场($B=0$)时,将标准具放在导轨上,使光轴与汞灯在同一条水平线上,聚光透镜的焦距为 80 mm,因此透镜与汞灯之间距离要大于 80 mm,以形成会聚光聚在 F-P 标准具之间,若直接观察应该整个视野充满绿色圆环。当两反射面严格平行时,可以看到细锐的、清晰明亮的一组同心干涉圆环,如图 7(a)所示。如果标准具的三个螺丝压力不均,即两反射面未达到平行,圆环并不圆。用肉眼上下左右移动观察时,会看到干涉环在某一方向上扩张,另一方向上收缩。如果在环扩张的方向旋紧螺丝加大压力,或在环收缩的方向上放松螺丝减小压力,能调到这一方向上两反射面接近平行。这时无论眼睛怎样上下左右移动,圆环都不变形,且圆环既细又圆,如此才算达到理想状态。

【实验内容与方法】

1. 垂直于磁场方向观察塞曼分裂情况(即横向塞曼效应)

(1)调整光路:首先不加磁场($B=0$)时,调节光路上各光学元件等高共轴,点燃汞灯,使光束通过每个光学元件的中心。调节透镜 3 的位置,使尽可能强的均匀光束落在 F-P 标准具上。调节标准具上三个压紧弹簧螺丝,使两平行面达到严格平行,从测微目镜中可观察到未加磁场时清晰明亮的一组同心干涉圆环,如图 7(a)所示。

(2)接通电磁铁稳流电源,缓慢增大激磁电流(即缓慢地增大磁场 B),这时,从测量望远镜中可观察到细锐的干涉圆环逐渐变粗,然后发生分裂。随着激磁电流的逐渐增大,谱线的分裂宽度也在不断增宽,当励磁电流达到一定值时,原来的一个环向内、外各分裂出 4 个环,谱线由一条分裂成九条,而且很细,可看到清晰的塞曼分裂谱线 9 条,见图 7(b)。

(3)放置上偏振片,旋转偏振片为不同位置时,观察谱线不同的偏振态 π 成分和 σ 成分,见图 7(c)和(d)。适当改变磁场 B 的大小,观察裂距变化。

(4)观察横向塞曼效应:

①无磁场时,测出两级干涉圆环直径。

②加一合适磁场 B,用高斯计测出磁场强度 B 值。

③加入磁场后,转动偏振片,使视场中出现 π 成分,然后测出其直径。

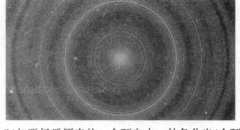

(a)未加磁场的谱线　　　　　　(b)加磁场后原来的一个环向内、外各分出4个环

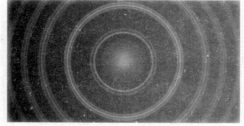

(c)塞曼 π 成分　　　　　　　　(d)塞曼 σ 成分

图 7　横向塞曼效应谱线图

2.选做:沿磁场方向观察塞曼分裂情况(即纵向塞曼效应)

抽出磁极芯,沿磁场方向观察 σ 线,用偏振片与 $\frac{1}{4}$ 波片鉴别左旋圆偏振光和右旋圆偏振光,并确定 $\Delta M=+1$ 和 $\Delta M=-1$ 的跃迁与它们的对应关系。

提示:必须先区分哪 6 个环为同一级,再确定同一级的内环、外环及它们的 $\Delta M=+1$ 和 $\Delta M=-1$ 跃迁的对应关系。实验过程中要注意观察内环、外环的消失。

3.设计实验:用 CCD 监视器进行观察和测量

用测微目镜进行测量需注意:旋转测微目镜读数鼓轮和 F-P 标准具的上下左右旋钮,使分划板的叉丝中心、视场主刻尺的中心和干涉圆环的中心位于同一竖直位置;旋转测微目镜读数鼓轮使分划板的叉丝中心移至并压在待测干涉圆环谱线即可进行读数(注意:避免空程差)。从视场中的主刻尺读出毫米以上读数,从读数鼓轮读出毫米以下数据。

【测量与数据处理】

(1)测量零磁场和加磁场不加偏振片的干涉圆环,求出各个分量相对零磁场时的裂距大小,与理论值比较,分析和讨论实验结果。

加磁场后,转动偏振片使视场出现 π 分裂,分别测量一级圆环中 $L_{左内}$、$L_{左中}$、$L_{左外}$ 和 $L_{右内}$、$L_{右中}$、$L_{右外}$ 的值。算出对应级次的 $D_内$、$D_中$ 和 $D_外$ 后用式(23)求出塞曼分裂的波数差 $\Delta \nu$ 值。

(2)将沿磁场方向的观察结果用图表示出来,并解释所看到的现象。

(3)求出电子荷质比的值,并计算误差。(标准值 $e/m=1.76\times10^{11}$ C/kg)

用 π 成分的波长差,计算 e/m,并与理论值比较。

【注意事项】

(1)汞灯电源电压为 1 500 V,要注意高压安全。

(2)F-P 标准具及其他光学器件的光学表面,都不能用手或其他物体接触。

(3)本实验中作测量用的 F-P 标准具已调好,另备一台供学生练习使用。

【思考题】

(1)什么叫塞曼效应、正常塞曼效应、反常塞曼效应?

(2)反常塞曼效应中光线的偏振性质如何? 并加以解释。

(3)什么叫 π 成分、σ 成分? 在本实验中哪几条是 π 线,哪几条是 σ 线?

(4)垂直于磁场观察时,怎样鉴别分裂谱线中的 π 成分和 σ 成分?

(5)画出观察塞曼效应现象的光路图,叙述各光学器件所起的作用。

(6)如何判断 F-P 标准具已调好?

(7)如何测准干涉圆环的直径?

(8)叙述测量电子荷质比的方法。

(9)在实验中,如果要求沿磁场方向观察塞曼效应,在实验装置的安排上应作什么变化? 观察到的干涉花纹将是什么样子?

实验六　黑体实验研究

　　从某种意义上说,由于我们生活在一个辐射能的环境中,被天然的电磁能源所包围,就产生了测量和控制辐射能的要求。随着科学技术的发展,辐射度量的测量对于航空、航天、核能、材料、能源卫生及冶金等高科技部门的发展越来越重要。而黑体辐射源作为标准辐射源,广泛地用做红外设备绝对标准。它可以作为一种标准来校正其他辐射源或红外整机。另外,可利用黑体的基本辐射定律找到实体的辐射规律,计算其辐射量。

【实验目的】

　　(1)通过实验了解和掌握黑体辐射的光谱分布。
　　(2)验证普朗克(Planck)辐射定律。
　　(3)验证斯忒藩-波耳兹曼定律。
　　(4)验证维恩(Wien)位移定律。
　　(5)研究黑体和一般发光体辐射强度的关系。
　　(6)学会一般发光源的辐射能量的测量,记录发光源的辐射能量曲线。

【实验仪器】

　　WGH-10 型黑体实验装置,电控箱,溴钨灯及电源,计算机等。

【实验原理】

　　1. 热辐射与基尔霍夫定律
　　基尔霍夫(Kirchhoff)定律是描述热辐射体性能的最基本定律。任何物体,只要其温度在 0 K 以上,就向周围发射辐射,这种由于物体中的原子、分子受到热激发而发射电磁波的现象称为热辐射。只要其温度在 0 K 以上,也要从外界吸收辐射的能量。描述物体辐射规律的物理量是辐射出射度和单色辐射出射度,它们之间的关系为

$$M(\lambda, T) = \int_0^\infty M(T) \mathrm{d}\lambda \tag{1}$$

　　实验表明,热辐射具有连续的辐射谱,波长自远红外区延伸到紫外区,并且辐射能量按波长的分布主要决定于物体的温度。处在不同温度和环境下的物体,都以电磁辐射形式发出能量。所谓黑体是指入射的电磁波全部被吸收,既没有反射,也没有透射(当然黑体仍然要向外辐射)。显然自然界不存在真正的黑体,但许多物体是较好的黑体近似(在某些波段上)。黑体是一种完全的温度辐射体,即任何非黑体所发射的辐射通量都小于同温度下的黑体发射的辐射通量;并且,非黑体的辐射能力不仅与温度有关,而且与表面

材料的性质有关,而黑体的辐射能力则仅与温度有关。在黑体辐射中,存在各种波长的电磁波,其能量按波长的分布与黑体的温度有关。

早在 1859 年,德国物理学家基尔霍夫在总结当时实验发现的基础上,用理论方法得出一切物体热辐射所遵从的普遍规律:在热平衡状态的物体所辐射的能量与吸收的能量之比与物体本身物性无关,只与波长和温度有关。即在相同的温度下,各辐射源的单色辐出度(辐射本领)$M_i(\lambda, T)$与单色吸收率(吸收本领)$\alpha_i(\lambda, T)$的比值与物体的性质无关。其比值对所有辐射源($i=1,2,\cdots$)都一样,是一个只取决于波长 λ 和温度 T 的普适函数 $f(\lambda, T)$。$M_i(\lambda, T)$与单色吸收率 $\alpha_i(\lambda, T)$两者中的每一个都随物体的不同而差别非常大。基尔霍夫定律可以表示为

$$\frac{M_1(\lambda, T)}{\alpha_1(\lambda, T)} = \frac{M_2(\lambda, T)}{\alpha_2(\lambda, T)} = \cdots = f(\lambda, T) \tag{2}$$

对于所有波长,$\alpha_\lambda = 1$,这种物体成为绝对黑体,由此得到

$$\frac{M_1(\lambda, T)}{\alpha_1(\lambda, T)} = \frac{M_2(\lambda, T)}{\alpha_2(\lambda, T)} = \cdots = M_{\lambda b}(T) \tag{3}$$

式中,$M_{\lambda b}(T)$为该温度下黑体对同一波长的单色辐射度。

由此可见,基尔霍夫的普适函数正是绝对黑体的光谱辐射度。而 $\alpha(\lambda, T) = 1$ 的辐射体就是绝对黑体,简称黑体(black body)。黑体的辐射亮度在各个方向都相同,即黑体是一个完全的余弦辐射体。辐射能力小于黑体,若 $\alpha(\lambda, T) < 1$,并且对于所有波长,各种温度都是常数,称为灰体(grey body)。灰体的辐射光谱分布与同一温度下黑体的辐射光谱分布相似。自然界并不存在一种物体其固有特性与灰体丝毫不差,但对于有限的波长区域而言,物体可近似于灰体。所有既不是黑体也不是灰体的实际物体,我们称之为选择性辐射体。其吸收本领 $\alpha(\lambda, T) < 1$,且随波长及温度而变,同时也随光线偏振情况以及光线的入射角而变,这些物体的光谱分布曲线与普朗克曲线不同。自然界中很少有严格意义下的黑体与灰体,一般的热辐射体都是选择性辐射体。

2.黑体辐射规律

黑体辐射遵循三条规律:①斯忒藩-波尔兹曼定律,②维恩(Wien)位移定律,③普朗克辐射定律。

(1)斯忒藩-波尔兹曼定律

斯忒藩-波尔兹曼定律(Stefan-Boltzmann law)是热力学中的一个著名定律。1879年约瑟福·斯忒藩(Stefan)通过对实验数据的分析,提出了物体绝对温度为 T、面积为 S 的表面,单位时间所辐射的能量(辐射功率或辐射能通量)$M(\lambda, T)$存在如下关系:

$$M(\lambda, T) = \int_0^\infty M(T) \mathrm{d}\lambda = 曲线下面积$$

5 年后,鲁德维格·波尔兹曼(Boltzmann)从理论上推导了这个公式:

$$M(\lambda, T) = \int_0^\infty M(T) \mathrm{d}\lambda = \sigma T^4 \tag{4}$$

这就是斯忒藩-波尔兹曼定律。$\sigma = 5.670 \times 10^{-8} (\mathrm{J/m^2 \cdot s \cdot K^4})$是斯忒藩-波尔兹曼常数,是对所有物体均相同的常数。此式表明,绝对黑体的总辐出度与黑体温度的四次

方成正比,即黑体的辐出度(即曲线下的面积)随温度的升高而急剧增大。

由于黑体辐射是各向通行的,所以其辐射亮度 L 与辐射度有关系,斯忒藩-波尔兹曼定律也可以用辐射亮度表示为

$$L = \frac{\sigma}{\pi} T^4 (\mathrm{W}/(\mathrm{m}^2 \cdot \mathrm{sr})) \tag{5}$$

(2)维恩(Wien)位移定律

对应一定温度 T 的 $M(\lambda, T)$ 曲线有一最高点,位于波长 $\lambda_{\max}$ 处。温度 T 越高,辐射最强的波长 λ 越短,即从红色向蓝紫色光移动。这对于高温物体的颜色由暗红逐渐转向蓝白色的事实。在研究工作中,可以从实验上测量不同温度下 $M(\lambda, T)$ 曲线峰值所对应的波长 $\lambda_{\max}$ 与温度 T 之间的定量关系,也可以利用经典热力学从理论上进行推导。历史上德国物理学家维恩于 1893 年找到了 $\lambda_{\max}$ 与 T 之间的关系:如果用数学形式描述这一实验规律,则有

$$\frac{1}{\lambda_{\max}} \propto T$$

即光谱亮度的最大值的波长 $\lambda_{\max}$ 与它的绝对温度 T 成反比:

$$\lambda_{\max} = \frac{A}{T} \tag{6}$$

这就是著名的维恩位移定律。$A = 2.897 \times 10^{-3} (\mathrm{m} \cdot \mathrm{K})$ 为一常数,即维恩常数。维恩因热辐射定律的发现 1911 年获诺贝尔物理学奖。

随温度的升高,绝对黑体光谱亮度的最大值的波长向短波方向移动。由于辐射光谱的性质依赖于它的温度,我们可以用分析辐射光谱的办法来估计诸如恒星或炽热的钢水等一类炽热物体的温度。热辐射是连续谱,眼睛看到的是可见光区中最强的辐射频率。某种物质在一定温度下所辐射的能量分布在光谱的各种波长上,它给人们提供了某一辐射体用做光源或加热元件的功能,但它们本身并非黑体。请注意,一般辐射源所辐射的光谱(能量按波长分布曲线)依赖于辐射源的组成成分,但对于黑体,不论其组成成分如何,它们在相同温度下均发出同样形式的光谱。

图 1 为黑体的频谱亮度随波长的变化关系曲线图。每一条曲线上都标出黑体的绝对温度。与诸曲线的最大值相交的直线表示维恩位移线。

分析图中曲线可发现该曲线有如下特征:①在任何确定的温度下,黑体对不同波长的辐射本领是不同的。②在某一波长 λ 处有极大值,说明黑体对该波长具有最大的单色辐出度。③当温度升高时,极大值位置向短波方向移动,曲线向上抬高并变得更为尖锐。

以上两定律将黑体辐射的主要性质简洁而定量地表示了出来,很有实用价值。根据斯忒藩-波尔兹曼定律,热辐射能量随温度迅速增大。如果热力学温度加倍,如从 273 K 增到 546 K,辐射能量就增大 16 倍。因此,要达到非常高的温度,必须提供相应的能量以克服热辐射所造成的能量损失。反之,在氢弹爆炸中可以出现 3×10^7 K 以上的温度,在这么高的温度下,读者可算一算,一种物质 1 cm² 表面的能量将是该物质在室温下所固守能量的多少倍呢?

利用维恩位移定律可以测定辐射体的温度,如测定了 $\lambda_{\max}$,则可得到辐射体的温度。

如太阳表面发出的辐射在 $0.5\ \mu m$ 附近有一个极大值,我们可估算太阳的表面温度为 6 000 K 左右。还可以比较辐射体表面不同区域的颜色变化情况,来确定辐射体表面的温度分布,这种以图形表示出的热力学温度称为热象图。热象图技术已在宇航、医学、军事等方面广为应用。如利用热象图的遥感技术可以监测森林火警,也可以用来监测人体某些部位的病变等。

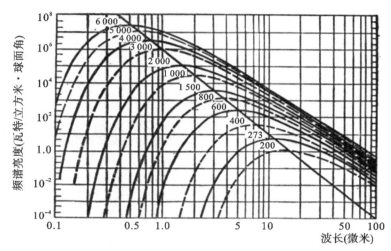

图 1　黑体的频谱亮度随波长的变化关系曲线图

（3）黑体辐射的光谱分布——普朗克辐射定律

为了获得绝对黑体单色辐射度的数学表达式,19 世纪末许多物理学家作了巨大努力,从经典热力学、统计物理学和电磁学的基础上去寻求答案,但始终没有获得完全成功。1896 年维恩根据经典热力学理论导出的公式只是在短波长与实验曲线相符;1900～1905 年瑞利(Rayleigh)和靳斯(Jeans)根据统计物理学和经典电磁学理论导出的公式只是在波长很长时不偏离实验曲线。他们的共同结论是,在波长比 λ_{max} 短时,辐射能量将趋于无穷大。这显然是荒谬的结果,在物理学历史上,这一个难题被称为"紫外灾难"。"紫外灾难"表明经典物理学在解释黑体辐射的实验规律上遇到了极大的困难。显然,如果事实不能被理论说明,那么理论存在缺陷,必须获得重建。

1900 年,对热力学有长期研究的德国物理学家普朗克综合了维恩公式和瑞利-靳斯公式,利用内插法,引入了一个自己的常数,结果得到一个公式,而这个公式与实验结果精确相符,它就是普朗克公式:

$$M_{\lambda b}(T)=\frac{2\pi hc^2}{\lambda^5(\mathrm{e}^{\frac{hc}{\lambda KT}}-1)} \tag{7}$$

式中,h 为普朗克常数,c 为真空中的光速,K 为波尔兹曼常数,令 $C_1=2\pi hc^2$,$C_2=hc/K$,则式(7)可写为

$$M_{\lambda b}(T)=\frac{C_1}{\lambda^5(\mathrm{e}^{\frac{C_2}{\lambda T}}-1)} \tag{8}$$

式(8)中,第一辐射常数 $C_1=3.741\ 5\times10^{-16}\ (\mathrm{W\cdot m^2})$,第二辐射常数 $C_2=1.438\ 79\times$

$10^{-2}(m \cdot K)$。

图 2 给出了不同温度条件下黑体的单色辐射度随波长的变化曲线。

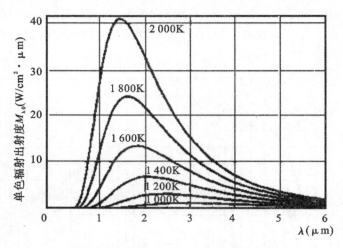

图 2　黑体的单色辐射出射度的波长分布

由图 2 可见：①对应任一温度，单色辐射度随波长连续变化，且只有一个峰值。对应不同温度的曲线不相交。因而温度能唯一确定单色辐射出度的光谱分布和辐射出射度（即曲线下的面积）。②单色辐射出射度和辐射出射度均随温度的升高而增大。③单色辐射度的峰值随温度的升高向短波方向移动。

为了从理论上得出正确的辐射公式，普朗克假定物质辐射（或吸收）的能量不是连续的、而是一份一份地进行的，只能取某个最小数值的整数倍。这个最小数值就叫能量子，辐射频率为 ν 的能量的最小数值 $E = h\nu$，其中 $h = 6.626\,0 \times 10^{-34}(J \cdot s)$，普朗克当时把它叫做基本作用量子，现在叫做普朗克常数。

普朗克在物理学上最主要的成就是提出著名的普朗克辐射公式，创立能量子概念。能量子假说的提出，给经典物理学打开了一个缺口，为量子物理学安放了一块基石，宣告了量子物理学的诞生。由于这一概念的革命性和重要意义，普朗克获得了 1918 年诺贝尔物理学奖。

3.由普朗克黑体辐射公式推导出经典公式

事实上，我们不难从普朗克公式推导出经典公式。

(1)瑞利-靳斯公式

由式(8)可以看出，当 λT 很大时，$e^{\frac{C_2}{\lambda T}} \approx 1 + \dfrac{1}{\lambda T}$，则可得到适合长波区域的瑞利-靳斯公式：

$$M_{\lambda b} = \frac{C_1}{C_2} T \lambda^{-4} \tag{9}$$

(2)维恩公式

当 λT 很小时，$e^{\frac{C_2}{\lambda T}} - 1 = e^{\frac{C_2}{\lambda T}}$，则可得到适合短波区域的维恩公式：

$$M_{\lambda b}(T) = C_1 \lambda^{-5} e^{\frac{-C_2}{\lambda T}} \tag{10}$$

（3）维恩位移公式

单色辐射出射度最大值对应的波长 λ_m 应由 $\dfrac{\partial M_{\lambda b}(T)}{\partial \lambda} = 0$ 来决定。可得

$$\lambda_m T = 2\,897.9(\mu m \cdot K) \tag{11}$$

这就是著名的维恩位移公式。根据这一定律，只要知道了黑体的温度，就能直接得到黑体最大辐射出射度对应的峰值波长。

（4）斯忒芬-波尔兹曼定律

对式（8）积分可得到黑体的辐射出射度为

$$M_{\lambda b}(T) = \int_0^\infty \frac{2\pi hc^2}{\lambda^5 (e^{\frac{hc}{\lambda kT}} - 1)} d\lambda = \sigma T^4 \tag{12}$$

式中，$\sigma = 5.670 \times 10^{-8}(J/(m^2 \cdot s \cdot K^4))$ 为斯忒藩-波耳兹曼常数，而式（12）就是斯忒藩-波耳兹曼定律。它表明黑体的辐射出射度只与黑体的温度有关，而与黑体的其他性质无关。

【实验装置】

WGH-10 型黑体实验装置由光栅单色仪，接收单元，扫描系统，电子放大器，A/D 采集单元，电压可调的稳压溴钨灯光源，计算机组成。该设备集光学、精密机械、电子学、计算机技术于一体。

主机部分由以下几部分组成，如图 3 所示：单色仪，狭缝，接收单元，光学系统以及光栅驱动系统等。

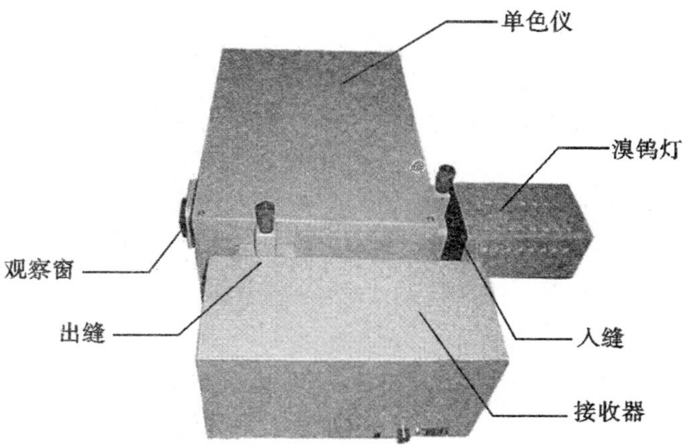

图 3 WGH-10 型黑体实验装置

1. 狭缝

狭缝为直狭缝，宽度范围 0~2.5 mm 连续可调，顺时针旋转为狭缝宽度加大，反之为减小，每旋转一周狭缝宽度变化 0.5 mm。为延长使用寿命，调节时应注意最大不超过 2.5 mm，平日不使用时，狭缝最好开到 0.1~0.5 mm。

为去除光栅光谱仪中的高级次光谱，在使用过程中，操作者可根据需要把备用的滤光片插入入缝插板上。

2. 光栅单色仪

光栅单色仪系统原理如图 4 所示。

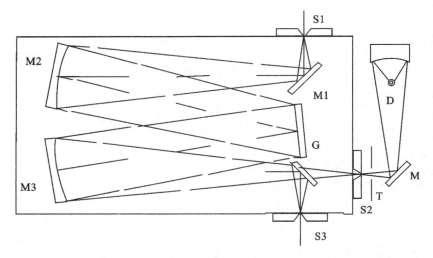

M1 为反射镜,M2 为准光镜,M3 为物镜,M4 为反射镜,M5 为深椭球镜

G 为平面衍射光栅,S1 为入射狭缝,S2、S3 为出射狭缝,T 为调制器

图 4　光栅单色仪光学原理图

入射狭缝、出射狭缝均为直狭缝,宽度范围 0~2.5 mm 连续可调,光源发出的光束进入入射狭缝 S1,S1 位于反射式准光镜 M2 的焦面上,通过 S1 射入的光束经 M2 反射成平行光束投向平面光栅 G 上,衍射后的平行光束经物镜 M3 成像在 S2 上。经 M4、M5 会聚在光电接收器 D 上。M2、M3 的焦距为 302.5 mm,光栅 G 每毫米刻线 300 条,闪耀波长 1 400 nm。

滤光片工作区间:第一片为 800~1 000 nm;第二片为 1 000~1 600 nm;第三片为 1 600~2 500 nm。

3.仪器的机械传动系统

仪器采用如图 5(a)所示"正弦机构"进行波长扫描,丝杠由步进电机通过同步带驱动,螺母沿丝杠轴线方向移动,正弦杆由弹簧拉靠在滑块上,正弦杆与光栅台连接,并绕光栅台中心回转,如图 5(b)所示,从而带动光栅转动,使不同波长的单色光依次通过出射狭缝而完成"扫描"。

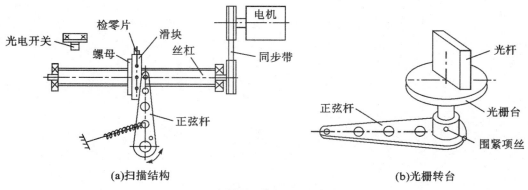

(a)扫描结构　　　　　　　　　　(b)光栅转台

图 5　扫描结构图及光栅转台图

4.溴钨灯

标准黑体应是黑体实验的主要设置,但购置一个标准黑体其价格太高,所以本实验装置采用稳压溴钨灯作光源,溴钨灯的灯丝是用钨丝制成,钨是难熔金属,它的熔点为3 665 K。

钨丝灯是一种选择性的辐射体,它产生的光谱是连续的。它的总辐射本领 R_T 可由下式求出。

$$R_T = \varepsilon_T \sigma T^4$$

式中,ε_T 为温度 T 时的总辐射系数,它是给定温度钨丝的辐射强度与绝对黑体的辐射强度之比,因此

$$\varepsilon_T = \frac{R_T}{E_T} \quad \text{或} \quad \varepsilon_T = (1 - e^{-BT})$$

式中,$B = 1.47 \times 10^{-4}$,为常数。

钨丝灯的辐射光谱分布 $R_{\lambda T}$ 为

$$R_{\lambda T} = \frac{C_1 \varepsilon_{\lambda T}}{\lambda^5 (e^{\frac{C_2}{\lambda T}} - 1)}$$

上面谈到了黑体和钨丝灯辐射强度的关系,出厂时将给配套用的钨灯光源一套标准的工作电流与色温度对应关系的资料,见表1。

表1　溴钨灯工作电流—色温对应表

电流(A)	色温(K)
2.50	2 940
2.30	2 860
2.20	2 770
2.10	2 680
2.00	2 600
1.90	2 550
1.80	2 500
1.70	2 450
1.60	2 430
1.50	2 330
1.40	2 250

光源系统采用电压可调的稳压溴钨灯光源,额定电压值为 12 V,电压变化范围为 2~12 V。

溴钨灯电源前面图 溴钨灯电源背面图

图6 溴钨灯电源

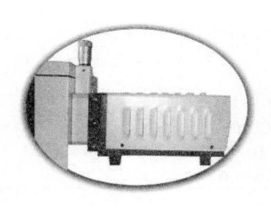

图7 溴钨灯装接图 图8 溴钨灯外形图

5. 接收器

本实验装置的工作区间为 800~2 500 nm,所以选用硫化铅(PbS)为光信号接收器。从单色仪出缝射出的单色光信号经调制器,调制成 50 Hz 的频率信号被 PbS 接收,选用的 PbS 是晶体管外壳结构。该系列探测器是将硫化铅元件封装在晶体管壳内,充以干燥的氮气或其他惰性气体,并采用熔融或焊接工艺,以保证全密封。该器件可在高温、潮湿条件下工作且性能稳定可靠。

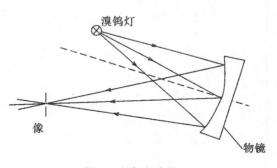

图9 光源光路图

6. 电控箱

电控箱控制光谱仪工作,并把采集到的数据及反馈信号送入计算机。

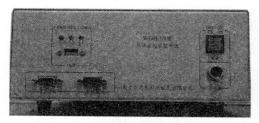 

电控箱正面图　　　　　　　电控箱背面图

图 10　电控箱

【实验内容与步骤】

实验前请先仔细阅读实验仪器使用说明书。

(1)打开黑体辐射实验系统电控箱电源及溴钨灯电源开关。

(2)打开计算机电源。

(3)双击"黑体"图标进入黑体辐射系统软件主界面,设置:

工作方式——模式:能量,间隔:2 nm。

工作范围——起始波长:800 nm,终止波长:2 500 nm。

最大值:10 000.0,最小值:0.0("最大值"与狭缝宽度有关,宽度越大,能量越大,"最大值"最多能调节为"10000")。(此时传递函数和修正为黑体均不选)

(4)调节溴钨灯工作电流为 2.5 A,即色温为 2 940 K,点击"单程"计算传递函数。

(5)建立传递函数,并修正为黑体。

(6)记录溴钨灯光源的全谱存于寄存器-1 中。

(7)改变溴钨灯工作电流,绘制不同色温下的黑体辐射能量曲线,把全谱存于 5 个寄存器中。

(8)分别对每个寄存器中的数据进行归一化。

(9)验证普朗克辐射定律。

(10)验证维恩定律。

(11)验证斯忒藩-波耳兹曼定律。

更多的使用请参照黑体实验装置说明书进行。

【实验数据记录与处理】

(1)绘制不同色温(如 2 940 K,2 770 K,2 600 K,2 500 K 和 2 430 K)下的黑体辐射能量曲线。

(2)同一色温的曲线上取两点,列出数据表格,验证普朗克辐射定律,并计算相对误差。

(3)验证斯忒藩-波耳兹曼定律,求出 5 个色温下斯忒藩-波耳兹曼系数,求平均,并计算相对误差。

(4)验证维恩定律,计算维恩常数,并计算相对误差。

(5)将以上所测辐射曲线与绝对黑体的理论曲线进行比较并分析之。

【注意事项】

1. 开机

(1)接通电源前,认真检查接线是否正确。

(2)狭缝的调整:狭缝为直狭缝,宽度范围为 0~2.5 mm 连续可调,顺时针旋转为狭缝宽度加大,反之为减小。每旋转一周狭缝宽度变化 0.5 mm。为延长使用寿命,调节时应注意最大不超过 2.5 mm,平时不使用时,狭缝最好开到 0.1~0.5 mm。

(3)确认各条信号线及电源连接好后,按下电控箱上的电源按钮,仪器正式启动。

2. 关机

先检索波长到 800 nm 处,使机械系统受力最小,然后关闭应用软件,最后按下电控箱上的电源开关关闭仪器电源。

【思考题】

(1)实验为何能用溴钨灯进行黑体辐射测量并进行黑体辐射定律的验证?

(2)实验数据处理中为何要对数据进行归一化处理?

(3)实验中使用的光谱分布辐射度与辐射能量密度有何关系?

实验七　数字信号光纤传输技术实验

　　光纤是光纤传输线的简称,是一种传导光波的介质传输线,其核心部分由圆柱形玻璃纤芯和玻璃包层构成,最外层是一种弹性耐磨的塑料护套,整根光纤呈圆柱形。以光纤作为传输媒质传送光载信息的通信方式,称为光纤通信。光纤通信具有容量大、传输距离远、抗干扰、抗核辐射、抗化学侵蚀、重量轻、节省有色金属等优点。随着科学技术的不断发展,这一科学技术的应用范围越来越广。数字信号的光纤传输技术实验系统集光电子技术,光纤传输技术、模数、数模转换技术及计算机通信与接口技术等多种技术于一体,所以通过这一实验系统进行的各种实验,对于扩大学生知识面和增强他们综合运用多种知识解决实际问题的能力均具有十分重要的作用。

【实验目的】

　　(1)了解数字信号光纤传输系统的基本结构;
　　(2)熟悉半导体电光/光电器件的基本性能及其主要特性的测试方法;
　　(3)掌握运用光电变换和电流电压变换技术测量光功率的方法;
　　(4)学习数字信号光纤传输系统的调试技术。

【实验原理】

一、数字光纤通信的基本原理

　　图1表示一个目前实用光纤通信系统的结构框图(图中仅画出一个方向的信道),该系统由以下四部分组成:光信号发送器,传输光缆,光信号接收器和收、发端的电端机。

　　光信号发送器实质上是一个电光调制器,它用电端机(发)送来的电信号对光源进行调制变成光信号,光源一般是半导体激光器和发

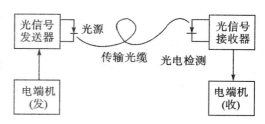

图 1　光纤通信系统的结构框图

光二极管,调制方式在目前实用系统中大都采用光强直接调制方式,经调制的光耦合到光纤中后传输到接收端,接收端的光电子检测器件(一般为半导体 PIN 管和雪崩管)把光信号变成电信号,再经放大、整形处理后送至电端机(收)。

　　以上系统结构框图对模拟信号和数字信号系统均适用。对模拟信号而言,由电端机(发)送来的是语音或图像信号,要求光信号发送器中的光源器件具有线性度良好的电光特性,对于数字信号的光纤通信系统,光源器件的非线性对系统性能影响不大。图 2 示

出了数字信号光纤通信系统中的光端机(即光信号)的发送器和接收器的结构示意图。该图中各单元的功能如下：

极性双单变换单元是把来自电端机的双极性信号变换成单极性码,以便实施对光功率的调制;扰码及线路码变换是为了避免在光纤信道中出现长连的"0"码或长连的"1"码,以利接收端时钟信号的提取和误码率的监测,光发送单元的作用是把数字信号的电脉冲调制成光脉冲,并把光脉冲耦合到光纤信道中去,在接收端经光电检测器和低噪声放大器组成的光信号接收单元把来自光纤输出端的光脉冲转变成电脉冲,经放大后输出。

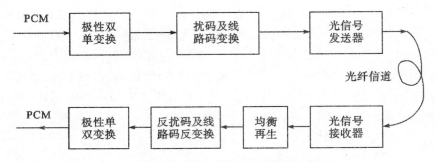

图 2   数字信号光纤通讯系统结构示意图

在长距离高速率的光纤通信系统中,由于光纤的各种"色散"效应可能使传至接收端的光脉冲波形产生严重的畸变而引起码间干扰,接收端的均衡器就是为克服这一影响而设置的一个单元;再生单元的作用是将均衡器输出的信号恢复成理想的数字信号。接收端再生单元以后的各单元与发送端所对应的单元相比,具有相反的功能。

光纤通信系统中所用的光纤分多模光纤和单模光纤两种,多模光纤主要用于模拟信号传输系统或传输距离不太远、传输数码率不高的数字信号光纤传输系统中;单模光纤用于高速的光纤通信系统中。有关以上两类光纤的结构、性能的详细论述见参考文献。

光纤通信系统中常用光源器件,主要是半导体发光二极管 LED(发光中心波长 0.86 μm)和半导体激光器 LD(波长 1.3～1.5 μm),前者具有线性度良好的电光特性,适用于模拟信号光纤传输系统中或传输码率不高的小容量的数字光纤通信系统中;后者出光功率较大,波谱窄,发光中心波长能与光纤信道理论上的"零色散"所要求的波长匹配,故常用于以单模光纤作为信道的高速系统中。

光纤通信系统中常用的光电探测器件,主要有 PIN 光电二极管和雪崩光电二极管,PIN 光电二极管与普通的 PN 结光电二极管相比,不同之处就在于前者是在后者 P 层和 N 层之间加了一层低掺杂的 N 型半导体,且尺寸较宽,增加的中间层掺杂浓度之低以致可把该层近似为本征半导体,故用"I"表示,在结构上的以上改进就使得 PIN 结构的光电二极管具有较宽的耗尽区和较小的结电容,从而提高了它的光电转换效率和对高速码率数字信号的响应能力,由硅材料制作的 PIN 光电二极管响应波谱范围为 0.5～1.0 μm,中心响应波长为 0.9 μm;这与光纤的一个低损耗波长对应。

雪崩光电二极管 APD 在结构上使它所用的偏压能够达到较高的值,在这一高反压作用下,使 APD 内形成一个高电场区,当光信号照射在 APD 上,光子激发出电子空穴对之后,受高电场区内的电场加速,可以碰撞出二次电子空穴对,形成光电流的倍增,提高了器件的灵敏度,以利于实现远距离的光纤通信。有关光纤通信中采用的上述电光和光电器件的结构、工作原理及性能的详细论述见参考文献。

数字信号光纤传输技术实验系统的基本结构如图 3 所示,它包括以下几个主要部分:

(1)光信号发送部分;

(2)传输光纤;

(3)光信号的接收和再生部分;

(4)计算机和模数、数模转换及数字信号的并串,串并转换接口电路;

(5)时钟系统;

(6)模拟信号源。

其中,光信号发送部分采用中心波长为 0.85 μm 的半导体发光二极管作

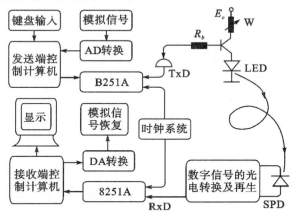

图 3　数字信号光纤传输系统硬件结构框图

光源器件,传输光纤采用芯径 50 μm、包层 125 μm 的多模光纤,光信号接收部分采用硅光电二极管作光电检测元件,计算机接口卡采用 ADC0809 和 DAC0832 集成电路分别完成 A/D 和 D/A 转换;用 8251A 集成芯片按异步方式进行数字信号的并/串和串/并转换。以上器件和集成电路工作原理及性能的详细说明见参考文献.

整个实验系统的工作过程如下:

被传输的数字信号可以是经键盘输入的数字信号,也可是模拟量经 A/D 转换后的数字信号,这些数字信号经计算机 CPU 和 8251A 的数据发送端(TxD 端)输出,对半导体发光二极管 LED 的光强进行调制,产生数字式的光信号经传输光纤传至接收端。在接收端经光电转换和再生电路把光信号变换成电信号,并经 8251A 进行数字信号的串/并转换后送入接收端的计算机进行处理,最后根据被传输的数字信号所代表的信息的不同含义,或在屏幕上显示,或经 D/A 转换后恢复成模拟电压对其他外设实行控制。

二、主要单元电路及其工作原理

1. LED 的驱动和调制单元

该单元具有把数字式的电信号转换成数字式的光信号的功能,其电路结构如图 4 所示,它的输入端是接 8251A 的数据发送(TxD)端。由于光纤数字传输系统在空闲状态下 8251A 芯片的 TxD 端始终保持高电平状态,为了增加发光二极管 LED 的使用寿命,在空闲状态下应使它无驱动电流流过,为此,在其驱动调制电路输入

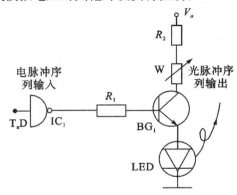

图 4　驱动和调制电路

端设置了一个由 IC_1 组成的反相器。因此,LED尾纤中有光表示电信号的"0"态,无光则表示"1"态。BG_1 集电极电路中的电阻 R_2 起限流作用,其阻值应保证 $R_{w_1}=0$ 和 BG_1 饱和情况下,流过LED的电流不得超过其最大允许值,R_{w_1} 是为模拟光信号在不同长度的传输光纤中引起不同损耗而设置的可调电位器,以适应接收端测量数字信号光电检测和再生电路灵敏度的需要。

　　2.光电检测及再生电路

　　该单元具有把数字式光信号转换成数字式电信号的功能,其电路结构如图5所示。它的输入信号是来自传输光纤的光信号,输出信号至8251A数据接收端(RxD)。该电路的工作原理如下:

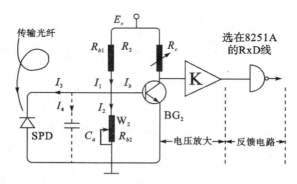

图5　数字式光电信号的检测和再生电路

　　当系统处于空闲状态即传输光纤中无光时,硅光电二极管无光电流流过,这时只要 R_3 和 R_{w_2} 的阻值适当,晶体管 BG_2 就有足够大的基极电流 I_b 注入,使 BG_2 处于深度饱和状态;因此它的集电极和发射极之间的电压极低,即使经过后面的放大电路高倍放大后也会使反相器 IC_2 的输出电压维持在高电平状态,满足了集成芯片8251A数据接收端在空闲状态时应为高电平的要求。当系统进行数据传输时,由于本实验系统设定8251A芯片为异步传输工作方式,所传数据流的结构是由起始位(S)、被传数据($D_0 \sim D_7$)、偶校验位(C)和终止位(E)等共11位码元组成,第一位是起始位,为低电平、偶校验位C的电平状态与被传数据 $D_0 \sim D_7$ 中的"1"电平个数的奇偶数有关,奇数时,该位为高电平,偶数时为低电平、终止位E为高电平。当传输"0"码元时,发送端的LED发光,光电二极管有光电流产生,它是从SPD的负极流向正极,对 BG_2 的基极电流具有拉电流作用,使 BG_2 的基极电流减小。由于SPD结电容、其出脚连接线的线间电容以及 BG_2 基极—发射极间杂散电容的存在(在图5中用 C_a 表示以上三种电容的总效应),使得 BG_2 基极电流的这一减小过程不是突变的,而是按某一时间常数的指数规律变化。随着 BG_2 基极电流的减小,BG_2 逐渐脱离深度饱和状态,向浅饱和状态和放大区过渡,其集电极—发射极间的电压 V_{ce} 也开始按指数规律逐渐上升,由于后面的放大器放大倍数很高,故还未等到 V_{ce} 上升到其渐近值,放大器输出电压就达到使反相器 IC_2 状态翻转的电压值,这时 IC_2 输出端(即8251A的数据接收端)为低电平,这一低电平一直持续到被传数据流中下一个"1"码元到来为止。在下一个"1"码元到来时,接收端的SPD无光电流,BG_2 的基极电流 I_b 又按指数规律逐渐增加,因而使 BG₂ 原本按指数规律上升的 V_{α} 在达到某一值时就停止上升,并在以后按指数规律下降,V_{α} 下降到某一值后,IC₂ 由低电平翻转成高电平.

　　适当调节发送端 LED 的工作电流(即改变 LED 发光时的光强)和接收端 SPD 无光照射时 BG₂ 饱和深度间的匹配状况,即使在被传数据流中"1"码和"0"码随机组合的情况下,也能使光电检测和再生电路输出的数字信号的码元宽度(即持续时间)与发送端所发送的数字信号的码元宽度相等或相差在无误码所允许的范围内.

　　有关数字信号光电检测和再生电路更为详尽的理论分析见参考文献。

　　3. 时钟电路

　　它的功能是为 8251A 提供工作时所需的时钟信号。由于该实验系统具有语音信号的传输功能,而语音信号的频率在 300～3 400 Hz 的范围内,为了使接收端能较准确地恢复语音信号,根据抽样定理,抽样频率 f_s 应大于 6 800 次/秒,通常选取 f_s=8 000 次/秒。在用 8 位数字对每次抽样值进行数字化时,加上 8251A 异步传输方式时的起始位、校验位和终止位,该实验系统的传输率至少不得低于 88 kb/s。因此,我们用 2MC 晶振电路产生的时钟作为 8251A 的 CLC 时钟,16 分频后的 125 kc/s 的时钟作为 8251A 的 TxC 和 RxC 的时钟。在编写程序对 8251A 进行初始化时选取波特率因子为 1 的情况下,采用以上时钟系统就能完全满足要求。具体电路结构如图 6 所示,该电路图中 C₃ 是半可变电容器,调节它的数值可使晶振电路的振荡频率略有改变。

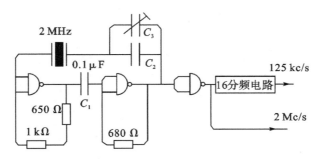

图 6　传输系统中的时钟电路

　　4.计算机通信接口板

　　8251A 进行数据发送的物理过程如下:

　　首先接收来自计算机数据总线的并行数据,并把这一数据暂存在 8251A 内部的发送数据缓冲器,在发送时钟 TxC 的下降沿作用下,数据从低位开始逐位依次从移位寄存器中移出变成一组串行的数据。在进行数据的并串转换时,按对 8251A 芯片初始化的要求还要加上起始位、校验位和终止位等信息。当 8251A 的发送数据缓冲器内的暂存数据逐位移出完毕之后,将发出发送器准备好 TxRDY(TransmiterReady)信号,表示准备好接收新的数据。

　　8251A 发送数据的速率等于 TxC/n,其中 TxC 为发送时钟频率,本实验系统的 TxC=125 kc/s;n 为对 8251A 初始化时所设定的波特率因子,它可选为 1,16 和 64 等三个数值,本实验系统软件中所选定的 8251A 的工作方式控制字为 7dh,表示波特率因子设定

为 $n=1$。当把 8251A 的工作方式控制字改为 7eh 时，波特率因子 $n=16$，实验系统的数据传输率为 7.8125 kb/s，在此情况下可以传输字符或其他数据，但不能传输语音信息。

8251A 进行数据接收的物理过程：空闲状态时，8251A 的数据接收端 RxD 为高电平，在异步工作方式时，数据接收端 RxD 被 8251A 内部的电平检测电路监视着，一旦发现 RxD 端由空闲的高电平降为低电平时，则启动内部计数器，当计数到一个数据位宽度的一半时，又重新采样 RxD 线，若其仍为低电平，则确认为起始位，而不是干扰信号。此后，就在接收时钟 RxC 上升沿的作用下不断采样 RxD 线的输入信号，并把结果串行地送到移位寄存器，经过移位、奇偶检验和去除终止位就得到了转换为并行的数据，该数据经 8251A 内部的数据总线送至接收数据缓冲寄存器，同时发出 RxRDy（Receiver, Ready——接收器准备好）信号，通知计算机的 CPU 可以读入这一数据。

【实验仪器】

YOF-C 型数字信号光纤传输技术实验仪（光纤信道，发送器、接收器又称光端机），双踪示波器，信号发生器（或电声源），音箱，计算机。

【实验内容和步骤】

一、利用单台计算机进行实验

1. 准备工作

若只需要对数字信号光纤传输系统的基本原理、误码现象及收、发时钟的同步等问题进行实验研究和观测，只需利用一台计算机，并按以下要求连接好实验系统：

（1）打开 PC 机并把本实验系统提供的通信接口板插入计算机内任一空闲的 ISA 扩展槽内；

（2）把 20 线扁平电缆的两端分别插入（Ⅰ）号光端机后面板和计算机通信接口板的对应插座内；

（3）用两端带香蕉插头的导线接通（Ⅰ）号光端机前面板上"TxC"和"RxC"端，使 8251A 芯片的接收时钟和发送时钟具有同一值（注意：如果未接这条导线，8251A 的接收器因无时钟脉冲而不能正常工作）；

（4）把两端带拾音插头的电缆线的一端插入光纤绕线盘端面上 LED 的电流插孔内，而电缆线另一端插入（Ⅰ）号光端机前面板上"LED"的插孔内；

（5）把光电探头插入光纤绕线盘端面上的同轴插孔中，并把光电探头的另一端插入（Ⅰ）号光端机前面板标有"SPD"标记的插孔内（插入时应注意红、黑色的对应关系）：

（6）把音频信号源和小音箱分别插入（Ⅰ）号光端机后面板的"调制输入"和带喇叭标志符号的相应插孔中；

（7）把含有本实验系统控制软件的软盘插入计算机的软驱 A 内。软盘中含有两个可执行文件：DOF1. EXE 和 DOF2. EXE。运行 DOF1. EXE 文件时，适合于用单台计算进行实验；运行 DOF2. EXE 文件时，适合于两台计算机之间进行光纤通信实验。

2.实验内容与步骤

按以上要求完成系统的连接后,便可进行以下内容的检测、调试和实验:

(1)LED 电光特性的测定

保持以前接线状态不变的情况下,用导线把(Ⅰ)号光端机前面板的"TxD"端与"GND"短接,把"SPD 切换"开关倒向"光功率计"一侧,在 LED 的工作电流为零的情况下,调节光功率指示器的"调零"电位器(在仪器后面板上),使其指示为零,然后调节仪器前面板的"Rc 调节"旋钮使指示 LED 的工作电流从 $0\sim50$ mA 的范围内改变,每增加 5 mA 读取一次光功率指示器的读数,即可获得 LED 电光特性数据。在直角坐标纸上描绘 LED 电光特性曲线,根据 LED 电光特性曲线,在 LED 的 $0\sim50$ mA 的工作电流范围内,查出光功率从 0 到最大值间均分的 5 个工作点,并把对应的工作电流和光功率标为 I_1、I_2、I_3、I_4、I_5 和 P_l、P_2、P_3、P_4、P_5。

(2)SPD 光电特性的测定

保持以前连线状态不变的情况下,把 SPD 的插头从(Ⅰ)号光端机的"SPD"插孔中拔出,转插到(Ⅱ)号光端机的"SPD"插孔中,并把(Ⅱ)号光端机的"SPD 切换"开关倒向"I-V 变换电路"一侧,并用导线把"I-V 变换电路"的输出端接至(Ⅱ)号光端机的"数字毫伏表"的输入端,在(Ⅰ)号光端机 LED 的工作电流为零的情况下,记下数字毫伏表的初始读数 V_0,然后调节(Ⅰ)号光端机"Rc 调节"旋钮,使 LED 的工作电流分别为 I_1、I_2、I_3、I_4、I_5 并记下与 LED 这些工作电流对应的(Ⅱ)号光端机"数字毫伏表"的读数 V_1、V_2、V_3、V_4、V_5。然后根据公式:

$$I_{0i}=(V_i-V_0)/R_f \qquad (i=1\sim5) \tag{1}$$

便可算出 SPD 与入射光功率为 P_i 对应的光电流为 I_{0i} 的值,其中的 R_f 可在(Ⅰ),(Ⅱ)号光端机断电的情况下用数字万用表从(Ⅱ)号光端机前面板标有"R_f"记号的两端测得。

根据测得的实验数据在直角坐标纸上描绘 SPD 的光电特性曲线(以光功率 P_i 为横坐标,光电流 I_{0i} 为纵坐标),根据该曲线按公式:

$$R=\Delta I_0/\Delta P \qquad (A/W) \tag{2}$$

计算出表征 SPD 的光电转换效率的响应度 R 值。

(3)时钟系统的检测

开启(Ⅰ)号光端机的电源,用示波器观测光端机后面板的"CLC"和前面板的"TxC"插孔的波形,正常情况下"CLC"的波形周期应为 0.5 μs,"TxC"的波形周期为 8 μs,如果不出现这些波形,表明时钟系统有故障。这一故障未排除之前,实验系统不能正常工作!

(4)LED 驱动电路的检测

开启(Ⅰ)号光端机的电源,用两端带香蕉插头的导线对光端机前面板上的"TxD"端和地短接,把"SPD 切换"开关倒向光功率一侧,调节光端机前面板 LED 的"R_c 调节"旋钮,观察光功率计的示值有无变化,若有变化则表明 LED 的驱动电路工作正常。最后把"R_c 调节"旋钮调至使光功率示值为实验系统允许的最小值 10 μW。

(5)光讯号检测和再生电路的预调

经上一步检测确定了 LED 及其驱动电路工作正常后,把双踪示波器的 CH_1 输入电缆接至光端机的"RxD"端和地端并把示波器的输入方式置于"DC"状态。在前面板"TxD"对地端断开的情况下,观察"RxD"端在示波器荧光屏上显示的电平状态。"TxD"对地断开时,LED 不发光,相当于系统处于空闲状态,这时要求"RxD"端应呈现高电平,若示波器上观测到"RxD"端的电平为低电平,沿顺时针方向转动仪器前面板左侧的"R_b调节"旋钮使 LED 驱动电路中 BG_2 的基极电流增加,直到"RxD"端呈现出高电平状态为止;然后再次接通"TxD"与地的连线,并从示波器上观察"RxD"端是否呈现低电平状态。如果仍保持高电平,沿反时钟方向转动"R_b 调节"旋钮使"RxD"端为低电平状态。如果能顺利完成以上两项调节,表明光讯号检测和再生电路能正常工作。

(6)通信接口板数字信号发送功能的检测

在保持系统原有连接不变的基础上将双踪示波器 CH_1 输入电缆接至光端机前面板的"TxD"端和地端,然后启动 PC 机,当 PC 机进入 DOS 状态后运行 DOF1. EXE 文件,PC 机屏幕上将出现以下供用户选择的"菜单":

TESTING TERMS FOR OPTICAL FIBER TRANSMISSION SYSTEM

1. Testing and adjusting system work condition
2. Transmitting Acoutical Signal with one computer
3. Press Ctrl + Break, Return to DOS

Please chose 1, 2 or strike Ctrl + Break keys !

在此之后,键入"1"时,在显示屏上将出现以下信息:

Please key deci. digit for ASCII code transmitted
(Deci. digit 255d is for return to testing term chose)

意即请敲击键盘数字键三次,在 0～255 范围内键入任意 ASCⅡ字符的十进制数代码,在此之后,计算机将会把这些十进制数转换成八位相应的二进制数存入 AL 寄存器,并经 8251A 芯片进行数字信号的并/串转换,转换结果经 8251A 的 TxD 端输出。在 8251A 工作正常的情况下,调节示波器同步旋钮就会在其荧光屏上出现一个与被传字符 ASCⅡ码的二进制代码对应的稳定波形,这一波形具有 11 位码元(每位码元持续 8 μs),最左边的第一位码元代表串行数据结构的起始位(S);后续的 8 位码元,即第 2～9 位码元是被传 ASCⅡ字符所对应的 8 位二进制代码,从左向右方向数起,分别为 D_0、$D_1 \sim D_7$;第 10 位码元是奇偶校验位(C),第 11 位码元为终止位(E)。若在键入各种字符的 ASCⅡ码的十进制数后示波器显示的由这 11 位码元组成的数码结构与所输十进制数应具有的数码结构一致,表明通信接口板的 8251A 的发送功能正常。

(7)数字式光信号光电转换及再生龟路和 8251A 芯片接收功能的检测

在保持系统原有连接不变的基础上把双踪示波器的 CH_2 输入电缆接至光端机前面板的"RxD"端和地端,然后在实验系统控制软件 DOF1. EXE 的"菜单"目录下,选择"1"项,按上述方法反复传输十进制数为 170 的二进制代码,并观察示波器上的波形和 PC 机显示屏上出现的 ASCⅡ码字符。十进制数 170 对应的 ASCⅡ码字符为"┐",它的 8 位二

进制码经 8251A 并/串转换后的数据结构应为

$$0\quad 0\quad 1\quad 0\quad 1\quad 0\quad 1\quad 0\quad 1\quad 0\quad 1\quad 0\quad 1\quad 0\quad 1$$
$$S\quad D_0\quad D_1\quad D_2\quad D_3\quad D_4\quad D_5\quad D_6\quad D_7\quad C\quad E$$

　　所以,系统工作正常情况下,调节示波器同步可在荧光屏上观察到分别代表 8251A 数据发送端和接收端数据结构的两路如图 7 所示的稳定波形。

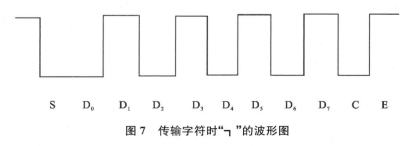

S　D_0　D_1　D_2　D_3　D_4　D_5　D_6　D_7　C　E

图 7　传输字符时"⌐"的波形图

　　与此同时,在 PC 机显示屏上也将连续不断地出现字符"⌐"。

　　若与"RxD"端相接的示波器 CH_2 电缆对应的光电信号不出现具有上述特征的波形,PC 机显示屏上出现的字符也杂乱无章,则表明接收端对光信号的光电转换和再生功能尚未调节到所要求的正常状态,这时需根据示波器所显示的"RxD"端波形的以下几种情况,分别按下述方式调节。

　　①若"RxD"的波形始终保持为"1"电平状态,表明再生电路中 BG_2 的饱和深度太深,使得光电二极管的光电流不足以使它脱离深度饱和状态进入适当的放大区,这时需要沿逆时针方向缓慢转动;"R_b 调节"旋钮,减少 R_b 阻值直到示波器上"RxD"端波形"1"电平的持续时间为 8 μs 止。在此以后,观察计算机屏幕上所显示的字符是否为"⌐"。若有些字符不为"⌐",表明系统抗干扰的能力差,有误码产生。这种情况下,需要进一步增大光信号的幅度(继续沿顺时针方向转动 LED"R_b 调节"旋钮)并相应增加 BG_2 的饱和深度(沿顺时针方向转动"R_c 调节"旋钮),使示波器上的"RxD"端的"1"电平持续时间在新的条件下再次为 8 μs,然后再观察计算机屏幕的字符显示情况……如此反复进行调节,直到示波器上"RxD"端的波形和计算机屏幕上所显示的字符均正常为止。

　　②若"RxD"端的波形始终保持在"0"电平状态,这表明光电转换电路中 BG_2 的饱和深度不够。这时需要沿顺时针方向旋动"R_c 调节"旋钮,直到示波器上"RxD"端的波形和计算机屏幕所显示的字符正常为止。

　　③如果"RxD"端的波形虽与图 7 所示波形类似,但"1"电平的持续时间偏离 8 μs 甚远,这种情况下也会产生误码。若"1"电平持续时间小于 8 μs 需缓慢增加 BG_1 的饱和深度(沿顺时针方向转动"R_b 调节"旋钮);反之若"1"电平持续时间大于 8 μs,对以上操作应作相反方向的调节,直到"RxD"的波形和显示字符正常为止。

　　此后欲传输十进制数 0～225 范围内对应的其他 ASCⅡ 码字符,只需按计算机键盘任意键即可停止前一字符代码的传输,并等待新字符十进制代码的输入。

　　当然,在实验时短时间内不可能传输 0～255 范围内的所有 ASCⅡ 码,只需要十进制为 1、161、170 和 219 的几个典型代码即可检测接收功能是否正常。

在以上实验条件下，接收端产生误码的原因主要是输入给 8251A 数据接收端 RxD 再生信号的码元宽度偏离发送端所发送的信号码元的标准宽度（8 μs）太多所致。如前所述，8251A 的接收器是在 RxC 时钟的上升沿进行码值判断（即接收数据），因此在忽略再生信号对原始的发送信号的延迟因素外，从理论上讲再生信号"1"码元的宽度大于 12 μs、小于 4 μs 均要产生误码，但实际上再生信号相对于发送信号是具有延迟的（延误的时间长短与系统空闲状态 BG$_2$ 的饱和深度有关），所以无误码允许再生信号"1"码元宽度的变化范围比以上所说的 4～12 μs 要小。

（8）语音光纤传输实验及模数转换采样速率的测定

在 DOF1. EXE 的一级"菜单"目录下，选择"2"后，系统就处于语音信息的单机传输状态；用双踪示波器（注意：CH$_1$ 必须接光端机的"TxD"，CH$_2$ 接光端机的"RxD"，否则示波器的同步调节十分困难）观察"TxD"和"RxD"的波形。由于在声信息的传输状态下，系统传输的数码是随时不断变化的，所以在示波器荧光屏上很难看到一个像以前反复传输同一 ASCⅡ字符时那样的稳定波形。但是，传输的数码无论如何变化，每个数码被传输时，其起始位和终止位的电平（它们分别为"0"电平和"1"电平）总是不变的，因此当示波器被调整至同步状态时，接"TxD"端的 CH$_1$ 的波形中总是会呈现一段稳定的"0"电平，其持续时间为 8 μs，这一特征也可作为示波器是否已经调节至同步状态的判据，也即，当示波器的 CH$_1$ 波形（此时用不着注意 CH$_2$ 的波形状况）还未出现这一特征时，还需继续调节它的同步旋钮，直到这一特征出现为止，在这以后再去注意接"RxD"端的 CH$_2$ 波形状况。一般说来，经上一项关于光电检测及信号再生调节使得系统传输任一 ASCⅡ码字符时均无误码产生以后，"RxD"端波形也应具有上述类似特征，但是代表起始位的"0"电平的宽度（持续时间）会有所变化（不为 8 μs）。与 8 μs 相比较，若"RxD"端波形起始位过宽（9～11 μs）或过窄（5～6 μs）都会使系统产生严重的误码噪声（这表现为即使语音信号的幅度为零时，在音箱里也会有"咯咯"的声音出现），这时需要适当调节光端机前面板上"R$_b$ 调节"旋钮，使"RxD"端波形中起始位的宽度维持在 8 μs 附近，并用耳听方式考察调节效果（注意，在考察调节效果时，操作人员的手切勿触及光端机的有关旋钮，否则人体引入的干扰可能会使误码噪声变得更为严重）。

为了测定本实验系统的 A/D 转换的采样速率，把双踪示波器的 CH$_1$ 和 CH$_2$ 分别接光端机仪器前面板的"RxD"端和"TxC"端，适当选择示波器的时间分度值，并调节其同步旋钮使"RxD"波形稳定，并出现有两个清晰的起始位，然后以 TxC 作为时标，测出"RxD"端相邻两组数据起始位之间的时间间隔，然后根据测量结果计算 A/O 转换的采样速率，并与本实验系统要求的 Nyquist 频率比较，看它是否满足语音信号的传输要求：把 DOF1. ASM 源文件中有关 8251A 初始化的工作方式控制字由 7dh 改为 7eh（意即把 8251A 的波特率因子 n 选为 16），对 DOF1. ASM 文件进行重新汇编和连接后，运行 DOF1. EXE 重复以上实验，考察语音信息的传输效果，并用 Nyquist 抽样定理说明实验结果。

二、两台计算间的光纤通信技术实验(选做)

1. 准备工作

(1)把两块通信接口板分别插入两台 PC 机各自的扩展槽内；

(2)用 20 线扁平电缆把两台 PC 机的通信接口板与两台光端机进行连接，为以后实验时调节方便起见，建议前面板上具有"时钟微调"电位器的(Ⅱ)号光端机用于接收端；

(3)把 LED 插头插入(Ⅰ)号光端机的 LED 插孔中，带光电二极管的插头插入(Ⅱ)号光端机标有"SPD"符号相应插孔中；

(4)用导线把收、发端机各自的"TxC"和"RxC"连接在一起；

(5)音源接至(Ⅰ)号光端机后面板的"调制输入"插孔，扬声器接至(Ⅱ)号光端机后面板的"外接音箱"插孔。

2. 实验内容与步骤

按以上要求完成系统连接后，便可进行以下各项内容的检测、调试及实验。

(1)收、发时钟 RxD 和 TxD 的同步调节

把双踪示波器的 CH_1 输入电缆接至(Ⅰ)号光端机的"TxC"和 GND 插孔，CH_2 输入电缆接至(Ⅱ)号光端机的"TxC"和 GND 插孔。然后调节示波器的同步旋钮，使示波器荧光屏上出现清晰的、周期为 $8\ \mu s$ 的两路时钟波形。若 CH_2 的时钟波形相对于 CH_1 的时钟波形有左、右移动，这表明收、发端时钟频率有差异，这种差异在对 8251A 进行初始化时选取波特率因子为 1 的情况下，会对接收方的 8251A 接收器对码值的判决造成误码，所以在本实验系统中用 125 kb/s 的传输率传送数字式声信息时，必须把收、发双方的 RxC 和 TxC 的频率调节成一致。这可通过调节(Ⅰ)、(Ⅱ)号光端机前面板或仪器底部的"时钟微调"电位器和微调电容来实现。

(2)检测和调节系统的工作状态

把存有 DOF2. EXE 文件的两张启动软盘分别插入两台 PC 机的 A 驱动器内，开启收、发光端机的电源后，再启动收、发端的计算机，当两台 PC 机进入 DOS 状态后，各自运行 DOF2. EXE 文件，此时 PC 机显示屏上将显示出如下"菜单"：

> TESTING TERMS FOR OPTICAL FIBER TRANSMISSION SYSTEM
>
> 1. Testing and adjusting system work condition
> 2. Transmitting Acoutical Signal with one computer
> 3. Press Ctrl + Break, Return to DOS
>
> Please chose 1, 2 or strike Ctrl + Break keys !

选择"1"后，对于发送端的 PC 机再选"1"，接收端的 PC 机再选"2"，双机系统就处于 ASCⅡ 字符信息反复传输的等待状态，此后就可按单机实验的方式根据"菜单"的提示检测系统各环节功能是否正常，并根据检测结果进行以下两项的调节，使系统工作正常：

①光信号的检测和再生电路信号再生功能的调节(见单机实验相应调节步骤)；

②接收端时钟 RxC 和发送端时钟的相对"延时"调节。

把双踪示波器的 CH₁ 接至发送端的"TxC"，CH₂ 接至接收端的"RxC"。然后调节示波器的同步旋钮，使从 CH₁ 输入的信号在示波器荧光屏上出现清晰的、周期为 8 μs 的时钟波形；这时若 CH₂ 的时钟波形相对于 CH₁ 的时钟波形有左、右移动，则表明收、发端时钟频率略有差异，这种微小差异在 8251A 波特率因子为 1 的情况下，会在接收方对码值的判决造成误码，所以在本实验系统中用 125 kb/s 的传输率传送数字式声信息时，必须把收、发双方的 RxC 和 TxC 的频率调节成一致。这可通过调节仪器前面板的"时钟微调"电位器或"时钟微调"电容器来实现。由于接收端"RxD"波形中含有发送端的发送时钟 TxC 的信息，在实际的传输系统中采用以下联接与调节方法更为方便：把双踪示波器的 CH₁ 接至接收端的"RxD"，CH₂ 接至接收端的"RxC"，然后在系统处于连续传输字符"飞"的工作状态下，调节示波器的同步旋钮，使从 CH₁ 输入的再生数字信号出现一个清晰可见的、码元宽度为 8 μs 的 RxD 的稳定波形，然后观察 CH₂ 输入的"RxC"时钟信息的波形，看它是否有左右移动的现象，如果"RxC"波形有相对移动，可通过调节接收端的"时钟微调"电位器的旋钮，实现收、发时钟的同步。在进行这项调节时，应尽量把示波器的扫描时间的分度值选得小些，以利收、发时钟同步状态的准确判断。

经过以上的调节，虽然 TxC 和 RxC 已具有相同的重复频率，接收端的信号检测和再生电路的"再生"功能也符合要求，但接收端计算机显示屏上所显示的字符仍会出现或多或少的错误字符，这是由于接收时钟 RxC 与再生信号 RxD 的相对"延迟"还不可能满足 8251A 芯片接收电路无误码判决的要求。此时，只需用手触摸发送端光端机前面板的"频率微调"电容器，瞬时造成 TxC 和 RxC 失步，以获得所期望的相对"延迟"，这时接收端 PC 机屏幕上的字符就会与发送端 PC 机屏幕上显示的被传字符一致，此时立即把手离开"频率微调"电容，系统的 RxC 和 TxC 就会在重复频率和相对"延迟"两个方面达到无误码传输所要求的状态。

在传输某字符时，按发送端 PC 键盘的任意键可使系统停止原有字符的传输（此时接收端 PC 机屏幕上仍不断显示原有的被传字符，这是因为程序使得接收端 PC 机的 AL 寄存器中的内容在被新字符代码刷新之前还保留着原有字符的代码），发送端 PC 机处于等待新字符十进制代码的输入，此时如果在发送端键入十进制数"255"，就可使收、发端的 PC 机回到一级"菜单"状态下，等待操作人员新的选择。

（3）语音信息的双机传输实验

在 DOF2. EXE 一级"菜单"下，收、发端均选"2"，然后在下一级"菜单"下收、发端分别选"2"和"1"，系统就进入双机语音信息传输状态。

用双踪示波器观察接收端"RxD"和"RxC"的波形（CH₁ 接收端"RxD"端，CH₂ 接"RxC"端），用单机实验时的同样方法考察和调节"RxD"端波形中起始位的宽度，使之为 8 μs 左右，然后用前而所述的方法观察和调节"RxD"和"RxC"的同步状态，使系统在传输过程中无误码噪声出现。

按收、发端 PC 机的任意键，可使两台计算机回到原有的一级"菜单"。

（4）重新启动收、发端的计算机，在 DOS 状态下，运行 DOF27E. EXE 文件

由于该文件程序对应着 8251A 初始化时的波特率因子 $n=16$，故光纤传输系统的数

据传输率将为 TxC(或 RxC)的 1/16 倍,重复双机系统的 2 和 3 项实验,根据实验结果对以下两个问题作出结论:

①波特率因子 $n＝1$ 和 $n≠1$ 的情况下,异步传输光纤通信系统对收、发端时钟的同步程度的要求有何差异?

②根据 Nyquist 采样定理传输语音信号(其频谱范围为 30～3 400 Hz)时系统的数据传输率至少不得低于多少?

当光线穿过某些晶体(如方解石、铌酸锂、钽酸锂等)时,会折射成两束光。其中一束符合一般折射定律称之为寻常光(简称 o 光),折射率以 n_o 表示;而另一束的折射率随入射角不同而改变,称为非常光(简称 e 光),折射率以 n_e 表示。一般讲晶体中总有一个或两个方向,当光在晶体中沿此方向传播时,不发生双折射现象,把这个方向叫做晶体的光轴方向。只有一个光轴的称为单轴晶体,有两个光轴的称为双轴晶体。由晶体光轴和光线所决定的平面称为晶体的主截面。实验发现,o 光和 e 光都是线偏振光,但它们的光矢量(一般指电场矢量 E)的振动方向不同,o 光的光矢量振动方向垂直于晶体的主截面,e 光的光矢量振动方向平行于晶体的主截面。晶体的光轴在入射面内时,o 光和 e 光的主截面重合,电光矢量的振动方向互相垂直。

【附录】

1. 光导纤维的结构及传光原理

光纤按其模式性质通常可以分成两大类:①单模光纤②多模光纤。无论单模还是多模光纤,其结构均由纤芯和包层两部分组成。纤芯的折射率较包层折射率大,对于单模光纤,纤芯直径只有 5～10 μm,在一定的条件下,只允许一种电磁场形态的光波在纤芯内传播,多模光纤的纤芯直径为 50 μm 或 62.5 μm,允许多种电磁场形态的光波传播;以上两种光纤的包层直径均为 125 μm。光纤按其折射率沿光纤截面的径向分布状况又分成阶跃型和渐变型两种,对于阶跃型光纤,在纤芯和包层中折射率均为常数,但纤芯—包层界面处减到某一值后,在包层的范围内折射率保持这一值不变。根据光射线在非均匀介质中的传播理论分析可知:经光源耦合到渐变型光纤中的某些光射线,在纤芯内是沿周期性地弯向光纤轴线的曲线传播。

本实验采用阶跃型多模光纤作为信道,现应用几何光学理论进一步说明这种光纤的传光原理。阶跃型多模光纤结构如图 8 所示,它由纤芯和包层两部分组成,芯子的半径为 a,折射率为 n_1,包层的外径为 b,折射率为 n_2,且 $n_1＞n_2$。

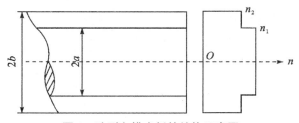

图 8　阶型多模光纤的结构示意图

当一光束投射到光纤端面时,进入光纤内部的光射线在光纤入射端面处的入射面包含光纤轴线的称为子午射线,这类射线在光纤内部的行径,是一条与光纤轴线相交、呈"Z"字形前进的平面折线;若耦合到光纤内部的光射线在光纤入射端面处的入射面不包含光纤轴线,称为偏射线,偏射线在光纤内部不与光纤轴线相交;其行径是一条空间折线。

2.半导体发光二极管结构、工作原理、特性及驱动、调制电路

光纤通信系统中,对光源器件在发光波长、电光效率、工作寿命、光谱宽度和调制性能等许多方面均有特殊要求。所以,不是随便哪种光源器件都能胜任光纤通讯任务。目前在以上各个方面都能较好满足要求的光源器件主要有半导体发光二极管(LED)、半导体激光二极管(LD),本实验采用 LED 作光源器件。

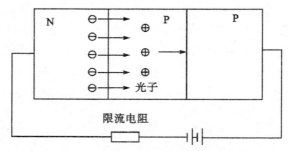

图9　半导体发光二极管及工作原理

光纤传输系统中常用的半导体发光二极管是一个如图 9 所示的 N-P-P 三层结构的半导体器件,中间层通常是由 GaAs(砷化镓)p 型半导体材料组成,称为有源层,其带隙宽度较窄;两侧分别由 GaAlAs 的 N 型和 P 型半导体材料组成,与有源层相比,它们都具有较宽的带隙。具有不同带隙宽度的两种半导体单晶之间的结构称为异结。在图 9 中,有源层与左侧的 N 层之间形成的是 p-N 异质结,而与右侧 P 层之间形成的是 p-P 异质结,故这种结构又称 N-p-P 双异质结构。当给这种结构加上正向偏压时,就能使 N 层向有源层注入导电电子,这些导电电子一旦进入有源层后,因受到右边 p-P 异质结的阻挡作用不能再进入右侧的 P 层,它们只能被限制在有源层与空穴复合,不少导电电子在有源层与空穴复合的过程中要释放出能量满足以下关系的光子:

$$h\nu = E_1 - E_2 = E_g \tag{3}$$

式中,h 是普朗克常数,ν 是光波的频率,E_1 是有源层内导电电子的能量,E_2 是导电电子与空穴复合处于价键束缚状态时的能量。两者的差值 E_g 与 DH 结构中各层材料及其组分的选取等多种因素有关,制作 LED 时只要这些选取和组分的控制适当,就可使得 LED 发光中心波长与传输光纤低损耗波长一致。

本实验采用 HFBR-1424 型半导体发光二极管的正向特性如图 10 所示。与普通二极管相比,在正向电压大于 1 V 以后,才开始导通,在正常使用情况下,正向压降为 1.5 V 左右。半导体发光二极管输出的光功率与其驱动电流的关系称 LED 的电光特性。为了使传输系统的发送端能够产生一个无非线性失真、而峰—峰值又最大的光信号,使用 LED 时应先给它一个适当的偏置电流,其值等于这一特性曲线线性部分中点电流值,而调制电流的峰—峰值应尽可能大地处于这电光特性的线性范围内。

音频信号光纤传输系统发送端 LED 的驱动和调制电路如图 11 所示,以 BG$_1$ 为主构成的电路是 LED 的驱动电路,调节这一电路中的 W$_2$ 可使 LED 的偏置电流在 0～50 mA 的范围内变化。被传音频信号由 IC$_1$ 为主构成的音频放大电路放大后经电容器 C$_4$ 耦合到基极,对 LED 原工作电流进行调制,从而使 LED 发送出光强随音频信号变化的光信号,并经光导纤维把这一信号传至接收端。

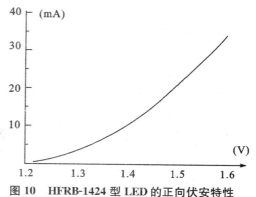

图 10　HFRB-1424 型 LED 的正向伏安特性

根据理想运放电路开环电压增益大(可近似为无限大)、同相和反相输入阻抗大(也可近似为无限大)和虚地等三个基本性质,可以推导出图 11 所示音频广大闭环增益为

$$G(j\omega)=\frac{V_0}{V_1}=1+Z_2/Z_1 \tag{4}$$

式中,Z_1、Z_2 分别为放大器反馈阻抗和反相输入端的接地阻抗,只要 C_3 选得足够小,C_2 选得足够大,则在要求带宽的中频范围内,C_3 阻抗很大,它所在支路可视为开路,而 C_2 的阻抗很小,它所在支路可视为短路。在此情况下,放大电路的闭环增益 $G(j\omega)=1+R_2/R_1$。C_3 的大小决定了高频端的截止频率 f_2,而 C_2 的值决定着低频端的截止频率 f_1。故该电路中的 R_1、R_2、R_3 和 C_2、C_3 是决定音频放大电路增益和带宽的几个重要参数。

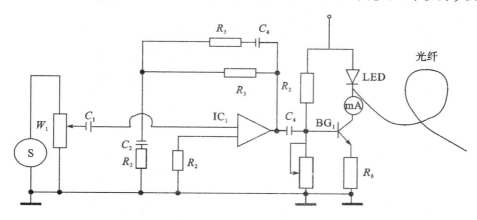

图 11　LED 的驱动和调制电路

3. 半导体光电二极管的结构、工作原理及特性

半导体光电二极管与普通半导体二极管一样,都具有一个 p-n 结,但光电二极管在外形结构方面有它自身的特点,这主要表现在光电二极管的管壳上有一个能让光射入其光敏区的窗口。此外,与普通二极管不同,它经常工作在反向偏置电压状态(图 12(a))或无偏压状态(图 12(b))。在反偏电压下,p-n 结的空间电荷区的垫垒增高、宽度加大、结电阻减小,所有这些均有利于提高光电二极管的高频响应性能。

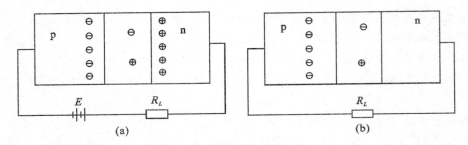

图 12　光电二极管的结构及工作方式

无光照时,反向偏置的 p-n 结只有很小的反向漏电流,称为暗电流。当有光子能量大于 p-n 结半导体材料的带隙宽度 E_g 的光波照射到光电二极管的管芯时,p-n 结各区域中的价电子吸收光能后将挣脱价键的束缚而成为自由电子,与此同时也产生一个自由空穴,这些由光照产生的自由电子空穴对统称为光生载流子。在远离空间电荷区(亦称耗尽区)的 p 区和 n 区内,电场强度很弱,光生载流子只有扩散运动,它们在向空间电荷区扩散的途中因复合而被消失掉,故不能形成光电流。形成光电流的主要靠空间电荷区的光生载流子,因为在空间电荷区内电场很强,在此强电场作用下,光生自由电子空穴对将以很高的速度分别向 n 区和 p 区运动,并很快越过这些区域到达电极沿外电路闭合形成光电流,光电流的方向是从二极管的负极流向它的正极,并且在无偏压短路的情况下与入射的光功率成正比,因此在光电二极管的 p-n 结中,增加空间电荷区的宽度对提高光电转换效率有着密切的关系。为此目的,若在 p-n 结的 p 区和 n 区之间再加一层杂质浓度很低以致可近似为本征半导体的 I 层,就形成了具有 p-i-n 三层结构的半导体光电二极管,简称 PIN 光电二极管。PIN 光电二极管的 p-n 结除具有较宽的空间电荷区外,还具有很大的结电阻和很小的结电容,这些特点使 PIN 管在光电转换效率和高频响应方面与普通光电二极管相比均得到了很大改善。

光电二极管的伏—安特性可用下式表示:

$$I = I_0 \left[1 - \exp(qV/kT) \right] + I_L \tag{5}$$

式中,I_0 是无照的反向饱和电流,V 是二极管的端电压(正向电压为正,反向电压为负),q 为电子电荷,k 为波耳兹曼常数,T 是结温,单位为 K,I_L 是无偏压状态下光照时的短路电流,它与光照时的光功率成正比。式(5)中的 I_0 和 I_L 均是反向电流,即从光电二极管负极流向正极的电流。根据式(5),光电二极管的伏安特性曲线如图 13 所示,对应图 12(a)所示的反偏工作状态,光电二极管的工作点由负载线与第三象限的伏安特性曲线交点确定,由图 13 所示可以看出:

(1)光电二极管即使在无偏压的工作状态下,也有反向电流流过,这与普通二极管只具有单向导电性相比有本质的差别,认识和熟悉光电二极管的这一特点对于在光电转换技术中正确使用光电器件具有十分重要意义。

(2)反向偏压工作状态下,在外加电压 E 和负载电阻 R_L 的很大变化范围内,光电流与入照的光功率均具有很好的线性关系。无偏压工作状态下,只有 R_L 较小时,光电流才与照光功率成正比,R_L 增大时,光电流与光功率呈非线性关系。无偏压状态下,短路电

流与入照光功率的关系称为光电二极管的光电特性,这一特性在 I-P 坐标中的斜率

$$R=\frac{\Delta I}{\Delta P}(\mu A/\mu W) \tag{6}$$

R 定义为光电二极管的响应度,这是宏观上表征光电二极管光电转换效率的一个重要参数。

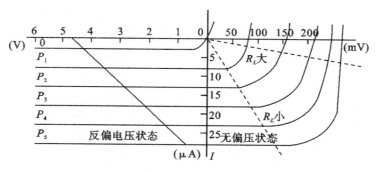

图 13　光电二极管的伏安特性曲线及工作点的确定

（3）在光电二极管处于开路状态下,光照时产生的光生载流子不能形成闭合光电流,它们只能在 p-n 结空间电荷区的内电场作用下,分别堆积在 p-n 结空间电荷区两侧的 n 层和 p 层内,产生外电场,此时光电二极管表现出具有一定的开路电压。不同光照情况下的开路电压就是伏安特性曲线与横坐标交点所对应的电压值。由图 13 可见,光电二极管开路电压与入照光功率也是呈非线性关系。

（4）反向偏压状态下的光电二极管,由于在很大的动态范围内其光电流与偏压的负载电阻几乎无关,故在入射光功率一定时可视为一个恒流源;而在无偏压工作状态下光电二极管的光电流随负载变化很大,此时它不具有恒流源性质,只起光电池作用。

光电二极管的响应度 R 值与入射光波的波长有关。本实验中采用的硅光二极管,其光谱响应波长在 $0.4\sim1.1~\mu m$ 之间、峰值响应波长在 $0.8\sim0.9~\mu m$ 范围内。在峰值响应波长下,响应度 R 的典型值在 $0.25\sim0.5(\mu A/\mu W)$ 的范围内。

实验八　荧光分光光度计

【实验目的】

(1)学习荧光光度分析的基本原理。

(2)了解荧光分光光度计的构造,掌握其使用方法。

(3)学会采用标准曲线法来测定维生素 B_2 的含量。

【实验仪器】

970CRT 荧光分光光度计,计算机,打印机,显示器,容量瓶,吸量管。

【实验原理】

1.分子的能级

由于大多数分子是由双原子或多原子构成的,因此分子结构比单一的原子结构要复杂得多。分子内部的运动主要包括分子内价电子运动、分子内原子在其平衡位置附近的振动以及分子本身绕其重心的转动。因此,分子具有三种不同的能级,即电子(价电子)能级、分子振动能级和分子转动能级。分子总体所具有的能量可看做电子能量、振动能量和转动能量三者之和,即

$$E_总 = E_{电子} + E_{振动} + E_{转动}$$

要实现电子跃迁所需要的能量为 80~800 kJ/mol,相当于波长为 200~800 nm 的电磁波所具有的能量,这一能量恰好落在紫外与可见光区。实现分子振动能级跃迁的能量约为 20 kJ/mol,相当于波长为 1~15 μm 的电磁波所具有的能量,正好落于近红外及中红外光区。实现分子转动能级跃迁的能量更小一些,约为 0.04 kJ/mol,相当于波长为 10~10 000 μm 的电磁波所具有的能量。

图 1 为双原子分子能级图。它表明了电子能级、振动能级和转动能级之间的跃迁。

2.吸收光谱

电磁波可以多种方式与物质相互作用。如果这种作用导致能量(一部分或全部)从电磁波转移至物质,我们就称之为吸收。相反,如果物质的一部分内能变成辐射能就称之为发射。借助于光的微粒性能可较为直观地解释光辐射的吸收。当光波与某一接受体(原子、离子或分子)作用时,光子和接受体之间就存在碰撞,光子的能量可以在一非连续的过程中传递至接受体而被吸收,由此产生吸收光谱。如果接受体是原子,就产生原子吸收光谱。现在,我们讨论分子吸收的情况。当分子吸收来自光辐射的能量后,它本身就由稳定的基态跃迁至不稳定的激发态:

$$M+h\nu \rightarrow M^*$$

式中，M 为基态分子，M^* 表示激发态分子。

激发态分子的寿命极短，一般为 $10^{-8}\sim10^{-9}$ s。在经历这一短暂的时间后，激发态分子就以向周围散热的方式，或以再发射电磁辐射（荧光或磷光）的方式回到基态：

$$M^* \rightarrow M+热$$

$$M^* \rightarrow M+荧光或磷光$$

除分子的荧光光谱外，激发态分子一般以第一种方式，即以热运动（如分子的振动和转动）形式释放出能量而回到基态。

我们已经讨论，分子具有一系列

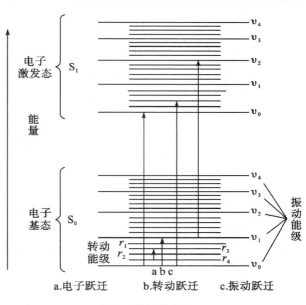

图 1　分子的能级

电子能级、振动能级和转动能级。需要指出的是，这些能级均是量子化的。也就是说，只有当光子的能量恰等于两个能级的能量差时，分子才能由某一较低能级 E_1 跃迁至另一较高能级 E_2，从而产生分子的吸收光谱。前已述及，光子的能量 $E=h\nu$，而分子的某两能级的能量差 $\Delta E=E_2-E_1$，则应有

$$\Delta E=E=h\nu$$

所以，分子吸收的光辐射频率为

$$\nu=\frac{\Delta E}{h}=\frac{E_2-E_1}{h}$$

但分子包含有电子、振动和转动三种能级，上式可写为

$$\nu=\frac{\Delta E}{h}=\frac{(\Delta E)_{电子}}{h}+\frac{(\Delta E)_{振动}}{h}+\frac{(\Delta E)_{转动}}{h}$$

$$=\frac{(E_2-E_1)_{电子}}{h}+\frac{(E_2-E_1)_{振动}}{h}+\frac{(E_2-E_1)_{转动}}{h}$$

显然，电磁波波长或频率的大小决定了分子产生何种吸收光谱。当用能量接近于 $\Delta E_{转动}$ 的微波或远红外光与物质的分子作用时，由于其能量不足以引起电子和振动能级变化，只能引起分子转动能级的变化，所得的吸收光谱称为分子转动光谱，又称为微波谱或远红外光谱。而能量接近于 $\Delta E_{振动}$ 的中红外和远红外光与分子作用时，由于其能量不足以引起电子能级的跃迁，只能引起振动能级跃迁并伴随分子转动能级的跃迁。这时，分子产生的吸收光谱称为振动—转动光谱或振动光谱，亦称为红外光谱。如果用能量接近于 $\Delta E_{电子}$ 的紫外和可见光照射分子时，这时可引起电子能级之间的跃迁，并伴随分子的振动能级和转动能级的变化，产生的吸收光谱称为紫外与可见光谱。由于这种光谱起源于价电子在电子能级之间的跃迁，因此又称为电子光谱。研究电子光谱的实验方法称为紫外与可见分光光度法。

3. 光吸收定律

当电磁波与某物质体系相互作用时,如果电磁波的波长或频率响应等于使该体系升高至较高能级所需要的能量,那么就产生吸收。若与电磁波作用的物质是分子,就为分子吸收;若为原子则是原子吸收。

(1)朗伯定律

当一束平行单色光照射到任何非散射的均匀介质(固体、气体、液体或溶液)时,光的一部分将被介质表面所反射,一部分被介质所吸收,一部分将透过介质。如果原始的入射光强度为 I_0,反射光的强度为 I_r,吸收光的强度为 I_a,透射光的强度为 I_t,则应有

$$I_0 = I_r + I_a + I_t$$

如果介质为一均匀溶液,那么在实际测量中采用同一质料的液槽盛装溶液,则可认为液槽壁的反射光强度相同,而且溶液(主要成分是溶剂如水)表面反射的特性也相同。即 I_r 为一常数,其影响可以相互抵消并忽略,则上式可改写成

$$I_0 = I_a + I_t$$

从式中可以看出,当入射强度 I_0 保持不变,即 I_0 为一定值时,吸收光的强度 I_a 愈大,透射光的强度 I_t 也就愈小。这时光线通过溶液后其强度减弱的程度也就愈大。反之,透射光的强度 I_t 愈大,吸收光的强度 I_a 也就愈小,即光线通过溶液后其强度减弱的程度也就愈小。

透射光强度 I_t 与入射光强度 I_0 的比值称为透光度或透光率,通常用 T 及其百分率表示:

$$T = \frac{I_t}{I_0} \text{ 或 } T(\%) = \frac{I_t}{I_0} \times 100\%$$

如果入射强度 I_0 保持一定值,即透光度 T 值愈大,也就说明光线通过溶液后光强度减弱的程度越小。

我们知道,无论何种溶液对光总有一部分吸收,$\frac{I_t}{I_0}$ 总是小于 1,为此我们引入吸收率的概念。吸收率通常以 $A_T(\%)$ 表示。它与透光率的关系如下:

$$A_T = 1 - T = 1 - \frac{I_t}{I_0}$$

当入射光强度为 I_0,透射光强度为 I_t,液层总厚度为 b,可推得朗伯定律的数学表达式:

$$\lg \frac{I_0}{I_t} = K' \cdot b$$

为方便起见,以吸光度 A 表示 $\lg \frac{I_0}{I_t}$ 或 $\lg \frac{1}{T}$,可写成

$$A = \lg \frac{I_0}{I_t} = \lg \frac{1}{T} = K' \cdot b$$

式中,K' 为比例常数,它与溶液的性质、浓度、温度,以及入射光波长等因素有关。伯朗定律说明,当入射光强度和溶液的浓度一定时,溶液的吸光度与液层的厚度成正比。这条定律适用于任何非散射的均匀介质,如气体、液体、固体等。

（2）比耳定律

如果用单色光照射液层厚度一定的均匀溶液,当光通过溶液时,溶液中吸光质点浓度增加 dC,则入射光减弱 $-dI$,那么,$-dI$ 就应与照射于吸光质点的入射光强度 I 以及浓度增加的变化值 dC 成正比。即有

$$-dI \propto IdC$$

$$-dI = K_2 IdC$$

$$-\frac{dI}{I} = K_2 dC$$

$$\frac{dI}{I} = -K_2 dC$$

若入射光强度为 I_0,透射光强度为 I_t,溶液的浓度为 C。将上式积分得

$$\int_{I_0}^{I_t} \frac{dI}{I} = -K_2 \int_0^C dC$$

同样可得到

$$\ln \frac{I_t}{I_0} = -K_2 C$$

除去负号并将自然对数转化为常用对数,得

$$\lg \frac{I_0}{I_t} = \frac{K_2}{2.303} \cdot C$$

令 $K'' = \frac{K_2}{2.303}$,上式可写成

$$\lg \frac{I_0}{I_t} = K'' \cdot C$$

该式就是比耳定律的数学表达式。若以吸光度 A 表示 $\lg \frac{I_0}{I_t}$ 或 $\lg \frac{1}{T}$,则上式亦可写成

$$A = \lg \frac{I_0}{I_t} = \lg \frac{1}{T} = K'' \cdot C$$

式中,K'' 为比例常数,它与溶液性质、液层厚度、温度以及入射光波长等因素有关。比耳定律说明,当入射光的波长、液层厚度和溶液温度一定时,溶液的吸光度与溶液的浓度成正比。

（3）朗伯-比耳定律

当溶液浓度和液层都是可变时,则既要考虑溶液浓度 C 对吸光度 A 的影响,又要考虑液层厚度 b 对吸光度的影响。可得到如下公式:

$$A = \lg \frac{I_0}{I_t} = \lg \frac{1}{T} = KbC$$

这就是朗伯-比耳定律的数学表达式。它表明:当入射光强度一定时,溶液的吸光度与溶液的浓度 C 和液层厚度 b 的乘积成正比。

式中,K 为比例常数,它与溶液性质、液层厚度、温度以及入射光波长等因素有关,而且因溶液浓度 C 及液层厚度 b 所采用单位的不同,其名称和单位也有所不同。

综上所述,朗伯定律是说明光的吸收与吸收层厚度成正比。比耳定律是说明光的吸收与溶液浓度成正比。如果同时考虑吸收层的厚度和溶液的浓度对单色光吸收率的影响,则得朗伯-比耳定律。

4. 荧光与荧光的产生

当用紫外光或以波长较短的可见光照射某些物质时,这些物质会发出多种颜色和强度不同的可见光,而当停止照射时,这种光也随之很快地消失,这种光称为荧光。

大多数分子在室温时处在基态的最低振动能级,当物质被光线照射时,该物质的分子吸收了和它所具有的特征频率相一致的光,而由原来的能级跃迁至第一电子激发态或第二电子激发态中各个不同振动能级和各个不同转动能级,如图 2 所示。大多数的分子在吸收光能而被激发至第一或以上的电子激发态的各个振动能级之后,通常急剧降落至第一电子激发态的最低振动能级,在这一过程中它们和同类分子或其他分子碰撞而消耗了相当于这些能级之间的能量,因而不发光。由第一电子激发态的最低振动能级继续往下降落至基态的各个不同振动能级时,则以光的形式发出,所产生的光即是荧光。荧光是分子从激发态的最低振动能级回到它原来的基态时发射的光,激发的完成是由于对光的吸收。吸收与荧光密切相关,由于碰撞和热的耗散常使一部分吸收能丧失,剩余荧光的能量比吸收的能量小,因此荧光以更长的波长发射。荧光光谱能反映物质的特性,建立在测量荧光强度和波长基础上的分析方法称为荧光分析法。

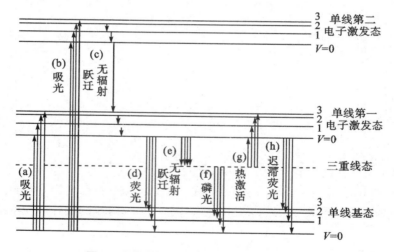

图 2　吸收光谱和荧光光谱能级跃迁示意图

5. 荧光光度分析

荧光发射强度和荧光物质浓度的关系是定量分析要解决的基本问题。荧光发射的能量来源于荧光物质对外来激发光源辐射的吸收。在稳定的实验条件下,荧光发射强度 F 和吸收辐射量之间有下列关系:

$$F \propto (I_0 - I_t)$$
$$F = \varphi_f \cdot I_0 (1 - e^{-2.303\varepsilon bC})$$

式中,φ_f 是比例常数,亦为荧光发射的量子效率,I_0 为激发光源的辐射光强度,I_t 为透射光强度。

考虑到荧光分析中被测物质浓度一般很小,可得

$$F=\varphi_f I_0 \times 2.303\varepsilon bC$$

对特定的体系在确定的实验条件下进行工作时,ε,I_0 以及 b 皆是常数,则

$$F=2.303\varphi_f kC$$

对特定的分子结构、特定的溶剂,φ_f 也是常数,即 F 与 C 有线性关系,此为荧光定量分析的依据。

【实验装置】

实验装置如图 3 所示。主要由荧光分光光度计,计算机,显示器,打印机等组成。

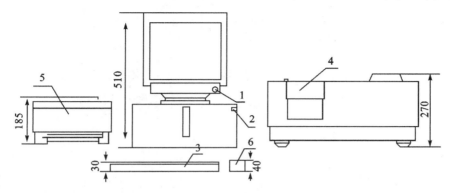

1.显示器　2.计算机　3.键盘　4.荧光分光光度计　5.打印机　6.鼠标

图 3　实验装置框图

荧光分光光度计主要由光源、单色器、样品池、检测器等组成,所输出的光信号由前置放大器放大后,通过 20 位转换器变为数字信号后,送计算机进行数据处理并可通过显示器显示或打印机打印。

荧光分析仪器原理示意图如图 4 所示。

1.荧光分光光度计的主要部件

（1）光源

本仪器采用氙灯作光源。氙灯是利用加高压于惰性气体氙而放电发光的一种光源。它的构造如图 5 所示,工作时,在相距很近的钨电极间形成强电弧,氙气压力为 1～3 MPa。由于灯

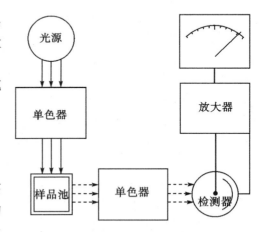

图 4　荧光分析仪器示意图

内有许多自由电子和高浓度的正离子,所以复合发光和电子减速发光大大加强。结果发射出很强的连续光谱,它的光谱能量分布图如图 6 所示。从图中可以看出,它的紫外部分基本上是连续光谱且较光滑,而且它的近紫外光区光强度和可见光区强度也较大,因

此可用的波长范围宽。它的主要缺点是弧光空间稳定性较差。

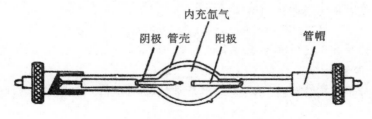

图5　短弧氙灯结构示意图

2. 单色器

单色器是一种把来自光源的混合光分解为单色光并能随意改变波长的装置。它的主要组成为入射狭缝、出射狭缝、色散元件和准直镜等,其中色散元件是关键性部件。入射狭缝起着限制杂散光进入的作用;色散元件——光栅起着把混合光分解为各个单色光的作用;准直镜起着把来自色散元件的平行光束聚焦于出射狭缝上而形成光谱像的作用;出射狭缝起着把额定波长光射出单色器的作用。

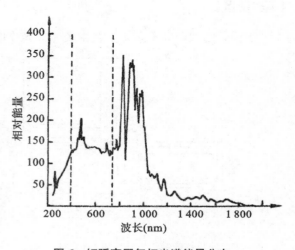

图6　短弧高压氙灯光谱能量分布

3. 样品池

采用弱荧光的石英玻璃制成,其截面为长方形,它的四个面都是透光窗面。

4. 检测器

采用光电倍增管作为检测器。光电倍增管是检测弱光最常用的光电元件。它由光阴极和多级的二次发射电极所组成。光照射于光阴极时会引起一次电子发射,这些光电子在真空管中被电场加速而射到第一个二次发射极上时,每个光电子将引起4～5个二次电子的发射,这些电子又被加速到下一个电极上去,如此重复多次。当这个过程被重复9次时,每个光电子将产生10^6～10^7电子,最后这些电子被集中到阳极上去。光电倍增管光的放大倍数主要取决于电极间的电压。一般来说,电压越高,放大倍数越大。

【实验内容】

1. 荧光法测定维生素B_2

维生素B_2(即核黄素)的激发光谱及荧光光谱如图7所示,在430～440 nm蓝光照射下,维生素B_2就会发生绿色荧光,荧光峰值波长为535 nm。在pH为6～7的溶液中荧光最强,在pH为11时荧光消失。

荧光物质的激发光谱是指改变激发光波长,在荧光最强的波长处测量荧光强度的变化,所获得的荧光强度对激发光波长所作的图。一般情况下,激发光谱就是荧光物质的吸收光谱。荧光光谱是在固定激发光谱的波长及强度的情况下,所得的荧光强度随波长的变化曲线。

本实验采用荧光分析常用的标准曲线法来测定维生素 B_2 的含量。

(1)配制系列标准溶液

取 5 个 50 mL 容量瓶,分别加入 1.00, 2.00,3.00,4.00,5.00 mL 维生素 B_2 标准溶液,用蒸馏水稀释至刻度,摇匀。

(2)绘制标准曲线

(3)未知试样的测定

将未知试样溶液置于 50 mL 容量瓶中,用水稀释至刻度,摇匀。用绘制标准曲线时相同的条件,测量荧光强度。

注:维生素 B_2 标准溶液,10.0 $\mu g/mL$:称取 10.0 mg 维生素 B_2,先溶解于少量的 1‰ 醋酸中,然后在 1 L 容量瓶中,用 1‰ 醋酸稀释至刻度,摇匀。保存在棕色瓶中,置于阴凉处。

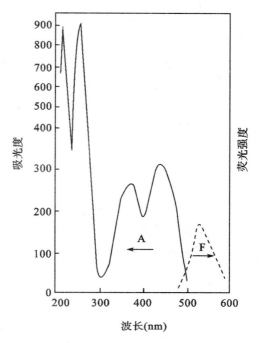

A 为激发光谱　F 为荧光光谱

图 7　维生素 B_2 的激发光谱

按下列要求进行数据处理:

①记录不同浓度时的荧光强度,绘制标准曲线。

②记录未知试样的荧光强度,并从标准曲线上求得其原始浓度。

2.荧光法测定铝(以 8-羟基喹啉为络合物)(选做)

铝离子能与许多有机试剂形成会发光的荧光络合物,其中 8-羟基喹啉是较常用的试剂,它与铝离子所生成的络合物能被氯仿萃取,萃取液在 365 nm 紫外光照射下,会产生荧光,峰值波长在 530 nm 处,以此建立铝的荧光测定方法。其测定范围为 0.002～0.24 $\mu g/mL$ 铝。

实验时使用标准硫酸奎宁溶液作为荧光强度的基准。

(1)试剂

①铝标准溶液:(a)储存标准液,1.000 g/L 铝:溶解 17.57 g 硫酸铝钾于水中,滴加 1:1硫酸至溶液清澈,移至 1 L 容量瓶中,用水稀释至刻度,摇匀。(b)工作标准液,2.00 $\mu g/L$ 铝:取 2.00 mL 铝的储存标准液于 1 L 容量瓶中,用水稀释至刻度,摇匀。

②8-羟基喹啉溶液,2‰溶解 2 g 8-羟基喹啉于 6 mL 冰醋酸中,用水稀释至 100 mL。

③缓冲溶液,每升含 200 g NH_4Ac,及 70 mL 浓 $NH_3 \cdot H_2O$。

④标准奎宁溶液,50.0 $\mu g/mL$:0.500 奎宁硫酸盐溶解在 1 L 1 N 硫酸中。再取此溶液 10 mL,用 1 N 硫酸稀释到 100 mL。

⑤氯仿。

(2)系列标准溶液的配制

取 6 个 125 mL 分液漏斗,各加入 40~50 mL 水,分别加入 0,1.00,2.00,3.00,4.00 及 5.00 mL 2.00 μg/mL 铝的工作溶液。沿壁加入 2 mL 2% 的 8-羟基喹啉溶液和 2 mL 缓冲溶液至以上各分液漏斗中。每个溶液均用 20 mL 氯仿萃取 2 次。萃取氯仿溶液通过脱脂棉滤入 50 mL 容量瓶中,并用少量氯仿洗涤脱脂棉,用氯仿稀释至刻度,摇匀。

(3)荧光强度的测量

荧光光度计的使用见【附录 3】,用标准奎宁溶液作基准,然后分别测量系列标准溶液各自的荧光强度。

(4)未知试液的测定

取一定体积的未知试液,按上述方法处理并测量。

按下列要求进行数据处理:

①绘制系列标准溶液的标准曲线。

②绘制未知试样的标准曲线,求出未知试液的铝浓度。

【注意事项】

(1)关机后再开机需等待 30 min 以上。

(2)关机前狭缝关至 2 nm,以防再开机时光线太强!

(3)浓度测量时,退出前需打印结果,否则数据将丢失!

【思考题】

(1)在荧光测量时,为什么激发光的入射与荧光的接受不在一直线上,而呈一定角度?

(2)为什么激发波长总小于荧光的发射波长?

【附录1】

仪器基本工作原理

图 8 所示为光学系统示意图。光源使用 150 W 氙灯①,光源室的结构能将臭氧密封,由其内部的热将臭氧分解消除,氙灯的辉点经椭圆面镜②放大、聚光之后,由凹面镜④将其聚光于激发侧狭缝组件③的入射狭缝。由凹面衍射光栅⑤使分光后的一部分光通过出射狭缝和聚光镜⑪照射到试样池。组件①~④的光束和组件⑤~⑫的光束从横方向来看是互相平行的,但从④射向⑤的光束是从上向下的方向。由狭缝组件③和凹面衍射光栅⑤组成的分光器是异面全息型分光器,入射狭缝和出射狭缝不处于同一水平面,而是上下错开一定的距离,这样能够除去由壁面散射的 0 级光作为光源而产生的重像光谱。荧光分光器也是同样的型式。激发光的一部分被光束分离器石英板⑥反射,射向聚四氟乙烯板⑦,由⑦射出的反射光通过光量平衡孔㉑照射到聚四氟乙烯第 2 反射板⑧,从⑧射出的反射光由光学衰减器以一定的比例衰减以后,射入用于检测的光电倍增管⑩。

从试样池发出的荧光通过聚光镜⑬,射入由狭缝组件⑭和凹面衍射光栅⑮组成的荧光分光器,被分光器分光后的光通过凹面镜⑯,射入用于测光的光电倍增管⑰后,测光信号送入前置放大器。

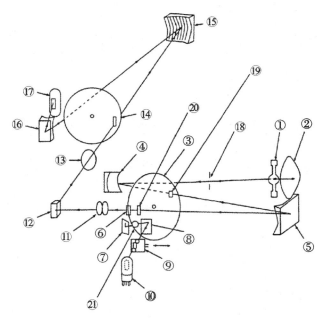

由监测用光电倍增管对部分激发光进行单色监测。自动进行负高压的调节以得到一定的输出电流,此负高压也加在测光用光电倍增管上。如果光源强度过强,则自动降低附加电压,保持监测用光电倍增管的输出电流一定。监测用光电倍增管和测光用光电倍增管的种类相同,所以测光用光电倍增管的输出电流如同氙灯的强度不变化一样,保持一定。这样,便可消除光源强度变化的影响。所输出的信号由前

图 8　970CRT 荧光分光器光学系统示意图

置放大器放大,通过 20 位 A/D 转换器变为数字信号后,送微机进行处理。测光、信号处理系统示意图如图 9 所示。

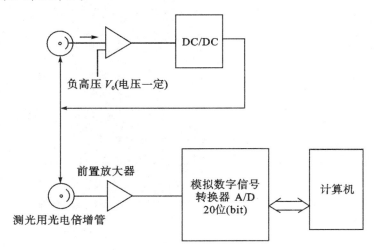

图 9　测光、信号处理系统示意图

【附录2】

主机性能

(1)光源:150 W 氙灯。

(2)波长测定范围:激发波长(EX)200～800 nm。

　　　　　　　　发射波长(荧光 EM)200～800 nm。

（3）狭缝：激发：2,5,10,20 nm 4 挡。

　　　　　　荧光：2,5,10,20,30,40 nm 6 挡。

（4）波长精度：±2 nm。

（5）波长重复性：±0.5 nm。

（6）扫描速度：特快,快,中,慢。

（7）时间扫描：60,300,600,900,1 200,1 800 s 6 挡。

（8）灵敏度：8 挡切换选择。

（9）响应速度：蒸馏水喇曼峰,0%～98%约 2 s。

（10）（S/N 比）激发和荧光的频带宽为 10 nm 时蒸馏水的喇曼峰 S/N 比大于 100。

（11）调零方式：可选择自动调零。

【附录3】

使用方法

1. 开机程序

（1）首先接通氘灯电源。

（2）当氘灯点亮指示发出红光时,即可打开主机电源。

（3）开打印机电源。

（4）开计算机电源。

2. 关机程序

（1）关计算机电源。

（2）关打印机电源。

（3）关主机电源。

（4）关氘灯电源。

3. 初始化

开计算机后仪器自动进入初始化,屏幕显示如图 10 所示。初始化大约需要 5 min。

注意：初始化时不要对计算机进行任何操作。

（1）仪器初始化后工作参数已经设置为：

图 10　屏幕显示

①EX 当前波长：350 nm。

②EM 当前波长：397 nm。

③EX 扫描范围：200～800 nm。

④EM 扫描范围：200～800 nm。

⑤EX 缝宽：10 nm。

⑥EM 缝宽：10 nm。

⑦扫描速度：高速。

⑧灵敏度：第一位（最低挡）。

⑨扫描方式：EM 扫描。

（2）初始化结束后，仪器进入操作界面，如图 11 所示。上行为开工菜单，下行为快捷操作键。

图 11　操作界面图

①〈文件〉：用鼠标左键单击本框后，可以选择数据库文件、打印机设置（出厂时已设置好，如果要更改打印机，用户可重新设置）、退出工作状态（关机前退出）的操作。

②〈定性分析〉：用鼠标左键单击本框后，可以选择图谱扫描、图谱分析、图谱运算功能。

③〈定量分析〉：用鼠标左键单击本框后，可以选择绘制标准曲线、测定样品浓度等功能。

④〈设置及测试〉：用鼠标左键单击本框后，可以选择参数设置、S/N 比测定等功能。

⑤〈帮助〉：使用中如有什么问题可参阅本项内容。

⑥在进行定量或定性分析前首先需选〈设置及测试〉中的参数设置，在参数设置项中设置好扫描方式，EX 波长和 EM 波长范围或时间扫描的时间，同时设置好灵敏度、扫描速度及 EX 和 EM 缝宽。

（3）利用 图谱扫描快捷键进入图谱或时间扫描。

（4）按键 开始扫描，此时红灯亮、绿灯灭。

注意：在扫描过程中请勿进行任何操作，无特殊情况不要终止扫描，直至绿灯亮，这样才能扫出完整的图谱。

（5）利用浓 度测定快捷键进入浓度测量的定量分析。

①首先选择标准曲线，并打开。

②放入样品或背景样品后，按"测 INT"或"测本底"键即可测量样品或背景值。对应显示样品 INT 值和样品浓度或背景值。

注意：浓度测量时的测试条件应和打开的标准曲线图谱的测试条件一致。

③测量结束后必须用打印机把数据打印保存。

（6）利用 绘制标准曲线快捷键进入标准曲线绘制。

①首先测定本底或打入本底值。

②输入已知标样浓度值。

③按"测 INT"键逐一将标样测定完（1～9 个标样）。

④选择拟合次数，然后按"拟合"键，作出标准图谱。

⑤保存标准图谱(图谱名由用户自定义)。

⑥退出。

(7)利用 ⌇⌇ 图谱分析快捷键进入图谱分析。

①先打开所需分析图谱(1~6个)。

②数据框内变动数据值:左边第一个框为游标所示波长位置,后六个框为图谱对应波长的数据。

③平滑处理只能对其中被选定的一个图谱进行。

④时间扫描只能打开一个图谱,此时数据框的左边第一框为扫描时间,第二框为此时的 INT 值,其他框数据无效。

(8)利用图谱运算 ＋－×÷ 快捷键进入图谱运算。

①按键 ... 选择运算图谱,上项选择加、减、乘、除的图谱,下项选择需要减去或是相加的图谱,以及乘数和除数(两个图谱不能乘除,非同类图谱不能进行运算)。

②保存运算结果。

③退出。

(9)利用 ⌐∪∧ 快捷键,使 EX 和 EM 走到所需测量的波长位置(EX 和 EM 不能同时走到 0 nm 位置)。

(10)利用 ⌒⌒ 快捷键,进行手动清零。

(11)利用 ＼↗ 快捷键,进行手动清零复位(此功能只有在进行手动清零后才有效)。

注意:以上两项操作在同一测量时可不必进行,因为仪器有自动清零功能。

4.常用操作说明

(1)EM 光谱扫描

①测量方式选择。将鼠标移到菜单选择项的测量方式位置,并单击该选择项,再将鼠标移到 EM 光谱项,单击鼠标,此时光谱项选中并带上"∨"。

②测量参数设定。按上述方法进入参数设定项,并移动鼠标到要设定的参数项,单击选择项进行逐项设置。

A. 波长范围设定:用鼠标单击波长范围项,即可进入扫描波长设定。其中连续扫描波长范围可对 EX 和 EM 分别进行设置。如要将 EM 的扫描范围设成 350~450 nm,则只要将 EM 波长中 800 nm 改写成 450 nm 即可。当前波长位置是指 EX 或 EM 在扫描前的位置。如要改变工作时的波长位置,只要改写长方格中的数字。

B. 扫速控制:用鼠标单击扫描控制项,即进入扫速控制设定视窗,用鼠标单击▲▼即可改变 EX 或 EM 的扫描速度。特快速不需设置,由计算机自行选择。在扫描测定中,一般定性分析可选用快速,定量分析时可选用慢速。

C. 缝宽设定:用鼠标单击缝宽设定项,即进入缝宽设定视窗,可分别对 EX 和 EM 缝宽进行设定。一般样品浓度较高且波长分辨要求也较高,可选用较窄狭缝,反之可选用较宽狭缝。

D. 灵敏度设定:用鼠标单击灵敏度设定项,进入灵敏度设定视窗。灵敏度有 8 挡调节范围,可根据样品浓度、所需波长分辨(由缝宽决定)来选择灵敏度。一般使荧光值(INT)在 400~800 之间较合适。

E. 开始 EM 测定:用鼠标单击开始测定键,即允许 EM 扫描测定,同时跳出对话框显示扫描波长,确认正确后开始扫描。再扫描过程中,无特殊情况不要终止扫描,这样才能扫出完整的图谱。

(2)图谱保存

扫描结束后如要将图谱保存下来,可用鼠标单击菜单选择条中"文本操作"项,再单击"保存为…"即可进入光谱文本编号存入操作,光谱图编号可以 0~19(共 20 个图谱)。

(3)图谱调用

用鼠标单击"文本操作"项,再单击"打开"项,即可进入光谱文本编号选择窗,选中图号并确认后,图谱及参数便在屏幕上显示。

(4)图谱打印

装好 A_4 打印纸,然后单击打印项,就可把当前在屏幕上的图谱及参数打印成分析报告。

(5)EX 扫描,EX 和 EM 同步扫描

这两种扫描方式和前面所述的 EM 扫描工作步骤相同,只是同步扫描时波长设置有些要求。(1)EX 的起始波长值只能等于或小于 EM 起始波长值。(2)EX 波长的扫描范围根据 EM 所定的范围自动选定。例如,EM 从 350 nm 扫到 650 nm,如果 EX 的起始波长设定为 300 nm,则 EX 的扫描范围为 300~600 nm。

(6)时间扫描

①扫描时间设定。在测量方式中单击时间扫描项,即进入时间扫描工作方式,在工作参数设定中单击时间扫描定时,则显示扫描设定视窗,然后单击扫描定时时间并确定。

②时间扫描波长设定。设定时间扫描时的波长位置可用 GOTO 控制键进行。

③其他参数设定。时间扫描时,扫速控制不起作用,故可不设置。缝宽和灵敏度的设置原则上和波长扫描时设置方法相同,可参照进行。

5. 数据处理

(1)图谱比较运算

单击数据处理菜单中的"图谱比较运算"即进入本操作。可在 WAVE 行中选择 5 个图谱送显示屏对照比较。

如果要进行图谱加减运算,则只能选择两个同类型的图谱(如都是 EM 扫描图谱)进行,且第一个被选择的图谱定义为被减数,图谱运算的结果可进入"文本操作"后进行保存。

(2)导数求峰

首先在"文本操作"中打开一图谱,然后用鼠标单击"导数求峰",然后用光标截取欲求导部分,即可进入本操作,此时只需用鼠标单击 N 阶求导即可依次从 1 阶导数求到 4 阶导数。

(3)检索波峰

首先在"文本操作"中打开一图谱,然后用鼠标单击"检索波峰",即可进入本操作。

(4)绘制标准曲线

　　首先按照时间扫描方式设定好所有测量参数,然后在"数据处理"菜单中打开绘制标准曲线项,此时屏幕显示绘制标准曲线视窗,即可将备制的标准样品或本底逐个放入样品室测定 INT 值或本底(如不需要扣除本底,则只需单击"清本底"键)。注意:测定前别忘了键入样品的标准浓度值。样品的数量可从 1 到 9 个;样品输入测定结束后,只需用鼠标单击 1～3 次,即可得到理想的标准曲线。

　　(5)定量分析

　　首先按照时间扫描方式设定好所有测量参数,然后在"测量方式"菜单中单击定量分析项,再单击"开始测定"屏幕将显示浓度测定视窗,这时即可把被测样品或本底样品池放入样品室进行 INT 和浓度值或本底的测定。测定中如需扣除本底,则可先单击"测本底"键。对本底进行测量,然后再测 INT 值。这时所测 INT 值如不需扣除本底,将自动扣除本底,则只要单击"清本底"键即可。

【附录 4】

　　电磁波谱区域和相应跃迁能级图如下表所示。

电磁波谱区域和相应跃迁能级

能量		波数 σ cm^{-1}	波长 λ cm	频率 ν Hz	辐射类型	光谱类型	量子跃迁类型
kJ/mol	eV						
39×10^7	4.1×10^6	3.3×10^{10}	3×10^{-11}	10^{21}	γ射线	γ射线发射	核
39×10^5	4.1×10^4	3.3×10^8	3×10^{-9}	10^{19}	X射线	X射线吸收发射	电子(内层)
39×10^3	4.1×10^2	3.3×10^6	3×10^{-7}	10^{17}			
39×10^1	4.1×10^0	3.3×10^4	3×10^{-5}	10^{15}	紫外 可见	真空 紫外 吸收 紫外 吸收 可见 发射 荧光	电子(外层)
39×10^{-1}	4.1×10^{-2}	3.3×10^2	3×10^{-3}	10^{13}	红外	红外吸收 Raman	分子振动
39×10^{-3}	4.1×10^{-4}	3.3×10^0	3×10^{-1}	10^{11}	微波	微波吸收 电子顺磁共振	分子转动 磁诱导自旋态
39×10^{-5}	4.1×10^{-6}	3.3×10^{-2}	3×10^1	10^9			
39×10^{-7}	4.1×10^{-8}	3.3×10^{-4}	3×10^3	10^7	无线电波	核磁共振	

实验九　晶体的电光效应

　　1875 年,克尔(Kerr)发现了第一个电光效应,即某些各向同性的透明介质在外电场作用下变为各向异性,表现出双折射现象,介质具有单轴晶体的特性,并且其光轴在电场的方向上,人们称这种光电效应为克尔效应。1893 年普克尔斯(Pokells)发现,有些晶体特别是压电晶体,在加了外电场后,也能改变它们的各向异性性质,人们称此种电光效应为普克尔斯效应。电光效应在工程技术和科学研究中有许多重要应用,它有很短的响应时间(可以跟上频率为 10^{10} Hz 的电场变化),因此被广泛用于高速摄影中的快门、光速测量中的光束斩波器等。由于激光的出现,电光效应的应用和研究得到了迅速发展,如激光通信、激光测量、激光数据处理等。

【实验目的】

　　(1)学习和掌握晶体电光调制的原理和实验方法。

　　(2)通过观察穿过晶体的会聚偏振光的干涉图案,了解电场对晶体的作用机理。

　　(3)学会用简单的实验装置测量晶体半波电压、电光常数和消光比的实验方法。

　　(4)在晶体上施加一个正弦波信号,观察光学系统的响应情况,理解设置静态工作点的目的和意义,以及设置方法和要求。

　　(5)用一音频信号驱动电光晶体,模拟信息对光的调制和传输。

【实验原理】

　　某些晶体在外加电场中,随着电场强度的改变,晶体的折射率会发生改变,这种现象称为电光效应。通常将电场引起的折射率的变化用下式表示:

$$n = n^0 + aE_0 + bE_0^2 + \cdots \tag{1}$$

式中,a 和 b 为常数,n^0 为 $E_0 = 0$ 时的折射率。由一次项 aE_0 引起折射率变化的效应,称为一次电光效应,也称线性电光效应或普克尔斯电光效应;由二次项 bE_0^2 引起折射率变化的效应,称为二次电光效应,也称平方电光效应或克尔效应。由式(1)可知,一次电光效应只存在于不具有对称中心的晶体中,二次电光效应则可能存在于任何物质中,一次效应要比二次效应显著。

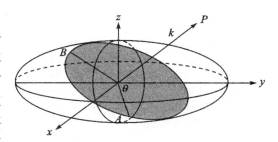

图 1　折射率椭球

当光线穿过某些晶体(如方解石、铌酸锂、钽酸锂等)时,会折射成两束光。其中一束符合一般折射定律,称之为寻常光(简称 o 光),折射率以 n_o 表示;而另一束的折射率随入射角不同而改变,称为非常光(简称 e 光),折射率以 n_e 表示。一般讲,晶体中总有一个或两个方向,当光在晶体中沿此方向传播时,不发生双折射现象,把这个方向叫做晶体的光轴方向。只有一个光轴的称为单轴晶体,有两个光轴方向的称为双轴晶体。由晶体光轴和光线所决定的平面称为晶体的主截面。实验发现,o 光和 e 光都是线偏振光,但它们的光矢量(一般指电场矢量 E)的振动方向不同,o 光的光矢量振动方向垂直于晶体的主截面,e 光的光矢量振动方向平行于晶体的主截面。

晶体的光轴在入射面内时,o 光和 e 光的主截面重合,电光矢量的振动方向互相垂直。光在各向异性晶体中传播时,因光的传播方向不同或者是电矢量的振动方向不同,光的折射率也不同。通常用折射率椭球来描述折射率与光的传播方向、振动方向的关系,在主轴坐标中,折射率椭球方程为

$$\frac{x^2}{n_1^2}+\frac{y^2}{n_2^2}+\frac{z^2}{n_3^2}=1 \tag{2}$$

式中,n_1,n_2,n_3 为椭球三个主轴方向上的折射率,称为主折射率。如图 1 所示,当晶体上加上电场后,折射率椭球的形状、大小、方位都发生变化,椭球的方程变为

$$\frac{x^2}{n_{11}^2}+\frac{y^2}{n_{22}^2}+\frac{z^2}{n_{33}^2}\frac{2}{n_{23}^2}yz+\frac{2}{n_{13}^2}xz+\frac{2}{n_{12}^2}xy=1 \tag{3}$$

只考虑一次电光效应,式(3)与式(2)相应项的系数之差和电场强度的一次方成正比。由于晶体的各向异性,电场在 x、y、z 各个方向上的分量对椭球方程的各个系数的影响是不同的,我们用下列形式表示:

$$\begin{cases}
\dfrac{1}{n_{11}^2}-\dfrac{1}{n_1^2}=\gamma_{11}E_x+\gamma_{12}E_y+\gamma_{13}E_z \\[2mm]
\dfrac{1}{n_{22}^2}-\dfrac{1}{n_2^2}=\gamma_{21}E_x+\gamma_{22}E_y+\gamma_{23}E_z \\[2mm]
\dfrac{1}{n_{33}^2}-\dfrac{1}{n_3^2}=\gamma_{31}E_x+\gamma_{32}E_y+\gamma_{33}E_z \\[2mm]
\dfrac{1}{n_{23}^2}=\gamma_{41}E_x+\gamma_{42}E_y+\gamma_{43}E_z \\[2mm]
\dfrac{1}{n_{13}^2}=\gamma_{51}E_x+\gamma_{52}E_y+\gamma_{53}E_z \\[2mm]
\dfrac{1}{n_{12}^2}=\gamma_{61}E_x+\gamma_{62}E_y+\gamma_{63}E_z
\end{cases} \tag{4}$$

上式是晶体一次电光效应的普遍表达式,式中 γ_{ij} 叫做电光系数($i=1,2,\cdots,6;j=1,2,3$),共有 18 个,E_x、E_y、E_z 是电场 E 在 x、y、z 方向上的分量。式(4)可写成如下矩阵形式:

$$
\begin{pmatrix}
\dfrac{1}{n_{11}^2}-\dfrac{1}{n_1^2} \\[2mm]
\dfrac{1}{n_{22}^2}-\dfrac{1}{n_2^2} \\[2mm]
\dfrac{1}{n_{33}^2}-\dfrac{1}{n_3^2} \\[2mm]
\dfrac{1}{n_{23}^2} \\[2mm]
\dfrac{1}{n_{13}^2} \\[2mm]
\dfrac{1}{n_{12}^2}
\end{pmatrix}
=
\begin{bmatrix}
\gamma_{11} & \gamma_{12} & \gamma_{13} \\
\gamma_{21} & \gamma_{22} & \gamma_{23} \\
\gamma_{31} & \gamma_{32} & \gamma_{33} \\
\gamma_{41} & \gamma_{42} & \gamma_{43} \\
\gamma_{51} & \gamma_{52} & \gamma_{53} \\
\gamma_{61} & \gamma_{62} & \gamma_{63}
\end{bmatrix}
\begin{bmatrix}
E_x \\
E_y \\
E_z
\end{bmatrix}
\tag{5}
$$

电光效应根据施加的电场方向与通光方向相对关系,可分为纵向电光效应和横向电光效应。利用纵向电光效应的调制,叫做纵向电光调制;利用横向电光效应的调制,叫做横向电光调制。晶体的一次电光效应分为纵向电光效应和横向电光效应两种。把加在晶体上的电场方向与光在晶体中的传播方向平行时产生的电光效应,称为纵向电光效应,通常以磷酸二氢钾(KH_2PO_4)类型晶体(KDP)为代表。加在晶体上的电场方向与光在晶体里传播方向垂直时产生的电光效应,称为横向电光效应,以 $LiNbO_3$ 晶体为代表。

这次实验中,我们只做 $LiNbO_3$ 晶体的横向电光强度调制实验。我们采用对 LN 晶体横向施加电场的方式来研究 $LiNbO_3$ 晶体的电光效应。其中,晶体被加工成 5 mm×5 mm×30 mm 的长条,光轴沿长轴通光方向,在两侧镀有导电电极,以便施加均匀的电场。

铌酸锂晶体是负单轴晶体,即 $n_x=n_y=n_0$、$n_z=n_e$。式中 n_o 和 n_e 分别为晶体的寻常光和非常光的折射率。$LiNbO_3$ 晶体属于三角晶系,

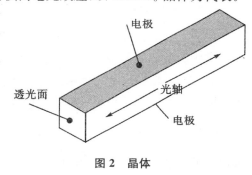

图 2　晶体

3 m 晶类,加上电场后折射率椭球发生畸变,对于 3 m 类晶体,由于晶体的对称性,电光系数矩阵形式为

$$
\gamma_{ij}=
\begin{bmatrix}
0 & -\gamma_{22} & \gamma_{13} \\
0 & \gamma_{22} & \gamma_{13} \\
0 & 0 & \gamma_{33} \\
0 & -\gamma_{51} & 0 \\
\gamma_{51} & 0 & 0 \\
-\gamma_{22} & 0 & 0
\end{bmatrix}
\tag{6}
$$

当 X 轴方向加电场,光沿 Z 轴方向传播时,晶体由单轴晶体变为双轴晶体,垂直于光轴 Z 方向折射率椭球截面由圆变为椭圆,此椭圆方程为

$$
\left(\frac{1}{n_0^2}-\gamma_{22}E_x\right)x^2+\left(\frac{1}{n_0^2}+\gamma_{22}E_x\right)y^2-2\gamma_{22}E_x xy=1
\tag{7}
$$

进行主轴变换后得到

$$\left(\frac{1}{n_0^2}-\gamma_{22}E_x\right)(x')^2+\left(\frac{1}{n_0^2}+\gamma_{22}E_x\right)(y')^2=1 \tag{8}$$

考虑到 $n_0^2\gamma_{22}E_x\ll1$，经化简得到

$$n_{x'}=n_0+\frac{1}{2}n_0^3\gamma_{22}E_x$$

$$n_{y'}=n_0-\frac{1}{2}n_0^3\gamma_{22}E_x$$

$$n_{z'}=n_e \tag{9}$$

当 X 轴方向加电场时，新折射率椭球绕 Z 轴转动 $45°$。

图 3 为典型的利用 $LiNbO_3$ 晶体横向电光效应原理的激光强度调制器。

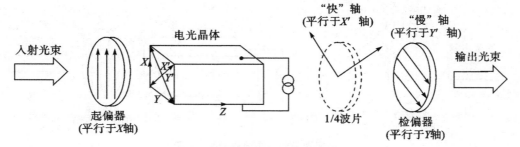

图 3　晶体横向电光效应原理图

其中起偏器的偏振方向平行于电光晶体的 X 轴，检偏器的偏振方向平行于 Y 轴。因此入射光经起偏器后变为振动方向平行于 X 轴的线偏振光，它在晶体的感应轴 X' 和 Y' 轴上的投影的振幅和位相均相等，分别设为

$$e_{x'}=A_0\cos\omega t$$

$$e_{y'}=A_0\cos\omega t \tag{10}$$

或用复振幅的表示方法，将位于晶体表面（z＝0）的光波表示为

$$E_{x'}(0)=A$$

$$E_{y'}(0)=A \tag{11}$$

所以，入射光的强度是

$$I\propto E\cdot E^*=|E_{x'}(0)|^2+|E_y(0)|^2=2A^2 \tag{12}$$

当光通过长为 l 的电光晶体后，X' 和 Y' 两分量之间就产生位相差 δ，即

$$E_{x'}(l)=A$$

$$E_{y'}(l)=Ae^{-i\delta} \tag{13}$$

通过检偏器出射的光，是这两分量在 Y 轴上的投影之和

$$(E_y)_0=\frac{A}{\sqrt{2}}(e^{i\delta}-1) \tag{14}$$

其对应的输出光强 I_1 可写成

$$I_1\propto[(E_y)_0\cdot(E_y)_0^*]=\frac{A^2}{2}[(e^{-i\delta}-1)(e^{i\delta}-1)]=2A^2\sin^2\frac{\delta}{2} \tag{15}$$

由式(12)、(15)，光强透过率

$$T=\frac{I_1}{I_i}=\sin^2\frac{\delta}{2} \tag{16}$$

$$\delta=\frac{2\pi}{\lambda}(n_{x'}-n_{y'})l=\frac{2\pi}{\lambda}n_0^3\gamma_{22}V\frac{l}{d} \tag{17}$$

由此可见，δ 和 V 有关，当电压增加到某一值时，X'、Y' 方向的偏振光经过晶体后产生 $\frac{\lambda}{2}$ 的光程差，位相差 $\delta=\pi$，$T=100\%$，这一电压叫做半波电压，通常用 V_π 或 $V_{\frac{\lambda}{2}}$ 表示。

V_π 是描述晶体电光效应的重要参数，在实验中，这个电压越小越好。如果 V_π 小，需要的调制信号电压也小，根据半波电压值，我们可以估计出电光效应控制透过强度所需电压。由式(17)得

$$V_\pi=\frac{\lambda}{2n_0^3\gamma_{22}}\left(\frac{d}{l}\right) \tag{18}$$

由式(17)、(18)得

$$\delta=\pi\frac{V}{V_\pi} \tag{19}$$

因此，将(16)式改写成

$$T=\sin^2\frac{\pi}{2V_\pi}V=\sin^2\frac{\pi}{2V_\pi}(V_0+V_m\sin\omega t) \tag{20}$$

式中，V_0 是直流偏压，$V_m\sin\omega t$ 是交流调制信号，V_m 是其振幅，ω 是调制频率。从式(20)可以看出，改变 V_0 或 V_m 输出特性，透过率将相应的发生变化。

由于对单色光，$\frac{\pi n_0^3\gamma_{22}}{\lambda}$ 为常数，因而 T 将仅随晶体上所加电压变化，如图 4 所示，T 与 V 的关系是非线性的，若工作点选择不适合，会使输出信号发生畸变。但在 $\frac{V_\pi}{2}$ 附近有一近似直线部分，这一直线部分称作线性工作区。由上式可以看出：当 $V=\frac{1}{2}V_\pi$ 时，$\delta=\frac{\pi}{2}$，$T=50\%$。

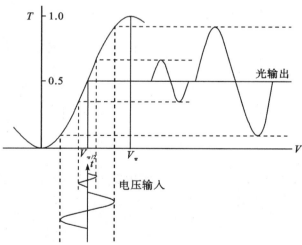

图 4　T 与 V 的关系曲线图

1. 改变直流偏压选择工作点对输出特性的影响

(1)当 $V_0=\frac{V_\pi}{2}$，$V_m\ll V_\pi$ 时，将工作点选定在线性工作区的中心处，此时，可获得较高频率的线性调制，把 $V_0=\frac{V_m}{2}$ 代入式(14)，得

$$T = \sin^2\left[\frac{\pi}{4} + \left(\frac{\pi}{2V_\pi}\right)V_m\sin\omega t\right]$$

$$= \frac{1}{2}\left[1 - \cos\left(\frac{\pi}{2} + \frac{\pi}{V_\pi}V_m\sin\omega t\right)\right] \tag{21}$$

$$= \frac{1}{2}\left[1 + \sin\left(\frac{\pi}{V_\pi}V_m\sin\omega t\right)\right]$$

当 $V_m \ll V_\pi$ 时

$$T \approx \frac{1}{2}\left[1 + \left(\frac{\pi V_m}{V_\pi}\right)\sin\omega t\right] \tag{22}$$

即 $T \propto V_m\sin\omega t$。这时,调制器输出的波形和调制信号波形的频率相同,即线性调制。

(2)当 $V_0 = \dfrac{V_\pi}{2}$,$V_m > V_\pi$ 时,调制器的工作点虽然选定在线性工作区的中心,但不满足小信号调制的要求,式(21)不能写成式(22)的形式,此时的透射率函数(21)应展开成贝赛尔函数,即由式(21)得

$$T = \frac{1}{2}\left[1 + \sin\left(\frac{\pi}{V_\pi}V_m\sin\omega t\right)\right]$$

$$= 2\left[J_1\left(\frac{\pi V_m}{V_\pi}\right)\sin\omega t - J_3\left(\frac{\pi V_m}{V_\pi}\right)\sin2\omega t + J_5\left(\frac{\pi V_m}{V_\pi}\right)\sin5\omega t + \cdots\right] \tag{23}$$

由式(23)可以看出,输出的光束除包含交流的基波外,还含有奇次谐波。此时,调制信号的幅度较大,奇次谐波不能忽略。因此,这时虽然工作点选定在线性区,输出波形仍然失真。

(3)当 $V_0 = 0$,$V_m \ll V_\pi$ 时,把 $V_0 = 0$ 代入式(15)得

$$T = \sin^2\left(\frac{\pi}{2V_\pi}V_m\sin\omega t\right)$$

$$= \frac{1}{2}\left[1 - \cos\left(\frac{\pi V_m}{V_\pi}\sin\omega t\right)\right]$$

$$\approx \frac{1}{4}\left(\frac{\pi V_m}{V_\pi}\right)^2\sin^2\omega t \tag{24}$$

$$\approx \frac{1}{8}\left[\left(\frac{\pi V_m}{V_\pi}\right)^2(1 - \cos2\omega t)\right]$$

即 $T \propto \cos2\omega t$。从式(24)可以看出,输出光是调制信号频率的两倍,即产生"倍频"失真。若把 $V_0 = V_\pi$ 代入式(20),经类似的推导,可得

$$T \approx 1 - \frac{1}{8}\left(\frac{\pi V_m}{V_0}\right)^2(1 - \cos2\omega t) \tag{25}$$

即 $T \propto \cos\omega t$ "倍频"失真。这时看到的仍是"倍频"失真的波形。

(4)直流偏压 V_0 在 0 V 附近或在 V_π 附近变化时,由于工作点不在线性工作区,输出波形将分别出现上下失真。

综上所述,电光调制是利用晶体的双折射现象,将入射的线偏振光分解成 o 光和 e 光,利用晶体的电光效应有电信号改变晶体的折射率,从而控制两个振动分量形成的像差 δ,再利用光的相干原理两束光叠加,从而实现光强度的调制。

【实验仪器】

（1）三维可调电光晶体附件＋JTDG1110 晶体驱动电源(0～1 500 V)	1 套
（2）导轨滑块	6 个
（3）二维可调半导体激光器　　　　　　650 nm　4 mW	1 套
（4）激光功率指示计	1 套
（5）偏振片	2 套
（6）1/4 波片	1 套
（7）光学实验导轨　　　　　　　　　　800 mm	1 根
（8）二维可调扩束镜	1 套
（9）二维可调光电二极管探头	1 套
（10）白屏	1 个

【实验内容及操作步骤】

1. 观察单轴晶体、双轴晶体的偏振干涉图

（1）验证 LN 晶体在自然状态下的单轴晶体特性。将半导体激光器、起偏器、扩束镜、LN 晶体、检偏器、白屏依次摆放，使扩束镜紧靠 LN 晶体分别接连好半导体激光器电源（在激光功率指示计后面板上）和晶体驱动电源（千万不可插错位）将驱动电压旋钮逆时针旋至最低。

打开激光功率指示计电源，激光器亮。调整激光器的方向和各附件的高低，使各光学元件尽量同轴且与光束垂直，旋转起偏器，使透过起偏器的光尽量强一些（因半导体激光器的输出光为部分偏振光），观察白屏上的图案并转动检偏器观察图案的变化，应可观察到由十字亮线或暗线和环形线组成的图案。这种图案是典型的会聚偏振光穿过单轴晶体后形成的干涉图案，如图 5 所示。

旋转起偏器和检偏器，使两透光轴相互平行，此时所出现的单轴锥光图（图 6），与偏振片透光轴互相垂直时是互补的。

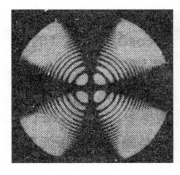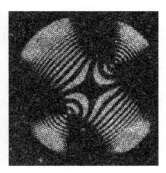

图 5　透光轴垂直时单轴晶　　　图 6　透光轴单行时单轴晶　　　图 7　双轴晶体锥光干涉图
　　　体的锥光干涉图　　　　　　　体的锥光干涉图

（2）施加电压后晶体变为双轴晶体的情况。打开晶体驱动电源，将状态开关打在直流状态，顺时针旋转电压调整旋钮，调高驱动电压，观察白屏上图案的变化。将会观察到图案由一个中心分裂为两个中心，这是典型的会聚偏振光经过双轴晶体时的干涉图案，如图 7 所示。

在以上实验中，我们观察到了在电场作用下 LN 晶体由一个单轴晶体变化为双轴晶体的过程。

2. 测量晶体半波电压、消光比和透过率

消光比 M、透过率 T、半波电压 $V_{\lambda/2}$ 是表征电光晶体品质的三个重要特征参量。下面我们来研究 LN 晶体的电光特性和参数。实验步骤如下：

（1）将上个实验中的扩束镜和 LN 晶体取下，使系统按激光器、起偏器、检偏器、白屏排列。打开激光功率指示计电源，调整系统光路，使光学元件尽量与激光束等高、同轴、垂直。旋转起偏器，使透过起偏器的光尽量强一些，旋转检偏器使白屏上的光点尽量弱。这时起偏器与检偏器相互垂直，系统进入消光的状态。

（2）将 LN 晶体放置于起偏器与检偏器之间，调整其高度和方向尽量使 LN 晶体与光束同轴。将晶体驱动电源的电压调至最低，状态开关打到直流状态，观察白屏上的光斑亮度。仔细调整 LN 晶体的角度和方位，尽量使白屏上的激光光斑最暗（理论上讲，LN 晶体的加入应对系统的消光状态无影响，但由于 LN 晶体本身固有的缺陷和激光光束的品质问题，系统消光状态将会变化）。

（3）取下白屏换上激光功率计探头，记下此时的光功率值 $P_{\min}$，顺时针旋转电压调整旋钮，缓慢调高驱动电压，并记录下电压值和激光功率值，可每 50 V 记录一次。特别注意记录最大功率值 $P_{\max}$ 和对应的电压值 $V_{\lambda/2}$。

（4）根据上两步记录的数据，求出系统消光比 $M = P_{\max}/P_{\min}$ 和半波电压 $V_{\lambda/2}$，画出电压与输入功率的对应曲线（可在全部实验结束后进行）。

（5）取下 LN 晶体旋转检偏器，记录下系统输出最大的光功率 P_o，计算 LN 晶体的透过率 T。

$$T = P_{\max}/P_o$$

3. 研究、测量静态工作点对调制波形的影响

（1）使系统光路按半导体激光器、起偏器、LN 晶体、检偏器、光电二极管探头顺序排列。

将驱动信号波形插座和接受信号波形插座分别与双踪示波器 CH_1 和 CH_2 通道连接，光电二极管探头与信号输入插座连接。

（2）将状态开关置于正弦波位置，幅度调节钮旋至最大。示波器置于双踪同时显示，以驱动信号波形为触发信号，正弦波频率约为 1 kHz。

（3）旋转电压调节旋钮改变静态工作点，观察示波器上的波形变化。特别注意，接收信号波形失真最小、接受信号幅度最大、出现倍频失真时的静态工作点电压。对照上一个实验中的曲线图，理解静态工作点对调制波形的影响。

4. 1/4 观察波片对静态点的影响和作用

　　在起偏器与 LN 晶体间放入 1/4 波片。分别将静态工作电压置于倍频失真点、接收信号波形失真最小、接收信号波形幅度最大点(参考上一步骤的参数),旋转 1/4 波片,观察接收波形的变化情况。

　　5.用一音频信号驱动电光晶体,模拟信息对光的调制和传输

　　将音频信号接入音频插座,状态开关置于音频状态。观察示波器上的波形,打开后面的喇叭开关,监听音频调制与传输效果。

【数据处理】

　　(1)记录单轴晶体、双轴晶体的偏振干涉图。

　　(2)计算晶体半波电压、消光比和透过率 T。

　　(3)画出电压与输入功率的对应曲线图。

　　(4)找出波形失真最小、接受信号幅度最大,以及出现倍频失真时的静态工作点电压并与理论值比较,进行讨论分析。

【注意事项】

　　(1)开机、关机前及更换 LN 晶体所加电压时,均应将直流电压和交流电压调节旋钮逆时针旋到底,使直流电压和交流电压数显表指示为零,避免触电。

　　(2)连接晶体的电缆线两夹头不允许短接,以免造成仪器短路。

　　(3)220 V,50 Hz 电源应稳定,如果有较大的波动,需配置交流稳压器及房间内不能有强空气对流,否则会引起氦氖激光器输出功率的波动,对测量半波电压不利。

【思考题】

　　(1)从加直流电压前后屏上显现的晶体出射光强的变化,可判定晶体产生电光效应,其理由何在?

　　(2)电光晶体调制器应满足什么条件方能使输出波形不失真?

实验十　法拉第效应

　　1845 年,法拉第(Faraday)在探索电磁现象和光学现象之间的联系时,发现了一种现象:当一束平面偏振光穿过介质时,如果在介质中,沿光的传播方向加上一个磁场,就会观察到光经过样品后偏振面转过一个角度,亦即磁场使介质具有了旋光性。这种现象后来就称为法拉第效应或磁致旋光效应,见图 1。

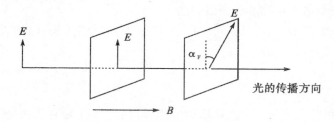

图 1　法拉第效应示意图

　　法拉第效应有许多方面的应用,它可以作为物质结构研究的手段,如根据结构不同的碳氢化合物,其法拉第效应表现的不同来分析碳氢化合物;在电工技术测量中,它被用来测量电路中的电流和磁场;特别是在激光技术中,利用法拉第效应的特性,制成了光波隔离器或单通器,这在激光多级放大技术和高分辨激光光谱技术中都是不可缺少的器件。此外,在激光通讯、激光雷达等技术中,也应用了基于法拉第效应的光频环行器、调制器等。

【实验目的】

　　(1)了解法拉第效应原理,区分磁致旋光与自然旋光的不同。
　　(2)掌握光线偏振面旋转角度的测量方法。
　　(3)验证费尔德常数公式,并计算荷质比。

【实验仪器】

　　光源、单色仪、电磁铁及磁场电源、旋光角度测读装置等组成。

【实验原理】

　　1.法拉第效应实验规律
　　当磁场不是非常强时,法拉第效应中偏振面转过的角度 α,与光波沿介质长度方向所加磁场的磁感应强度 B 及介质长度 D 成正比,即

$$\alpha = VBD \tag{1}$$

式中,比例常数 V 叫做费尔德(Veraet)常数,它由物质和工作波长决定,表征着物质的磁光特性。表1为几种材料的费尔德常数值。

几乎所有的物质(气体、液体、固体)都存在法拉第效应,不过一般都不显著。不同的物质,偏振面旋转的方向可能不同。设磁场 B 是由绕在样品上的螺旋线圈产生的。习惯上规定:振动面的旋转方向和螺旋线圈中电流方向一致,称为正旋($V>0$);反之,叫做负旋($V<0$)。

表1 几种材料的费尔德常数 $V(\text{rad}/(\text{T}\cdot\text{cm}))$

物质	$l(\text{nm})$	V
水	589.3	1.31×10^2
CS$_2$	589.3	4.17×10^2
轻火石玻璃	589.3	3.17×10^2
重火石玻璃	589.3	$8\sim10\times10^2$
铈磷酸玻璃	500.0	3.26×10^3
YIG	830.0	2.04×10^6
$(\text{YT}_b)\text{IG}$	1 270	3.78×10^3

2.法拉第效应的旋光性与旋光物质的旋光性的区别

对于每一种给定的物质,法拉第旋转方向仅由磁场方向决定,而与光的传播方向无关(不管传播方向与 B 同向或反向)。这是法拉第磁光效应与某些物质的自然旋光效应的重要区别。自然旋光效应的旋光方向与光的传播方向有关。对自然旋光效应而言,随着顺光线和逆光线方向观察,线偏振光的振动和它的旋向是相反的,因此,当光波往返两次穿过固有旋光物质时,则会一次沿某一方向旋转,另一次沿相反方向旋转结果是振动面复位,即振动面没有旋转。而法拉第效应则不然,在磁场方向不变的情况下,光线往返穿过磁致旋光物质时,法拉第转角将加倍,即转角为 2α。利用法拉第旋向与光传播方向无关这一特性,可令光线在介质中往返数次,从而使效应加强。

与自然旋光效应类似,法拉第效应含有旋光色散,即费尔德常数 V 随波长 λ 而变。一束白色线偏振光穿过磁致旋光物质,紫光的振动面要比红光的振动面转过的角度大。这就是旋光色散。

实验表明,磁致旋光物质的费尔德常数 V 随波长 λ 的增加而减小。旋光色散曲线又称法拉第旋转谱。

3.法拉第效应的旋光角及其计算

(1)法拉第效应的旋光角

一束平面偏振光可以分解为不同频率、等振幅的左旋和右旋两个圆偏振光,如图2所示。

设线偏振光的电矢量为 E,角频率为 ω,可以把 E 看做左旋圆偏振光 E_L 和右旋圆偏振光 E_R 之和。在进入此场中的磁性物质前,E_L、E_R 没有相位差,其 E 沿轴 I 方向振动,如图 2(a)所示。通过磁场中的磁性物质(以下简称介质)后,由于磁场的作用,E_L、E_R 在介质中的传播速度不同,E_L 的传播速度为 v_L,E_R 的传播速度为 v_R,E_L 和 E_R 之间产生相位差,电矢量 E_L、E_R 不再与轴 I 对称,而与轴 II(电矢量沿轴 II 方向)对称,合成的电矢量 E 沿轴 II 方向振动,它相对于入射前电矢量 E 旋转了一个角度 α_F,如图 2(b)所示。其旋转角度可以这样计算。

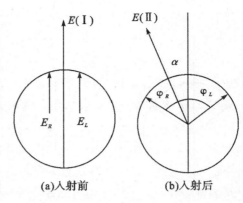

(a)入射前　　　(b)入射后

图 2　旋光的解释

设 E_L、E_R 在长度为 D 的介质中的传播速度分别为 v_L、v_R,则由图 2 的几何关系有

$$\varphi_R - \alpha_F = \alpha_F + \varphi_L \tag{2}$$

或

$$\alpha_F = \frac{1}{2}(\varphi_R - \varphi_L) = \frac{1}{2}\omega(t_R - t_L)$$
$$= \frac{1}{2}\omega\left(\frac{D}{v_R} - \frac{D}{v_L}\right) = \frac{1}{2}\frac{\omega D}{c}(n_R - n_L)$$

式中,t_R,n_R 分别为 E_R 光通过介质的时间和折射率,t_L,n_L 分别为 E_L 光通过介质的时间和折射率,c 为光在真空中的速度。

所以,出射介质的线偏振光相对于入射介质前的线偏振光转过一个角度

$$\alpha_F = \frac{\omega D}{2c}(n_R - n_L) = \frac{\pi}{\lambda}(n_R - n_L)D \tag{3}$$

α_F 即为法拉第效应的旋转角。

法拉第效应的简单解释是:线偏振光总可分解为左旋和右旋的两个圆偏振光,无外磁场时,介质对这两种圆偏振光具有相同的折射率和传播速度,通过 D 长度的介质后,对每种圆偏振光引起了相同的相位移,因此透过介质叠加后的振动面不发生偏转;当有外磁场存在时,由于磁场与物质的相互作用,改变了物质的光特性,这时介质对右旋和左旋圆偏振光表现出不同的折射率和传播速度。二者在介质中通过同样的距离后引起了不同的相位移,叠加后的振动面相对于入射光的振动面发生了旋转。

(2)法拉第旋转角的计算

由量子理论知道,介质中原子的轨道电子具有磁偶极矩 μ,且

$$\mu = -\frac{e}{2m}L \tag{4}$$

式中,e 为电子电荷,m 为电子质量,L 为电子的轨道角动量。

在磁场 B 的作用下,一个电子磁矩具有势能 Ψ,则

$$\Psi = -\mu \cdot B = \frac{e}{2m}L \cdot B = \frac{eB}{2m}L_B \tag{5}$$

式中,L_B 为电子轨道角动量沿磁场方向的分量。

在磁场 B 的作用下,当平面偏振光通过介质时,光子与轨道电子发生相互作用,使轨道电子由基态激发到高能态,发生能级跃迁时轨道电子吸收了光量子的角动量 $\pm\hbar$,跃迁

后轨道电子动能不变,而势能增加了 $\Delta\Psi$,且

$$\Delta\Psi=\frac{eB}{2m}\Delta L_B=\pm\frac{eB}{2m}\hbar \tag{6}$$

当左旋光子参与交互作用时,则

$$\Delta\Psi_L=+\frac{eB}{2m}\hbar \tag{7}$$

而右旋光子参与交互作用时,则

$$\Delta\Psi_R=-\frac{eB}{2m}\hbar \tag{8}$$

与此同时,光量子失去了 $\Delta\Psi$ 的能量。

我们知道,介质对光的折射率 n 是光子能量($\hbar\omega$)的函数,所以

$$n=n(\hbar\omega) \tag{9}$$

可以认为,在磁场作用下,具有能量为 $\hbar\omega$ 的左旋光子激发电子,电子在磁场中的能级结构等于不加磁场时能量为($\hbar\omega-\Delta\Psi_L$)的左旋光子时的轨道电子能级结构,因此有

$$n_L=n(\hbar\omega-\Delta\Psi_L) \tag{10}$$

或

$$n_L(\omega)=n\left(\omega-\frac{\Delta\Psi_L}{\hbar}\right)\approx n(\omega)-\frac{\mathrm{d}n}{\mathrm{d}\omega}\frac{\Delta\Psi_L}{\hbar}=n(\omega)-\frac{eB}{2m}\frac{\mathrm{d}n}{\mathrm{d}\omega} \tag{11}$$

同理,右旋光量子,有

$$n_R=n(\hbar\omega-\Delta\Psi_R) \tag{12}$$

或

$$n_R(\omega)=n\left(\omega-\frac{\Delta\Psi_R}{\hbar}\right)\approx n(\omega)-\frac{\mathrm{d}n}{\mathrm{d}\omega}\frac{\Delta\Psi_R}{\hbar}=n(\omega)+\frac{eB}{2m}\frac{\mathrm{d}n}{\mathrm{d}\omega} \tag{13}$$

则

$$n_R(\omega)-n_L(\omega)=\frac{eB}{m}\frac{\mathrm{d}n}{\mathrm{d}\omega} \tag{14}$$

把式(14)代入式(3)得

$$\alpha_F=\frac{DeB}{2mc}\omega\frac{\mathrm{d}n}{\mathrm{d}\omega} \tag{15}$$

因为 $\omega=\frac{2\pi c}{\lambda}$,代入式(14)得

$$\alpha_F=-\frac{DeB}{2mc}\lambda\frac{\mathrm{d}n}{\mathrm{d}\lambda} \tag{16}$$

$$\alpha_F=V(\lambda)DB$$

式中,

$$V(\lambda)=-\frac{e}{2mc}\lambda\frac{\mathrm{d}n}{\mathrm{d}\lambda} \tag{17}$$

称费尔德常数,它反映了介质材料的一种特性。

公式(16)就是法拉第效应旋转角的计算公式。它表明法拉第旋光角的大小和样品

长度成正比,和磁场强度成正比,并且和入射波光的波长及介质 $\dfrac{\mathrm{d}n}{\mathrm{d}\lambda}$ 的色散有密切关系。

【实验装置】

本实验采用 WFC 法拉第效应测试仪进行实验。法拉第效应测试仪由单色光源、磁场和样品介质,旋光角检测系统构成,见图 3。

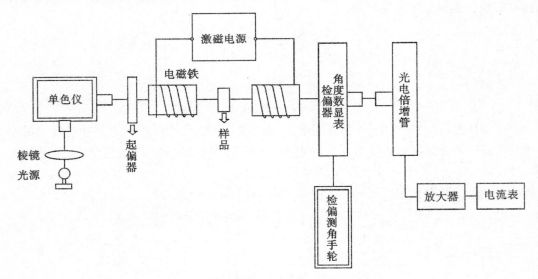

图 3　法拉第效应测试仪结构示意

1. WDX 型小单色仪

(1)技术指标

①工作波段:0.35～2.5 μm。

②分辨率:$R=\dfrac{\lambda}{\Delta\lambda}=982$,分辨率 0.6 nm(可分开钠 589.3 nm 双线)。

③狭缝工作特性:固定狭缝,高 10 mm、宽 0.08 mm。

可变狭缝,高 10 mm、宽 0～3 mm,鼓轮格值 0.01 mm。

④物镜:焦距 $f=329$ mm,相对孔径 $d/f=1/6$。

(2)结构原理

仪器结构可分为入射狭缝、棱镜、物镜、反射镜、控制棱镜旋转的波长选择机构、小反射镜、出射狭缝等部分。如图 2 所示。

从照明系统发出的复合光束,照射到位于物镜 L 焦点的入射狭缝 F,经物镜形成平行光束射入色散棱镜 P,通过棱镜背面反射又从入射面射出。如入射光为复色光,光束被色散棱镜分解成不同折射角的单色平行光。又经过物镜聚焦,由小反射镜 M 反射到出射狭缝 F' 处,F' 限制谱线的宽窄,从而获得单色光束。旋转棱镜,在 F' 处可获得不同波长的单色光束,如果光束从 F' 进入系统,则在 F 处可引出单色光束。

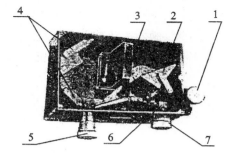

1为入射狭缝　2为棱镜　3为物镜
4为反射镜　5为控制棱镜旋转的波长选择机构
6为小反射镜　7为出射狭缝

图4　仪器结构

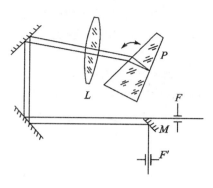

图5　光路原理

波长(μm)	鼓轮读数	波长(μm)	鼓轮读数
	棱镜(60°)		棱镜(60°)
0.404 7	1.827	0.577 0	4.890
0.407 7	1.950	0.579 0	4.909
0.434 1	2.704	0.587 6	4.990
0.435 8	2.742	0.589 3	5.000
0.486 1	3.770	0.656 3	5.490
0.546 1	4.580	0.667 8	5.556

2.其他仪器指标

(1)光源:卤钨灯 12 V,100 W。通过单色仪可获得 3 600~8 000 nm 的单色光。

(2)磁场范围:0~1 080 Gs。

(3)磁场电源:直流 5 A,30 V。

(4)测角游标值:$1'$。

(5)测试样品:样品介质 ZF6 为重火石玻璃呈圆柱状。

【实验内容及步骤】

1.仪器调整

(1)调整单色仪的四脚螺钉,使单色仪处于水平状态,出光口的中心轴与电磁铁的通光孔在一条水平线上。

(2)将单色仪和电磁铁配合衔接,从电磁铁的另一磁极通光孔中,用 30 倍的读数显微镜观察,调整单色仪的位置,使光束位于原孔中心,将光电接受的连接罩插入电磁铁的凹槽中。

(3)将测试样品固定在电磁铁的磁极中间孔中。

2.仪器操作

（1）打开光源及检偏角度测试仪的电源，预热 15 min，使仪器工作状态处于稳定。

（2）调整灵敏度旋钮，顺时针为增加，灵敏度的大小反映在电流表的数值变化的快慢上，也就是说，灵敏度增高，数值变化变快。在加上 1 A 电流时，使数值为 2 位有效数字即可。

（3）调整微调，使电流表值为零（或最小）。

（4）检验角度表的零位是否正确。

（5）调整适当的狭缝宽度和鼓轮读数。

（6）开始进行数据测量。

3. 实验内容

（1）利用消光法测量法拉第效应偏振面旋转角 α 与外加磁场电流 I 的关系曲线

①未加磁场前，检查角度表零位及电流表的初值是否为零。

②打开电源，逐渐增加电流至 1 A，电流表示值应为二位数。

③旋转手轮，使角度表读数增加，直到电流表读数为零，记录角度表数值，这就是法拉第效应角 α。

④逐渐减小电流（注意：不能直接关闭电源，因为剩磁会影响结果），旋转手轮使电流表读数为零。此时角度表的读数为重复误差。

⑤以上过程每增加 1 A 电流，重复测量三次，求平均，以减小误差。

（2）固定磁场强度 B，测量法拉第效应偏振面旋转角 α 和波长的关系曲线

测量过程基本同上，在电流不变的基础上，每更改一次鼓轮读数，重复测量三次，求平均。

（3）检验实验精度，计算电子荷质比 e/m

通过实验所测各 e/m 曲线或近线性范围内，选择 α、B、λ 和 $\dfrac{\mathrm{d}n}{\mathrm{d}\lambda}$ 值（取三组数据），由

$$\frac{e}{m} = -\frac{2\alpha_F c}{D\lambda B \dfrac{\mathrm{d}n}{\mathrm{d}\lambda}}$$

计算 e/m 值，比较 e/m 测得值与经典 $e/m = 1.758\ 8 \times 10^{11}$（C/kg）值，求出本实验的相对误差，并分析误差来源。

（4）测样品介质色散 $\dfrac{\mathrm{d}n}{\mathrm{d}\lambda}$ 与波长 λ 的关系曲线方法

由光源、单色仪产生单色光，将三棱镜样品放置在分光计上，用最小偏向角法测出入射光波长 λ 和最小偏向角 Q 的对应数值。然后利用公式：

$$n = \frac{\sin\dfrac{1}{2}(Q+\beta)}{\sin\dfrac{1}{2}\beta}$$

推导出

$$\frac{\mathrm{d}n}{\mathrm{d}\lambda} = \frac{\cos\dfrac{1}{2}(Q+\beta)}{\sin\dfrac{1}{2}\beta}$$

式中，n 为样品折射率；β 为样品三棱镜顶角；Q 为最小偏向角。

根据公式求出 λ 与 $-\dfrac{\mathrm{d}n}{\mathrm{d}\lambda}$ 的对应关系。

【注意事项】

（1）施加或撤除磁化电流时，应先将电源输出电位器逆时针旋回到零，以防止接通或切断电源时磁体电流的突变。

（2）为了保证能重复测得磁感应强度及与之相应的磁体激磁电流的数据，磁体电流应从零上升到正向最大值，否则要进行消磁。

（3）测量过程中，不能直接关闭直流恒流电源，要逐渐减小电流直到为零。

（4）必须使用交流稳压电源，否则电压的波动和浪涌对数值表和光源入射光强产生影响，测量存在误差，使数值表的读数不准确。

（5）关启单色仪入射狭缝时，切勿过零。

（6）电流表显示溢出，可关小单色仪入射狭缝或调整放大倍数。

【思考题】

（1）磁致旋光与自然旋光有何区别？

（2）利用法拉第效应设计一个单向通光阀。

（3）误差主要来源是什么？如何改进？

法拉第磁致旋光效应的具体应用

法拉第效应发现后 100 多年，并未获得应用，直到 20 世纪 60 年代，由于激光和光电子技术的兴起，法拉第效应才找到用武之地。用它做成的功能器件主要有磁光调制器、磁光隔离器、磁光开关、磁光环行器等。下面我们介绍两种器件。

1. 磁光调制器

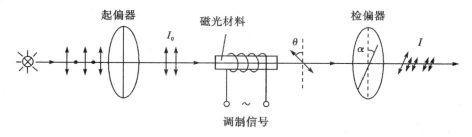

图 6　磁光调制器

磁光调制器的原理如图 6 所示。在没有调制信号时，磁光材料中无外场，根据马吕斯（Malus）定律，从起偏器透过的强度为 I_0 的光束，经检偏器后出射的光强为

$$I = I_0 \cos^2 \alpha$$

式中，α 是起偏器与检偏器光轴之间的夹角，当两个光轴平行（$\alpha = 0$）时，通过光强度最大；当两个偏振器与光轴互相垂直（$\alpha = \pi/2$）时，通过光强为零（消光）。在磁光材料外的磁化线圈加上调制的交流信号时，由此而产生的交变磁场使光的振动面发生交变旋转，此时输出的光强为

$$I = I_0 \cos^2(\alpha \pm \theta)$$

α 一定，输出光强仅随 θ 变化。由于法拉第效应，信号电流使光振动面的旋转转化成光的强度调制，出射光以强度变化的形式携带调制信息、调制信号，比如说是转变成电信号的声音信号。光经磁光调制，声信息便载于光束上，光束沿光导纤维传到远处，再经光电转换器，把光强变化转变为电信号，再经电声转换器（如扬声器）又可以还原成声信号。

制作磁光调制器，希望材料有高的透明度和大的比法拉第旋转角（单位长的法拉第旋转角）。早先用来做磁光调制器的是磁光玻璃效应. 后来出现了钇铁石榴石（简称 YIG），在 $1.1 \sim 5.5$ μm 波长区有高的透明度和比法拉第角。掺 Ga 的 YIG 更适于作光调制器，单晶外延薄膜式磁光材料，使比法拉第角高达 $10^3 \sim 10^4$ rad/cm，且对可见光有一定透明度。

2. 磁光隔离器

如图 7 所示，磁光隔离器主要由起偏器、45°法拉第旋转器和检偏器构成。起偏器和检偏器光轴间夹角为 45°。来自起偏器的线偏振光，经 45°法拉第旋转器之后，振动面旋转 45°，正好与检偏器的光轴平行，能通过检偏器传播。若因为某种原因，传播的光受到反射，反射的光再度通过 45°法拉第旋转器，振动面又旋转 45°，正好与起偏器的光轴垂直，从而被挡住，避免反射光进入作为光源的激光器而影响光源的稳定性。

改变起偏器与检偏器间设置的夹角，或改变法拉第旋转器的旋转角度，便可构成磁光开关。

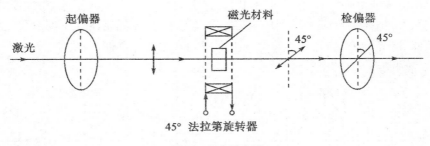

图 7　磁光隔离器

实验十一　非线性混沌研究

　　非线性科学和复杂系统的研究是 21 世纪科学研究的一个重要方向。目前主要的研究方法是在给定的参量和初值后,依照一定的决定性关系用计算机按迭代法对其演变进行数值计算。其相应的研究结论和成果在电子学、数学、物理学、气象学、生态学、经济学等领域得到了广泛应用。

　　长期以来,人们在认识和描述运动时,大多局限于线性动力学描述方法,即确定的运动有一个完美确定的解析解。但是自然界中最常见的运动形式,既不是完全确定的,也不是完全随机的,而是介于两者之间。在相当多情况下,非线性现象起着很大的作用。1963 年,美国气象学家 Lorenz 在分析天气预报模型时,首先发现空气动力学中的混沌现象,该现象只能用非线性动力学来解释。于是,1975 年"混沌"作为一个新的科学名词出现在科学文献中。

　　世界是有序的还是无序的? 从牛顿到爱因斯坦,他们都认为世界在本质上是有序的,有序等于有规律,无序就是无规律,系统的有序有律和无序无律是截然对立的。这个单纯由有序构成的世界图像,有序排斥无序的观点,几个世纪来一直为人们所赞同。但是混沌和分形的发现,向这个单一图像提出了挑战,经典理论所描述的纯粹的有序实际上只是一个数学的抽象,现实世界中被认为有序的事物都包含着无序的因素。混沌学研究表明,自然界虽然存在一类确定性动力系统,它们只有周期运动,但它们只是测度为零的罕见情形,绝大多数非线性动力学系统,既有周期运动,又有混沌运动,虽然并非所有的非线性系统都有混沌运动,但事实表明混沌是非线性系统的普遍行为。混沌既包含无序又包含有序,混沌既不是具有周期性和其他明显对称性的有序态,也不是绝对的无序,而可以认为是必须用奇怪吸引子来刻画的复杂有序,是一种蕴含在无序中的有序。以简单的 Logistic 映射为例,系统在混沌区的无序中存在着精细的结构,如倒分岔、周期窗口、周期轨道排序、自相似结构、普适性等,这些都是有序性的标志。所以,在混沌运动中有序和无序是可以互补的。

　　混沌学的创立,在确定论和概率论这两大科学体系之间架起桥梁,它将改变人们的自然观。可以看做 20 世纪以来,继相对论和量子力学之后在物理学上的第三次革命,揭示了一个形态和结构崭新的物质运动世界。

【实验目的】

　　(1)通过研究一简单的非线性电路,了解电路中混沌现象的基本性质和混沌产生的方法。

　　(2)了解混沌效应的内在规律及其演化机制。

(3)测量非线性单元电路的伏—安特性。

【实验仪器】

实验仪器主要有 NCE-1 型非线性电路混沌实验仪、示波器、万用表、电阻箱、连接导线若干等。

【实验原理】

什么叫做混沌？混沌是有内在规律的随机性，和系统的行为对初值极度敏感的一类问题。如一根针直立在桌上，则不论多么小的扰动，都会使它朝某一方向倒下，而且倾倒的方向对初始扰动是非常敏感的。在这里，我们通过非线性电路用级联倍周期分岔的方式来接近混沌。

1. 倍周期分岔到混沌的产生

为了说明从分岔到产生混沌，我们举一个简单的例子。例如，阻尼振子在频率为 ω 的周期外力作用下做标准的受迫振动，其微分方程为

$$m\frac{\mathrm{d}^2x}{\mathrm{d}t^2}+b\frac{\mathrm{d}x}{\mathrm{d}t}+kx=F\cos\omega t \tag{1}$$

其解是阻尼振动的暂态解和强迫振动的稳定解的叠加。稳定解为

$$x(t)=A\cos(\omega t+\varphi) \tag{2}$$

经过一段时间后，它的周期一定（等于振荡源的周期 ω）、振幅恒定为 x_0，振动如图 1 所示。

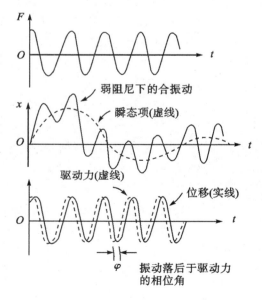

图 1　受迫振动

现在改变频率 ω，记录在每个频率下振动稳定后的最大振幅值。记录频率振幅曲线如图 2 所示。

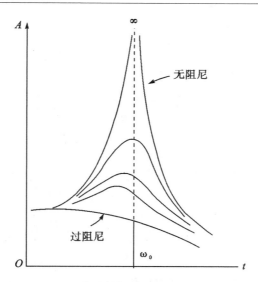

图2　无非线性因素的频率振幅曲线

对图2某一条阻尼曲线进行讨论。很明显对应于每一个频率谐振子的振幅是一定的,质点做周期振动,也就是周期没有发生分岔。

我们加入一个非线性因素:在振子前放一个质量很大的挡块,以阻止振子做谐振,并设质点与挡块发生弹性碰撞,使质点以原速弹回,这时振子受到的冲击力与它的位移显然是非线性关系。我们再慢慢改变频率,记录在每个频率下振动稳定后的最大振幅值。记录频率振幅曲线如图3所示。

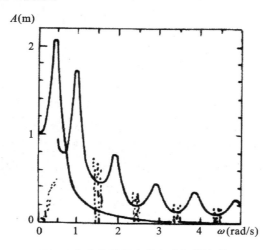

图3　有非线性因素的频率振幅曲线

从图3可以看到在 $\omega=1.5$ rad/s,$\cdots$,$\omega=4.3$ rad/s 附近存在无数分散的点组成的区间。因此,在这些频率下,振子每次反弹的高度都不同,没有重复性。这个区域就是混沌区。那么,周期是怎样分岔而逐步走向无序的呢? 我们把 $\omega=1.5$ rad/s 附近的频率振幅曲线图放大来分析。

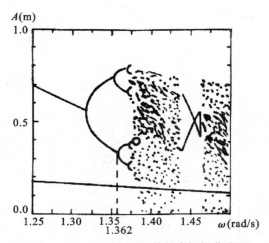

图4 $\omega=1.5$ rad/s 附近的频率振幅曲线图

由图4可看出,当 $\omega=1.25$ rad/s 时振幅只有一个值,表示质点每次反弹的高度都相同,说明质点是在做周期运动。但注意从 $\omega=1.325$ rad/s 开始,单一的曲线开始分岔,表示曲线反弹的高度有两个值,可以认为振动的周期为原先的两倍。这就是周期的第一次分岔。图5所示当 $\omega=1.35$ rad/s 时的时间振幅曲线 $(x-t)$。

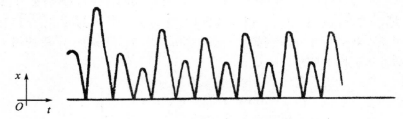

图5   当 $\omega=1.35$ rad/s 时的时间振幅曲线

如图4所示继续增大频率,当 $\omega=1.362$ rad/s 时,曲线又开始分岔,振幅变为4个值,相当于周期又增加一倍。周期进行了第二次分岔。如频率作更小间隔的增加,振幅将出现8个值,那么周期相当于原先的8倍,进行了第三次分岔。如此继续下去,当 $\omega=1.37$ rad/s 左右时,这种分岔已达到无穷多次,质点反弹的高度在不断变化,永不重复,它有无穷多个值。因此周期变为无穷大,如图6所示。于是,振动系统由周期成倍的增长(分岔)进入了混沌状态。可以简单地用图7来表示。

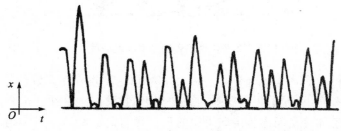

图6 $\omega=1.35$ rad/s 时(混沌状态)的时间振幅曲线

混沌行为也相应地表现为对初值的极度敏感。图 8 表示系统在 $\omega = 1.5$ 的条件下，相应于 5 个非常接近的初值的时间—振幅(x-t)曲线。在最初的几个周期里，这些曲线是一致的。但随着时间的演化，它们变得非常不相同。

2. 非线性电路与非线性动力学

实验电路如图 9 所示，它只有一个非线性元件 R，是一个有源非线性负阻器件(图 10)。电感器 L 和电容器 C_2 组成一个损耗可以忽略的谐振回路；可变电阻 $R_{V_1} + R_{V_2}$ 和电容器 C_1 串联，将振荡器产生的正

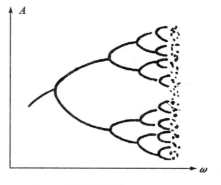

图 7 由倍周期分岔到混沌

弦信号移相输出。较理想的非线性元件上电压与通过它的电流极性是相反的。由于加在此元件上的电压增加时，通过它的电流却减小，因而将此元件称为非线性负阻元件。

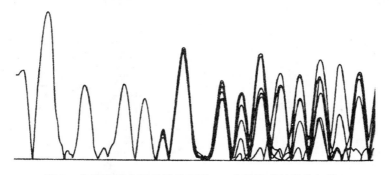

图 8 在混沌状态下非线性振子 x-t 曲线敏感地依赖初值

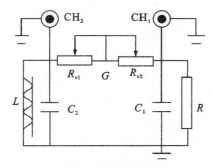

图 9 非线性电路

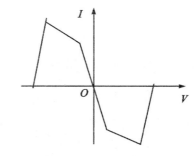

图 10 非线性负阻特性曲线

在此电路中，电感 L 和电容器 C_2 组成的谐振回路可看做是做周期性振荡的振荡源，通电后发生谐振，由于非线性电阻的作用，通过调节电位器 $R_{V_1} + R_{V_2}$ 可使此振荡进行倍周期分岔，逐步变为非线性振荡(即产生混沌)。电路的非线性动力学方程为

$$C_1 \frac{\mathrm{d}V_{C_1}}{\mathrm{d}t} = G \cdot (V_{C_2} - V_{C_1}) - g \cdot V_{C_1}$$

$$C_2 \frac{\mathrm{d}V_{C_2}}{\mathrm{d}t} = G \cdot (V_{C_1} - V_{C_2}) - i_L$$

$$L\frac{\mathrm{d}i_L}{\mathrm{d}t} = -V_{C_2}$$

式中,导纳 $G = \dfrac{1}{R_{V_1} + R_{V_2}}$, V_{C_1} 和 V_{C_2} 分别表示加在 C_1 和 C_2 上的电压, i_L 表示流过电感器 L 的电流。

3. 有源非线性负阻元件的实现

有源非线性负阻元件实现的方法有多种,这里使用的是 Kennedy 于 1993 年提出的方法:采用两个运算放大器(一个双运放 TL082)和六个配置电阻来实现,其电路如图 11 所示,它的伏安特性曲线如图 10 所示。由于本实验研究的是该非线性元件中混沌运动对整个电路的影响,只要知道它主要是一个负阻电路(元件),能输出电流维持 LC 振荡器不断振荡,而非线性负阻元件的作用是使振动周期产生分岔和混沌等一系列现象。其实,很难说那一个元件是绝对线性的,我们这里特意做一个非线性的元件只是想让非线性的现象更明显。

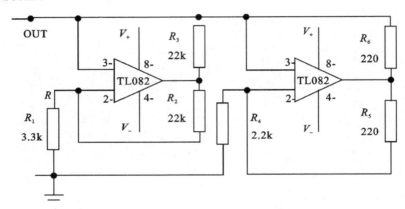

图 11　非线性负阻实现的原理图

实际非线性混沌实验电路如图 12 所示。

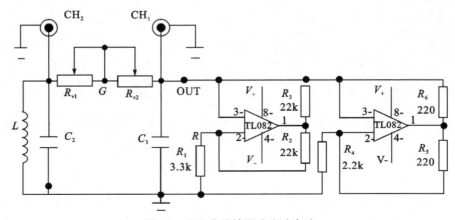

图 12　实际非线性混沌实验电路

实验中我们就是按照此图连接电路,通过示波器来观察非线性混沌现象,并借助其他器件对有源非线性负阻元件的特性进行测量。

【实验装置】

实验装置主要有 NCE-1 型非线性电路混沌实验仪、示波器、万用表、连接导线若干等。

NCE-1 型非线性电路混沌实验仪主要由可插接的仪器面板、两个自制电感线圈组成,面板结构如图 12 所示,各元件可用插接线连接。连接 CH_1 与 CH_2 到示波器的 X 与 Y 输入,以观测 LC 振荡器产生的波形周期分岔及混沌现象。通过万用表可对产生混沌的关键元件有源非线性负阻的特性进行测量。

【实验内容】

1.实验现象的观察

将示波器调至 CH_1-CH_2 波形合成挡,调节可变电阻器的阻值,我们可以从示波器上观察到一系列现象。仪器刚打开时,电路中有一个短暂的稳态响应现象。这个稳态响应被称作系统的吸引子(attractor),参看图 13。这意味着系统的响应部分虽然初始条件各异,但仍会变化到一个稳态。在本实验中对于初始电路中的微小正、负扰动,分别对应一个正、负的稳态。当电导继续平滑增大,到达某一值时,我们发现响应部分的电压和电流开始周期性地回到同一个值,产生了振荡。这时,我们就说,我们观察到一个单周期吸引子(penod-one attractor),如图 14 所示。它的频率决定于电感和非线性电阻组成的回路的特性。

图 13　零维吸引子的焦点　　　　图 14　单周期吸引子(一维极限环)

再增加电导时,我们就观察到一系列非线性的现象,先是电路中产生了一个不连续的变化:电流各电压的振荡周期变成了原来的两倍,也称分岔(bifurcation)。继续增加电导,我们会发现二周期倍增到四周期,四周期倍增到八周期。如果精度足够,当我们连续地,越来越小地调节时就会发现一系列永无止境的周期倍增,最终在有限的范围内会成为无穷周期的循环,从而显示出混沌吸引(chaotic attractor)的特性,参看图 15。

图 15　从二周期倍增到四周期,再从四周期倍增到八周期

需要注意的是,对应于前面所述的不同的初始稳态,调节电导会导致不同的但却是确定的两个混沌吸引子,这两个混沌吸引子是关于零电位对称的。

实验中,我们很容易地观察到二周期和四周期现象,再有一点变化,就会导致一个单旋涡状的混沌吸引子,较明显的是三周期窗口。观察到这些窗口,表明我们得到的是混沌的解,而不是噪声。在调节的最后,我们看到吸引子突然充满了原本两个混沌吸引子所占据的空间,形成了双旋涡混沌吸引子(doubulescrollchaotic attractor),如图 16 所示。由于示波器上的每一点对应着电路中的每一个状态,出现双混沌吸引子就意味着电路在这个状态时,相应于每一点对应着电路中的每一个状态。出现双混沌吸引子就意味着电路在这个状态时,相应于电路处在最初状态的那个响应状态。最终会到达哪一个状态完全取决于初始条件。

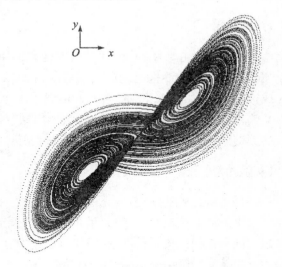

图 16　示波器上所显示的双吸引子

在实验中,尤其需要注意的是,由于示波器的扫描频率不符合的原因,当分别观察每个示波器的输入端波形时,可能无法观察到正确的现象。这样,就需要仔细分析。可以通过使用示波器的不同的扫描频率挡来观察现象,以期得到最佳的图像。

2.实验元件特性的测量

(1)非线性电阻特性曲线的测量

对实验中的非线性电阻的非线性特性进行测量。测量的线路如图 17 所示。

图中电流表用来测量流过非线性元件的电流。由于非线性电阻是有源的,因此,回路中始终有电流。G使用电阻箱,其作用只是改变非线性元件的对外输出。使用电阻箱可以得到很精确的电阻,尤其可以对电阻值做微小的调整,进而微小地改变输出。缺点是电阻值变化不连续,但并不影响测量。

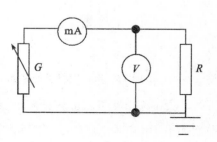

图 17　测量线路图

数据处理:对于测量数据进行线性拟合,计算出直线的交点(即转折点),作出伏—安特性曲线图。

对于正向电压部分的曲线,由理论计算是与反向电压部分曲线关于原点 180° 对称的。由于实验中非线性元件在零点附近是负阻特性,因而很难在零点稳定,故不易测量元件的正向伏安特性。

(2)观察电感对电路的影响

实验中,电感的选择对结果的影响很大。不合适的电感对波形,甚至对结果都会产生极大影响。电感过大,使振荡周期过长;电感过小,则电流响应过快,无法形成振荡。实验发现,在一定范围内,电感与振荡频率 f 成正比,与振荡的振幅成正比。

3. 实验的具体步骤

(1)打开机箱,把机箱右下角的铁氧体介质电感连接插孔插到实验仪面板左面对应的香蕉插头上。实验仪面板上的 CH_2 接线柱连接示波器的 Y 输入,CH_1 接线柱连接示波器的 X 输入,并连接实验仪与示波器的接地端。调节示波器的相关旋钮,使示波器的水平方向显示 X 输入的大小,垂直方向显示 Y 输入的大小,并置 X 和 Y 输入为 DC。

(2)实验仪右上角内的电源九芯插头插入实验仪面板上对应的九芯插座上,注意插头、插座的方向,插上电源,上调实验仪面板右边的钮子开关,对应的 ±15 V 指示灯点亮。开启示波器电源,调节 W_1 粗调电位器和 W_2 细调电位器,改变 RC 移相器中 R 的阻值,观测相图周期的变化,观测倍周期分岔、阵发混沌、三倍周期、吸引子(混沌)和双吸引子(混沌)现象,分析混沌产生的原因。上调实验仪面板左边的钮子开关可开启 $0\sim19.999$ V 直流数字电压表,数字闪烁表示输入电压超过量程。

(3)按图 12 所示接好电路,调节 $R_{V_1} + R_{V_2}$ 阻值。在示波器上观测图 13 所示的 CH_1—地和 CH_2—地所构成的相图(李萨如图),调解电阻 $R_{V_1} + R_{V_2}$ 由大到小时,描绘相图周期的分岔及混沌现象。将一个环形相图的周期定为 P,那么要求观测并记录 $2P$,$4P$,阵发混沌,$3P$,单吸引子(混沌),双吸引子(混沌)共六个相图和相应的 CH_1—地和 CH_2—地两个输出波形。

(4)有源非线性电阻元件与 RC 移相器连线断开。按图 17 测量非线性单元电路在电压 $V<0$ 时的伏安特性,作出 I-V 关系图。

【注意事项】

(1)运算放大器 TL082 的正、负极不能接反,地线与电源的接地点接触必须良好。

(2)关掉电源后拆线。

(3)仪器应该预热 10 min 后再测量数据。

【思考题】

(1)非线性负阻电路,在本实验中的作用是什么?

(2)为什么要采用 RC 移相器,并且用相图来观测倍周期分岔现象? 如不用移相器,可用那些仪器或方法?

(3)通过本实验阐述倍周期分岔、混沌、奇怪吸引子等概念的物理意义。

实验十二　声光效应

当透明介质中存在声波时,介质中会产生以波动形式传播的应力和应变,使介质的折射率按声波的时间和空间周期性地改变,当光波通过时就会产生衍射,这就是声光效应。早在 1922 年布里渊(Brillouin)就预言了声光效应的存在,1932 年,由美国的德拜和希思(Debye 和 Sears)、法国的卢卡斯和毕瓜德(Lucas 和 Biquard)在实验上得到证明。但是由于声光相互作用引起的光的频率和方向的改变都很小,没有多少实用价值,长时间未受重视。到了 20 世纪 60 年代以后,激光的问世以及高频(100 MHz 以上)换能器产生之后,促进了声光效应理论和应用研究的迅速发展。由于利用声光效应可以快速而有效地控制激光束的频率、方向和强度,大大地扩展了激光的应用范围,很快出现了许多性能优异的声光器件,如声光调制器、声光偏转器和可调谐声光滤光器等,在激光技术、光信号处理和集成光通讯技术等方面有着重要的应用。

【实验目的】

(1)了解声光效应的原理。

(2)了解拉曼-奈斯衍射和布拉格衍射的实验条件和特点。

(3)测量声光器件的中心频率和带宽。

(4)绘制声光偏转曲线和声光调制曲线。

【实验仪器】

100 MHz 的声光器件、半导体激光器、100 MHz 的功率信号源、LM601S 光强分布测量仪、示波器、频率计等。

【声光衍射原理】

当超声波在介质中传播时,将引起介质的弹性应变作时间上和空间上的周期性变化,并且导致介质的折射率也发生相应的变化。当光束通过有超声波的介质后就会产生衍射现象,这就是声光效应。有超声波传播着的介质如同一个相位光栅。

声光效应有正常声光效应和反常声光效应之分。在各向同性介质中,声—光相互作用不会导致入射光偏振状态的变化,产生正常声光效应。在各向异性介质中,声—光相互作用可能导致入射光偏振状态的变化,产生反常声光效应。反常声光效应是制造高性能声光偏转器和可调滤光器的物理基础。正常声光效应可用拉曼-奈斯的光栅假设作出解释,而反常声光效应不能用光栅假设作出说明。在非线性光学中,利用参量相互作用理论,可建立起声—光相互作用的统一理论,并且运用动量匹配和失配等概念对正常和反常声光效应都可作出解释。

本实验只涉及各向同性介质中的正常声光效应。

设声光介质中的超声行波是沿 y 方向传播的平面纵波，其角频率为 ω_s，波长为 λ_s，波矢为 k_s；入射光为沿 x 方向传播的平面波，其角频率为 ω，在介质中的波长为 λ，波矢为 k。介质内的弹性应变也以行波形式随声波一起传播。由于光速大约是声速的 10^5 倍，在光波通过的时间内介质在空间上的周期变化可看成是固定的。

由于应变而引起的介质的折射率的变化由下式决定：

$$\Delta\left(\frac{1}{n^2}\right)=PS \tag{1}$$

式中，n 为介质折射率，P 为光弹系数，S 表示应变。通常，在晶体介质中，P 和 S 取二阶张量形式。当声波在各向同性介质中传播时，P 和 S 可作为标量处理，应变也以行波形式传播，可表示为

$$S=S_0\sin(\omega_s t-k_s y) \tag{2}$$

当应变较小时，折射率作为 y 和 t 的函数可写作

$$n(y,t)=n_0+\Delta n\sin(\omega_s t-k_s y) \tag{3}$$

式中，n_0 为无超声波时的介质的折射率，Δn 为声波折射率变化的幅值，由式(1)可求出

$$\Delta n=-\frac{1}{2}n^3 PS_0 \tag{4}$$

设光束垂直入射（$k\perp k_s$）并通过厚度为 L 的介质，则前、后两点的相位差为

$$\Delta\Phi=k_0 n(y,t)L=k_0 n_0 L+k_0\Delta nL\sin(\omega_s t-k_s y)=\Delta\Phi_0+\delta\Phi\sin(\omega_s t-k_s y) \tag{5}$$

式中，k_0 为入射光在真空中的波矢的大小，等号右边第一项 $\Delta\Phi_0$ 为不存在超声波时光波在介质前、后两点的相位差，第二项为超声波引起的附加相位差（相位调制），$\delta\Phi=k_0\Delta nL$。可见，当平面光波入射在介质的前界面上时，超声波使出射光波的波振面变为周期变化的皱折波面，从而改变出射光的传播特性，使光产生衍射。根据超声波波长、光波波长以及介质中的声光作用长度的大小，一般常用的声光衍射有两种类型：拉曼-奈斯（Raman-Nath）衍射和布拉格（Bragg）衍射。常用 $Q=2\pi L\dfrac{\lambda}{\lambda_s^2}$ 作为判据。

1. 拉曼-奈斯（Raman-Nath）衍射及其衍射效率

当 $Q\ll 1$，即超声波频率较低、声光相互作用长度较短时，在光波通过介质的时间内，折射率的变化可以忽略不计，产生拉曼-奈斯衍射，见图 1。

根据已有的理论分析，光束斜入射时，则各级衍射极大的方位角 θ_m 由下式决定：

$$\sin\theta_m=\sin\theta_i+m\frac{\lambda}{\lambda_s}\qquad m=\pm 1,\pm 2,\cdots \tag{6}$$

式中，θ_i 为入射光波矢 k 与超声波波面的夹角。上述的超声衍射称为拉曼-奈斯衍射，有超声波存在的介质起一平面相位光栅的作用。产生多级衍射，以零级为中心对称分布，其强度逐级递减。

当光线垂直入射，即入射角 $\theta=0°$ 时，各级衍射极大方向的衍射角 θ 满足如下关系：

$$\lambda_s\sin\theta_m=m\lambda,m=\pm 1,\pm 2,\cdots \tag{7}$$

相应于第 m 级衍射的极值光强为

$$I_m = I_i J_m^2(\Delta\Phi) \tag{8}$$

式中，I_i 是入射光强，$\Delta\Phi$ 是光通过声光介质后由于折射率变化引起的附加相移，$J_m(\Delta\Phi)$ 是第 m 阶贝塞尔函数，并且 $J_m(\Delta\Phi) = J_{-m}(\Delta\Phi)$。所以，在零级衍射光两边，同级衍射光强相等，这种各级衍射光强对称分布是拉曼-奈斯的主要特征之一。各级衍射光的衍射效率为

$$\eta_m = \frac{I_m}{I_i} = J_m^2(\Delta\Phi) \tag{9}$$

对于 1 级衍射的效率 $\eta_1 = J_1^2(\Delta\Phi)$，当 $\Delta\Phi = 1.84$ rad 时，η_1 最大，且此时 $\eta_{1max} = 0.339 = 33.9\%$，可以看出，入射光的利用率很差，加上此时有许多级不便应用，因此在声光器件的实际应用中，一般不用拉曼-奈斯衍射。

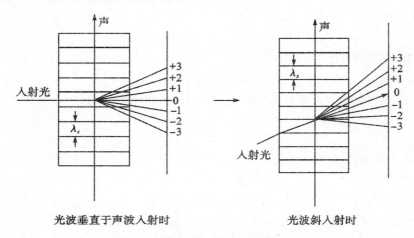

图 1　拉曼-奈斯(Raman-Nath)衍射

2.布拉格(Bragg)衍射

当 $Q \gg 1$（一般可取 $Q \geqslant 4\pi$），且入射光线斜入射时，入射角 θ 满足方程

$$2\lambda_s \sin\theta_B = m\lambda, \quad m = \pm1, \pm2, \cdots \tag{10}$$

这时可出现衍射极大。此时的衍射角 θ_B 称为布拉格角。由于声光相互作用区较长，除 0 级和 +1 级（或 -1 级）衍射光外，其他各级衍射光非常小，故可仅考虑 0 级和 1 级衍射，见图 2。在超声波作用下的晶体材料可看成是三维相位光栅。

（1）布拉格衍射下的声光偏转

在满足布拉格衍射时有 $\sin\theta_B = \dfrac{\lambda}{2\lambda_s}$。

由于 $\lambda \ll \lambda_s$，所以布拉格角 θ_B 很小。因此可得 1 级衍射光相对于入射光的夹角，即偏转角为

$$\varphi = \theta_i + \theta_B = 2\theta_B \approx \frac{\lambda}{\lambda_s} = \frac{\lambda_0}{nv_s}f_s \tag{11}$$

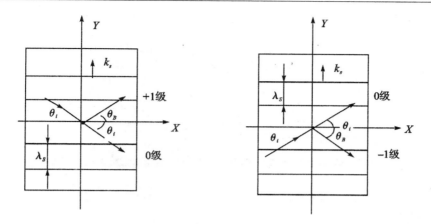

图 2　布拉格(Bragg)衍射

从上式可以看出,偏转角 φ 与超声波的频率 f_s 呈线性关系。改变超声波的频率,即可达到控制激光束的目的,这就是声光偏转器的原理。需要注意的是式(11)中的偏转角为介质内的角度,在实用中常测量介质外的偏转角度,需要进行换算。

按折射定律:$\dfrac{\sin\theta_B}{\sin\Phi}=\dfrac{1}{n}$,$\lambda=\dfrac{\lambda_0}{n}$。空气中的偏转角为

$$\Phi=\frac{\lambda_0}{\nu_s}f_s \tag{12}$$

(2)布拉格(Bragg)衍射下的声光调制

在满足布拉格衍射时,衍射效率为

$$\eta=\frac{I_1}{I_{in}}=\sin^2\left(\frac{\pi}{\lambda_0}\sqrt{\frac{MLP_s}{2H}}\right) \tag{13}$$

式中,P_s 为超声波功率,L 和 H 为超声换能器的长和宽,M 为反映声光介质本身性质的一常数,,$M=n^6p^2/\rho\upsilon_s^3$,$\rho$ 为介质密度,p 为光弹系数。对于给定的声光器件,M,L,H 都是常量。当 P_s 改变时,η 也随之改变。因而通过控制超声波功率 P_s 就可达到控制衍射光光强的目的,这就是声光调制的原理。理论上布拉格衍射的衍射效率可达 100%,拉曼—奈斯衍射中一级衍射光的最大衍射效率仅为 34%,所以使用的声光器件一般都采用布拉格衍射。

由式(12)和式(13)可看出,通过改变超声波的频率和功率,可分别实现对激光束方向的控制和强度的调制,这是声光偏转器和声光调制器的基础。

【实验装置】

本实验中所用的实验装置如图 3 所示。

它包括 100 MHz 的声光器件、半导体激光器、100 MHz 的功率信号源、LM601SCCD 光强分布测量仪。

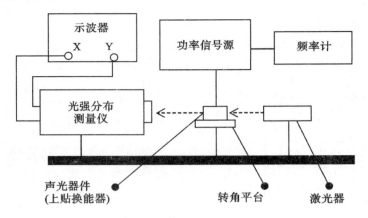

图 3 声光衍射实验装置

1. 声光器件

声光器件的结构示意图如图 4 所示:它由声光介质、压电换能器和吸声材料组成。声光介质为钼酸铅,其折射率 $n=2.386$,该介质中的声速为 $v_s=3\,632$ m/s;吸声材料的作用是吸收通过介质传播到端面的超声波以建立超声行波。

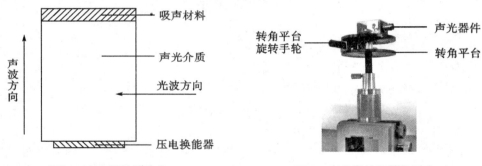

图 4 声光器件的结构   **图 5 声光器件及转角平台**

声光器件安装在一个透明塑料盒内,置于转角平台上,见图 5。盒上有一插座,用于和功率信号源的声光插座相连。透明塑料盒两端各开一个小孔,激光分别从这两个小孔射入和射出声光器件,不用时用贴纸封住以保护声光器件。旋转转角平台的旋转手轮可以转动转角平台,从而改变激光射入声光器件的角度。

2. 功率信号源

SO2000 功率信号源专为压电换能器提供电信号,经压电换能器转换为声波后注入声光介质。输出频率范围为 $80\sim120$ MHz,最大输出功率为 1 W。

3. CCD 光强分布测量仪

LM601S 光强分布测量仪将光信号转换为电信号。所用的是线阵 CCD 器件,光敏面由 2 700 个光敏元件组成,每个光敏元件的长度为 11 μm。CCD 器件的光敏面至光强仪前面板距离为 4.0 mm。

4. 半导体激光器

半导体激光器输出光强稳定,功率可调,寿命长。在后面板上有一调节激光强度的电位器,在盒顶和盒侧分别有向 X 或 Y 方向微调的手轮。半导体激光器的输出波长为 650.0 nm,功率可调。

5. 频率计

频率计用于测量加在换能器上的超声波信号频率大小。

6. 示波器

示波器用于显示光强的相对大小的电压信号。

【实验内容及要求】

测量时,仔细调节光路,使半导体激光器射出的光束准确地穿过声光介质,并使出射光照射到光强测量仪的 CCD 光敏面上。未加入超声信号时,通过示波器可看到入射的光强信号,亦即为零级衍射信号。加入超声信号,转动装有声光器件的转角平台(图 5),从示波器上只观察到+1 级(或-1 级)衍射光波形,见图 6。并仔细调节转角平台使之出现的 1 级衍射光信号最大。

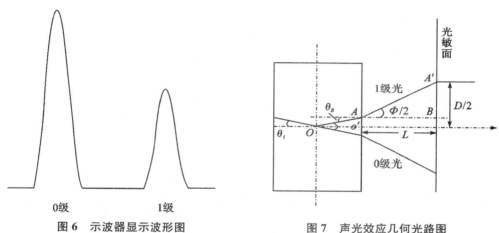

图 6　示波器显示波形图　　　　　　图 7　声光效应几何光路图

1. 测量声光器件的中心频率和带宽

布拉格衍射下,固定超声波功率,并确定声光器件的中心频率和带宽。

声光器件中有一个衍射效率最大的工作频率,此频率称为声光器件的中心频率,记为 f_c,对于其他频率的超声波,其衍射效率将降低。实验中,把超声波的功率固定在中间值附近,改变超声波的频率,衍射光在 x 方向的位置和光强都随之改变。在这一过程中,我们会发现有一最大衍射光强,该光强所对应的频率就是声光件的中心频率 f_c。

规定衍射光强(或衍射光的相对效率)下降 3 dB(即衍射效率下降到最大值的 $1/\sqrt{2}$)时两频率间的间隔为声光器件的带宽。实验中,把超声波的功率固定在中间值附近,测量出衍射光相对光强从最大值下降到最大值的 0.707 倍时两频率间的间隔就是声光器件的带宽。

2. 声光偏转角和超声波声速的测量

通过示波器测量衍射光的偏转角并绘制 Φ-f_s 的关系曲线,再计算超声波在介质中的

速度 v_s。

（1）示波器定标：用示波器测量偏转角时，先要对示波器进行定标。所谓定标，就是要确定示波器在 x 方向上的一格等于光强分布测量仪 CCD 器件上多少象元，即示波器上的一格等于 CCD 光强分布测量仪器件在 x 方向的多少距离。其方法是，调整示波器的"时基"挡及"微调"旋钮，使信号波形一帧正好对应于示波器上的某个刻度数。比如，波形一帧正好对应于示波器上的 8 格，我们就可以根据光强分布测量仪的光敏元数和光敏尺寸计算出示波器上每格所对应的实际空间距离。

（2）测量衍射光的偏转角 Φ：在布拉格衍射下，把超声波的功率固定在中值附近，然后改变超声波的频率，就可以从示波器上读出 0 级光和 1 级光在 x 方向的间隔格数，然后可以计算出它们之间的实际距离，再根据几何图形计算出空气中的衍射角，然后换算成介质中的衍射角，最后再计算出衍射光的偏转角.

（3）绘制 Φ-f_s 关系曲线：我们用横坐标代表超声波的频率 f_s，用纵坐标代表衍射光的偏转角，就可以绘制出二者的关系曲线。它们之间应呈线性关系，而且衍射光的偏转角和超声波频率之间的变化成正比关系.

（4）计算超声波在介质中的速度 v_s：把计算出的 Φ 值和 f_s 值代入 $v_s = \dfrac{\lambda_0 \cdot f_s}{\Phi}$ 中，就可以计算出超声波在介质中的速度 v_s。

本实验是通过示波器来观察衍射以及测量偏转角，首先要对示波器进行定标，CCD 器件的光敏面至光强仪前面板距离为 4.0 mm。光敏元数见表 1。

表 1　光敏元数

光敏元数	光敏元尺寸	光敏元中心距	光敏元线阵有效元	光谱相应范围	光谱响应峰值
2 700 个	11 μm×11 μm	11 μm	28.67 mm	0.35～0.9 μm	0.56 μm

从而确定 0 级光与 1 级光的偏转距离。按照如图 7 所示的声光效应几何光路图，可推导出空气中的偏转角 Φ 的计算公式为 $\Phi = \dfrac{D}{L}$。式中，L 是声光介质的光出射面到 CCD 线阵光敏面的距离，D 为 0 级光与 1 级光的偏转距离，$\lambda_0 = 650.0$ μm，声速的计算公式为 $v_s = \dfrac{\lambda_0 \cdot f_s}{\Phi}$。

实验数据填入表 2。

表 2　声光偏转角和声速测量数据表

$L=$ 　　 (mm)　　　　　$D=$ 　　 (mm)

f_s(MHz)							
D(mm)							
Φ($\times 10^{-2}$ rad)							
v_s							

绘制出 $\Phi\text{-}f_s$ 的关系图,计算声速的相对误差(该介质中的声速为 $v_s = 3\ 632$ m/s)。

3.声光调制测量

声光调制是通过改变超声波的功率来控制激光的出射强度。当声光器件给定后,衍射效率的大小只和超声波的功率大小有关。把超声波的频率固定在中心频率 f_c 附近,改变超声波功率的大小,就可以改变衍射效率的大小,而且衍射光的强度随超声波功率的增大而增大,非衍射光的强度随超声波功率的增大而减小。这就是声光调制原理。

在布拉格衍射时,将功率信号源的超声频率固定在声光器件的中心频率 f_c 上,测量超声波功率变化时 0 级光光强和 1 级光光强的变化规律,并确定最大衍射效率,绘制光强—超声波功率的变化曲线。

实验数据填入表 3。

表 3　声光调制数据表

P_s(×10 mW)									
h_0(相对光强)									
h_1(相对光强)									

4.选做

在拉曼-奈斯衍射(光垂直入射)时,测量衍射角并与理论值比较。

【注意事项】

(1)实验仪器娇贵,调节过程中不可操之过急,应耐心认真调节。声光器件尤为贵重,注意保护。

(2)不能将功率信号源的输出功率长时间处于最大输出功率状态,以免烧坏。

(3)在观察和测量以前,应将整个光学系统调至共轴。

(4)实验结束后,应先关闭各仪器电源,再关闭总电源,以免损坏仪器。

【思考题】

(1)为什么说声光器件相当于相位光栅?

(2)声光器件在何种实验条件下产生拉曼-奈斯衍射? 在何种实验条件下产生布拉格衍射? 两种衍射各有什么特点?

(3)调节拉曼-奈斯衍射时,如何保证光束垂直入射?

(4)声光效应有哪些可能的应用?

实验十三　固体材料熔解特性研究

【实验目的】

(1)了解固体材料熔解特性与材料的性质、组分等的关系。

(2)学会利用温度—时间冷却曲线分析和判断材料的类型。

(3)测量晶体材料的熔点。

【实验仪器】

HT-778 数字熔点仪,铂电阻温度计。

【基本原理】

通常,在不同的温度和压力等状态下,物质呈现不同的聚集状态:气态、液态和固态。液态和固态统称为凝聚态。固体又分为晶体与非晶体两大类,若按结合力的性质,粉晶体可以分为四类:离子晶体(如氯化钠、硫化锌)、原子晶体或非极化晶体(如金刚石、硅)、金属(如铜、银)以及分子晶体(如低温下的固态氧、固态氩)。非晶体则常见于有机化合物、聚合物和玻璃等,特殊条件制备的合金也可能呈现非晶态。当固体材料受热升温向液态转变时,其熔解特性和材料的性质、组分等有着密切的关系。由于在大多数情况下材料均匀加热,常用固相→液相的熔解过程与均匀冷却的液相特性(步冷曲线)来分析和判断单质材料或二组分材料以至多组分材料的熔解特性。

1. 晶体材料的熔解特性

表征晶体材料的熔解特性的步冷曲线如图 1 所示。图 1 中曲线 A 表示液态材料的冷却过程,曲线 B 表示液态→固态转变的结晶过程,由于结晶时要放出热量,故样品温度保持不变,此时的温度 T_f 即是"熔点"。当结晶完成后,已转变成晶体的该种材料,沿着图中曲线 C 继续降温。(特殊情形下也可能出现多组 B 线段和 C 线段,如纯铁在冷却过程中就出现多次相变)

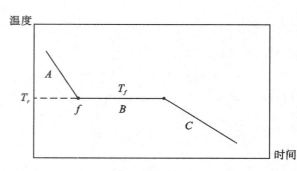

图 1　晶体的步冷曲线

2. 非晶体材料的熔解特性

非晶体材料没有固定的熔点,在熔解过程中,随着温度的升高,它首先变软,然后逐渐由稠变稀,直至熔化为液态。

　　3. 二组分体系的熔解特性

　　二组分的合金体系、水—盐体系或化合物体系的熔解特性与这些体系在熔解过程(冷却过程)中相的变化有着密切关系,图 2 给出了这种二组分体系最常见的表征熔解特性的步冷曲线。其中曲线 A 表示液态溶液的冷却线,冷却到达 p 点后开始有固相结晶物析出,曲线 B 表示这一冷却过程,到达 f 点时熔液组分已达最低共熔点,根据吉布斯相律,在熔液完全固化前温度将保持不变,故出现水平直线段,线段 C 与纵坐标的截距即为该体系的最低共熔点,曲线 D 为固相降温过程。图 2 所示的曲线也可能出现下列两种情形:

　　(1)有多组曲线 B 和曲线 C,这种情形最常见于铁碳合金(生铁或钢),这是因为铁、碳两种元素作用后形成一种化合物 FeO,Fe—FeO 熔解特性提供了冶金学的必备相图。

　　(2)如图 3 所示,不出现曲线 C,这种情形往往出现于两个纯组分不仅在液相中互熔,而且在固相中亦能完全互熔的体系。图 3 中的 A 线表示液态,曲线 D 表示固态,B 线表示由液态向固态的转变,i 称为冷点,f 点称为熔点。

　　三组分以上的体系超出了本仪器的基本原理描述范围,不再赘述。

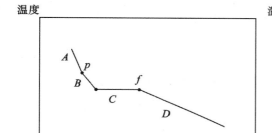

图 2　二组分体的步冷曲线

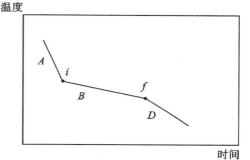

图 3　固相完全互熔体系的步冷曲线

　　综上所述,要正确地认识和检测材料的熔解特性,应能方便安全地提供给不同样品迅速加热,并在材料完全熔解能使样品均匀降温的条件,同时对不同时刻的样品进行正确的温度测量。本仪器正是按此意图进行整机设计的。

【实验装置】

　　图 4 给出了 LB-SMP 型数字熔点仪的测量原理图。

　　熔化炉由六只圆柱形加热炉,六个装有不同样品的透明样品室以及安全控制电路组成,一只经过严格标定的铂电阻(PT-100)置入真空样品室插孔内用以测量样品的温度。为了保证测量铂电阻的准确度,故将铂电阻与 1 只 100 Ω 的标准电阻接于恒流源,用同一数字毫伏表分别测量铂电阻 R_{PT} 的电压降 V_{PT} 与标准电阻 R_N 的电压降 V_N,则

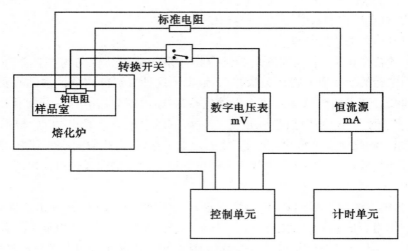

图 4　测量原理图

$$R_{PT} = R_N \frac{V_{PT}}{V_N} \tag{1}$$

由于本仪器配置了 0.01 级的标准电阻,故铂电阻的测量精度也可达同一量级(每一只铂电阻的电阻—温度分度表随产品专门配发)。图 5 为熔化炉的示意图,将随机配送的 1~6 号真空样品室分别置放于熔化炉置放孔内,在炉顶部可以观察到样品的局部,真空样品室顶部配置了一只铂电阻温度计,当加热其中一只炉子时,铂电阻温度计必须插入该熔化炉样品室的计插孔内,这时才能正确检测出该熔化炉样品室的温度,即测量样品的温度。使用真空熔化炉可以有效地防止污染气体泄出,方便教学实验,但真空样品炉法测熔解曲线与相律关于自由度的要求并不严格符合,考虑到一个大气压内,压力对熔点的影响很小,故一般可忽略不计。

熔化炉的加热功率由面板上的调节旋钮控制(图 5),熔化炉的温度由数字电压表所测铂电阻毫伏数指示,当数字电压表所测铂电阻毫伏数 $V_{PT} \approx 2.47 V_N$ 时,关闭加热电源,此时只要打开计时单元,即可记录铂电阻电压降的时间响应特性,并通过方程(1)的换算查得铂电阻阻值的时间特性,再通过所附的铂电阻—温度分度表最终获得样品温度—时间特性曲线,此即步冷曲线。

为方便实验时的数据记录,计时单元上设有报时时间间隔电路(时间间隔 20 s)。

【实验内容】

仪器的使用与操作请参见数字熔点仪说明书。

(1)测量晶体材料的步冷曲线,获得晶体材料的熔点,检测材料的熔解特性。

(2)测量非晶体材料的步冷曲线,检测材料的熔解特性。

(3)测量二组分体系的步冷曲线,检测材料的熔解特性。

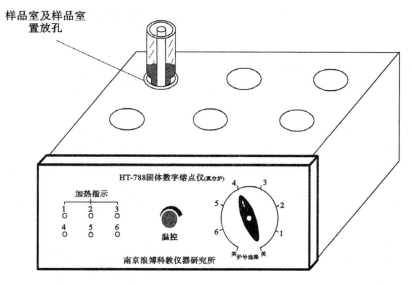

图5　熔化炉示意图

【数据处理】

(1)求出对应时间的铂电阻电阻值。

(2)查出对应电阻值的温度值 T。

(3)画出温度(T)—时间(t)响应曲线,按实验要求分析结果。

【注意事项】

(1)铂电阻一定要轻轻插入待加热的玻璃样品炉中。

(2)真空样品室易碎,需小心操作。

(3)两针接口电缆线一定要连接好,否则不能自动控制温度。

(4)不要使炉温超过 400℃。加热时由小到大逐步调节温控旋钮(由左至右)让样品室温度逐步升高,不可升温太猛损坏真空样品室。

(5)当熔化炉开始加热时,会预热一定时间(常温下为 1 min 左右),对应炉号的指示灯会闪烁直至点亮;当自动控温电路关闭熔化炉后,铂电阻电压的显示会继续有一定的升高,待电压表显示读数稳定下降时记录数据。

(6)一次实验过程结束后,需关闭控制箱开关约 3 min,再重复实验。

【附录】

实验数据记录与处理(以锡 100 为例):

恒流 $I=0.22$ mA 标准电阻 $R_N=100$ Ω 的电压降 $V_N=21.9$ mV			
铂电阻压降 $V_{PT} \leqslant 2.47 V_N = 54.1$ mV			
时间 $T(s)$	铂电阻压降 V_{PT} (mV)	铂电阻阻值 R_{PT} (Ω)	温度(℃)
0	53.8	245.66	396
20	53.0	242.01	385
40	52.3	238.81	376
60	51.5	235.16	366
80	50.7	231.51	355
100	50.0	228.31	346
120	49.4	225.57	338
140	48.8	222.83	331
160	48.2	220.09	325
180	47.5	216.90	314
200	47.0	214.61	307
220	46.4	211.87	300
240	45.9	209.59	293
260	45.4	207.31	287
280	44.8	204.57	279
300	44.3	202.28	273
320	43.8	200.00	266
340	43.4	198.17	261
360	42.9	195.89	255
380	42.5	194.06	250
400	42.1	192.24	245
420	41.7	190.41	240
440	41.3	188.58	235
460	41.3	188.58	235
480	41.3	188.58	235
500	41.3	188.58	235
520	41.3	188.58	235
540	41.3	188.58	235
560	41.3	188.58	235
580	41.3	188.58	235

（续表）

时间 T(s)	铂电阻压降 V_{PT}(mV)	铂电阻阻值 R_{PT}(Ω)	温度(℃)
600	41.3	188.58	235
620	41.2	188.13	234
640	41.1	187.67	232
660	40.9	186.76	230
680	40.7	185.84	227
700	40.5	184.93	225
720	40.3	184.02	222
740	40.0	182.65	219
760	39.6	180.82	214
780	39.2	179.00	209
800	38.9	177.63	205
820	38.6	176.26	201
840	38.2	174.43	196
860	37.8	172.60	191
880	37.5	171.23	187
900	37.1	169.41	183
920	36.8	168.04	179
940	36.5	166.67	175
960	36.1	164.84	170
980	35.8	163.47	167
1 000	35.5	162.10	163
1 020	35.2	160.73	159
1 040	34.9	159.36	155
1 060	34.7	158.45	153
1 080	34.4	157.08	149
1 100	34.2	156.16	147
1 120	33.9	154.79	143
1 140	33.7	153.88	141
1 160	33.5	152.97	138
1 180	33.3	152.05	136
1 200	33.0	150.68	132

（续表）

时间 T(s)	铂电阻压降 V_{PT}(mV)	铂电阻阻值 R_{PT}(Ω)	温度(℃)
1 220	32.8	149.77	130
1 240	32.7	149.32	129
1 260	32.3	147.49	124
1 280	32.1	146.58	121
1 300	32.0	146.12	120
1 320	31.8	145.21	118
1 340	31.6	144.29	115
1 360	31.5	143.84	114
1 380	31.3	142.92	112
1 400	31.1	142.01	109
1 420	31.0	141.55	108
1 440	30.8	140.64	106
1 460	30.8	140.64	106
1 480	30.7	140.18	104
1 500	30.5	139.27	102
1 520	30.4	138.81	101
1 540	30.3	138.36	100
1 560	30.2	137.90	98
1 580	30.1	137.44	97

步冷曲线的绘制以及实验结果的分析：

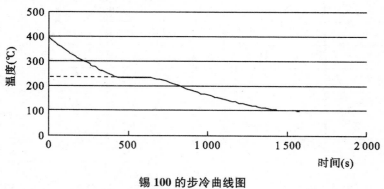

锡 100 的步冷曲线图

由上图可见该组分(锡 100)的熔点 $T_f = 235℃$,锡的标准熔点值 $T_{标准值} = 232℃$,实验误差 $\eta = \dfrac{T_f - T_{标准值}}{T_{标准值}} = \dfrac{235 - 232}{232} \times 100\% \approx 1.3\%$。

实验十四　扫描隧道显微镜

【实验目的】

(1)熟悉扫描隧道显微镜的原理。

(2)学会使用扫描隧道显微镜,并获得石墨的原子分辨像。

【实验仪器】

扫描隧道显微镜系统。

【基本原理】

扫描隧道显微镜的基本原理是利用量子理论中的隧道效应。将原子线度的极细探针和被研究物质的表面作为两个电极,当样品与针尖的距离非常接近(通常小于 1 nm)时,在外加电场的作用下,电子会穿过两个电极之间的势垒到达另一个电极。这种现象即是隧道效应。隧道电流 I 是电子波函数重叠的量度,与针尖和样品之间的距离 s 和平均功函数 Φ 有关:

$$I \propto V_b \mathrm{e}^{-A\Phi^{\frac{1}{2}}s}$$

式中,V_b 是加在针尖和样品之间的偏置电压,平均功率函数 $\Phi \approx \frac{1}{2}(\Phi_1 + \Phi_2)$,$\Phi_1$ 和 Φ_2 分别为针尖和样品的功函数,A 为常数,在真空条件下约等于 1。扫描探针一般采用直径小于 1 mm 的细金属丝,如钨丝、铂-铱丝等;被观测样品应具有一定导电性才可以产生隧道电流。由上式可知,隧道电流强度对针尖与样品表面之间距非常敏感,如果距离 s 减小 0.1 nm,隧道电流 I_t 将增加一个数量级。因此,STM 一般有两种工作模式:恒定电流工作模式和恒定高度工作模式。

1. 恒定电流工作模式

利用电子反馈线路控制隧道电流的恒定,并通过改变加在陶瓷上电压来控制针尖在样品表面的扫描,则探针在垂直于样品方向上高低的变化就反映了样品表面的起伏。如图 1(a)所示,将针尖在样品表面扫描时运动的轨迹直接在荧光屏显示出来,就得到了样品表面态密度的分布或原子排列的图像。这种扫描方式可用于观察表面形貌起伏较大的样品,且可通过加在 Z 向驱动器上的电压值推算表面起伏高度的数值。

2. 恒定高度工作模式

对于起伏不大的样品表面,可以控制针尖高度守恒扫描。通过记录隧道电流的变化也可得到表面态密度的分布。如图 1(b)所示,这种扫描方式的特点是扫描速度快,能够减少噪音和热漂移对信号的影响,但一般不能用于观察表面起伏大于 1 nm 的样品。

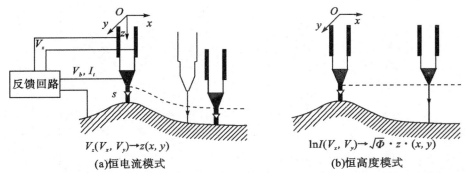

$$V_z(V_x, V_y) \rightarrow z(x, y)$$
(a)恒电流模式

$$\ln I(V_x, V_y) \rightarrow \sqrt{\Phi} \cdot z \cdot (x, y)$$
(b)恒高度模式

s 为针尖与样品间距，I_t、V_b 为隧道电流和偏置电压，V_z 为控制针尖在方向高度的反馈电压

图 1　扫描模式示意图

【工作原理】

一、STM 的工作原理

STM 的工作原理示意图如图 2 所示。

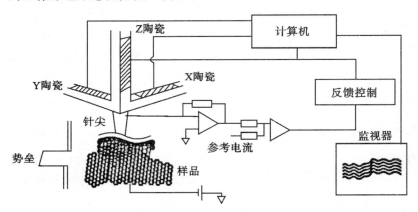

图 2　STM 的工作原理示意图

　　扫描隧道显微镜的一个电极是样品，另一个电极是一根前端很尖锐的针。针尖安装在一个压电陶瓷构成的三维扫描架上，针尖与样品之间的距离由 Z 方向的压电陶瓷控制，即通过改变 Z 陶瓷上的电压就可以控制针尖与样品之间的距离。针尖与样品之间加有恒定偏置电压（几毫伏到几伏可调）以产生隧道电流。再把隧道电流送回电子学反馈控制系统，用于控制加在 Z 陶瓷上的电压。针尖对样品的扫描靠 X 和 Y 方向的压电陶瓷实现。扫描过程中样品表面形貌起伏所引起的电流的任何变化都会被反馈到 Z 陶瓷，使针尖能时刻跟踪形貌的变化组成一幅图像。

二、STM 的构造

　　为了达到原子级分辨率，必须保证针尖在样品表面扫描时，具有很高的精度和相对稳定性，为了方便针尖的更换和样品的处理，要求仪器能在较大范围内精确地调节针尖和样品之间的距离,此外还要隔绝外界振动和电子噪音等。

STM 由减震系统、粗逼近和扫描架构成。

1. 减震系统

隧道电流与针尖和样品间距离的指数关系使 STM 的机械稳定性成为一个好的 STM 设计的关键。由于 STM 工作时的针尖与样品间距一般要小于 1 nm,并且隧道电流与针尖和样品的间距成指数关系,而且在恒流工作模式下,所观察的原子形貌表面起伏不大于 0.01 nm。这就要求 STM 系统具有良好的减震措施,使由于干扰引起的隧道间距变化一定要小于 0.001 nm。外部干扰下的 STM 性能是由以下两个因素决定的:到达 STM 的振动量和 STM 对这些振动的反应的量。虽然增加 STM 本身的稳定性比使减振系统完美无缺要方便一些,但改进减振系统无疑可以使 STM 的性能得到大的改善。

STM 必须排除下列干扰:振动、冲击和声波干扰。振动是一种主要的干扰,它一般是重复和连续的,它源于 STM 所处的建筑物的共振,所涉及的频率一般为 1~100 Hz,幅度为 0.5~150 nm;冲击是一种能量在很短时间内传到系统上的瞬时作用。

隔绝振动的主要方法是提高仪器的固有频率和使用振动阻尼系统,减震系统主要采用合成橡胶缓冲垫、弹簧悬挂。

(1)通过弹簧把整个系统吊起来使系统与震源隔离。弹簧具有低通滤波的特性,这个特性由弹簧的共振频率 f_r 表征:当振动频率远低于共振频率时,振动的传递比约为 1,在该频率范围内弹簧不起作用;当振动频率在共振频率附近时,振动被显著的放大;当振动频率远大于共振频率时,振动被削弱,削弱的程度依赖于阻尼。阻尼越小,弹簧对振动的削弱越强。因此,为了隔离振动,必须选择合适的弹簧:弹簧具有尽可能低的共振频率和尽可能小的阻尼。共振频率与弹簧的弹性有关,用下式表示:

$$f_r = 2\pi\sqrt{\frac{g}{\Delta l}}$$

式中,g 为重力加速度,Δl 为弹簧的伸长量。

本系统所用的弹簧的伸长量约为 30 cm,共振频率约为 1 Hz。

(2)在 STM 底盘上加氟橡胶条使系统的性能进一步改善。几块大小不同的金属平板叠在一起,平板间用氟橡胶条相隔,由于橡胶条起弹簧和阻尼作用,它可以减小多种频率的振动。

2. 粗逼近

粗逼近装置是 STM 设计的关键,STM 的差别主要在这部分的设计上。

粗逼近的目标是把样品移动到扫描架工作的范围内,并且要求它在不工作时,仍能稳定在原来位置上,以减小振动的影响。因此,粗逼近系统要求有精确的定位、较大的工作范围和牢固的结构。

本仪器使用的粗逼近系统为蜗轮蜗杆变速装置,它由传递系数很低的高精度蜗轮蜗杆减速箱带动一根坚固的丝杆向前推动样品,系统的各个零件通过几个支点支撑,处于稳定且唯一的位置。

粗逼近的动作是通过计算机控制马达来自动完成的。电流探测回路随时测量针尖和样品间的隧道电流,并把信号传输到计算机,计算机在确认电流信号为零时控制马达蜗轮蜗杆带动前进;一旦探测到非零的隧道电流,马达便立刻停止进动并发出警报。

这种设计的粗调范围约为 1 cm,步幅为 50 nm,步进速度可变,保证了样品自动、快速并且安全的实现粗逼近。

3.扫描架

扫描单元的结构应该尽可能地牢固和稳定,以减小外界干扰的影响。

本仪器的扫描架是两对陶瓷杆和一根陶瓷管支撑着的牢固结构,两对陶瓷杆的材料、压电系数和长度是一样的,因此当 X、Y 电压分别加在反极性并联的每对陶瓷杆上时,它们形成的互补结构可以有效地减小热漂移。管状的 Z 陶瓷具有较大的压电系数和较高的固有频率,使扫描架可以具有较大的动态范围。

【实验装置】

整个扫描隧道显微镜系统包括五个部分:扫描隧道显微镜机械传动部分,电子学部分,计算机部分(包括接口及软件),悬挂减震系统和低真空系统。其系统方框图如图 3 所示。

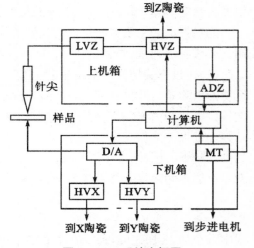

图3　STM 系统方框图

1.扫描隧道显微镜机械传动部分

步进电机;

电极引入及密封装置;

粗逼近齿轮箱;

扫描架(压电陶瓷驱动器);

针尖架和样品架;

2.电子学部分

全部电子学部分都被安装在压电陶瓷驱动器顶部。

上机箱(power supply 1):反馈控制回路;

　　　　　　　　　　　　　隧道电流调节;

　　　　　　　　　　　　　A/D 转换及数据采集。

下机箱(power supply 2):电源;

　　　　　　　　　　　　　扫描驱动电源;

　　　　　　　　　　　　　粗逼近驱动;

　　　　　　　　　　　　　偏压及观察范围调节。

3.计算机部分

计算机用于进行功能的选择和控制,数据的采集以及图像的处理。

4.悬挂减震系统

弹簧悬挂隔离低频振动;橡胶垫隔离高频振动。

5.低真空系统

用于隔音及防止气流干扰。

玻璃钟罩；

机械泵及电磁放气阀；

压力真空表；

真空阀。

【实验内容】

1.针尖制备

针尖的大小、形状和化学同一性对 STM 图像的分辨率和图像的形状及所要测定的电子态有着重要的影响。得到一个耐用、稳定、分辨率高的针尖是进行 STM 实验的关键一步。

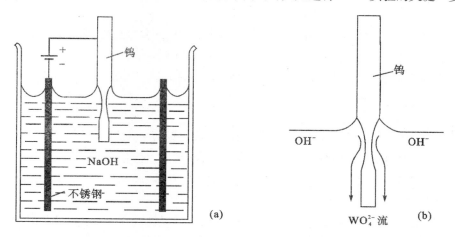

(a)钨针尖的电化学腐蚀装置,阳极为钨丝,阴极由一个围在阳极外的不锈钢柱体构成

(b)针尖腐蚀机理示意图,钨酸根阴离子在溶液中沿钨丝向下流动

图 4　电化学腐蚀

制备针尖采用电化学腐蚀方法,针尖制备的过程分三步。

把插入电解池中要腐蚀的钨丝作为阳极,而阴极是一个不锈钢柱。

(1)将钨丝垂直浸入 5 M 的 NaOH 溶液中,浸入深度小于等于 2.00 mm,电源调至第一挡,加上 40～60 mA 稳定的直流电流。仔细观察液面附近的钨丝,当其出现明显的缩颈时,关断电源(缩颈越细越好但不可断掉)。如图 4 所示。

(2)将钨丝浸入 1 M 的 NaOH 溶液中,将开关接至第二挡,接入 5～10 V 的交流电压,接通电源,直至缩颈断掉时立即松开按钮。

(3)将开关扳向右侧"DC"端,按下按钮数次,使针尖加几个直流脉冲,以得到稳定性好的针尖。

做好的针尖必须用大量的清水冲洗后才能使用。

2.熟悉 STM 的使用和计算机控制及处理程序

按照要求正确连线,将 STM 系统的各个旋钮放置在合适的位置(参见 STM 的使用),打开计算机和电子学控制系统,运行程序 DS289.EXE(这是 STM 的控制程序),通过菜单了解各种功能；STMP.EXE 是 STM 的图像处理程序。

3. 获取石墨的原子分辨像

设置合适的隧道电流 I（如 1 nA）和样品偏压（如 300 mV），根据菜单提示进行粗逼进，进入隧道状态时，计算机会发出蜂鸣报警，然后退出粗逼近状态。

再输入各个参数后可以开始扫描、记录数据。改变实验条件，得到最清晰的原子分辨像，然后进行保存。

在粗逼近菜单中选择退针，退 1 mm 后停止。关电子学系统和计算机。

4. 观察金膜表面（选做）

换上金膜样品，进行相应的调试和参数设置后，记录金膜的原子分辨像。

【数据处理】

（1）改变隧道电流（如由 2 nA 变化到 6 nA），记下 Z 电压的变化值，估算 Z 陶瓷的位移量。

（2）选择合适的实验条件，获取一幅清晰的 STM 图。

（3）利用所得到的 HOPG 的 STM 图确定 X，Y 压电陶瓷的压电系数（石墨单晶密排原子的间距是 0.246 nm）。

【注意事项】

（1）每次更换样品和针尖后，都要检查反馈回路是否工作正常。

（2）每次测量前一定要进行粗逼近，要使用较大的偏压（几百毫伏）和较小的隧道电流，且使用较慢的速度。

（3）每次测量完后一定要退针。如不更换针尖，可退针 0.1 mm 左右（此时 Z 轴电压升至 200 V）；若要更换样品或针尖，则要退针 0.5 mm 左右。

（4）关机前，一定将偏置电压调至 600 mV 左右，隧道电流减小至 0.6 nA，放大倍数调至零。然后关主机，关微机。

【附录 1】STM 使用说明（附前面板图）

一、准备工作

（1）将准备好的样品及针尖安装好，间距调到 0.2～0.5 mm。

（2）按照接线图接好 STM 电源、机箱、计算机之间的连线。

（3）接通 STM POWER SUPPLY 电源，将各个旋钮旋到指定位置：

①POWER SUPPLY 1 中：

I_t（tuned current 隧道电流）为 0.5～1.0 nA；

Z-PIEZO 中 GAIN（增益）约为 0.3；

RC 在 9：00 左右的位置。

（在电路不振荡的情况下，GAIN 尽可能的大，RC 尽可能的小，以免信号失真。GAIN 控制反馈的幅度，RC 控制反馈的灵敏度）

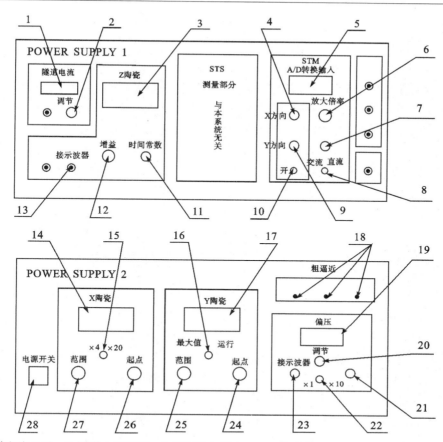

1.隧道电流显示　2.隧道电流调节　3.Z陶瓷电压表　4.X方向校正　5.A/D转换阈值
6.A/D转换放大倍率　7.溢出调节　8.测量模式转换开关　9.Y方向校正　10.校正开关
11.反馈回路时间常数调节　12.反馈回路增益调节　13.信号输出监视口　14.X陶瓷电压表
15.扫描范围粗调　16.Y陶瓷工作状态　17.Y陶瓷电压表　18.步进电机工作状态　19.偏压显示
20.偏压调节　21.偏压调制信号输入口　22.偏压表显示倍率　23.偏压监视口
24.Y陶瓷扫描起点设置　25.Y陶瓷扫描范围设置　26.X陶瓷扫描起点设置
27.X陶瓷扫描范围设置　28.电源开关

A/D INPUT：AC；

PLENE DEDUCTION：拨到 X，Y 一侧；

AMPLIFICATION＝0。

②POWER SUPPLY 2 中：

X　PIEZO：ORIGIN 置 0，GANGE 置 200 V；

Y　PIEZO：ORIGIN 置 0，GANGE 置 200 V；

V_b（bias voltage 偏置电压）为 500～1 000 mV。

二、针尖样品粗逼近

(1)打开控制计算机电源，进入 DS298g. EXE 程序。

（2）在主菜单中选"F₂-COARSE APPROCH"后，可看到 Current position 给出针尖当前标记位置（如 4. 253 782 mm）。

（3）选 Auto forward 项，按下指定键后长方块列上有亮块向前跳动，POWER SUPPLY 1 中，COARSE APPROCH 处指示灯闪亮，步进马达转动，针尖向样品逼近。用导线短路针尖和样品，计算机发出嘀、嘀的响声，并闪动 Tunneling current detection 字样，这就模拟了当针尖样品间出现隧道电流时的状态，表明工作正常。否则，样品针尖电路有问题。

（4）当针尖与样品之间的距离逼近到有隧道电流时，马达会自动停止，计算机发出响声并闪动 Tunneling current detection 字样，此时 POWER SUPPLY 1 中 Z—PIEZO 的电压表指示由原来的 250 V 降到 200 V 左右，连续按 Step forward 单步向前，使电压降到 150 V 左右，再选 Step forward 项，后退 4 步，此时 Z—PIEZO 电压并不变化。后退的目的是使马达带动的推动装置与 STM 部分脱离，起到防止振动传入的作用，因此不能多退。

三、测量

完成粗逼近后，按 ESC 键，返回主控界面。计算机进入测试状态。

调节 POWER SUPPLY 1 中 OFF-SET，使表的指针在中间摆动，调 AMPLICATION 使指针摆动足够大但不出界。调节相关参数（I_t，V_b，Period，XY Origin……）到最佳条件，按 F₄ 可直接进入参数设置界面，将调好的参数输入或修改完毕，按 ESC 退出，再次返回主控界面。按 F₆ 可将扫描图像存盘。

当运行 DS289. EXE，屏幕将出现如下显示（即主控界面）：

| 扫描隧道显微镜系统控制程序 |
| 北京大学　物理系　表面物理实验室 |

工作模式：STM		Thu　Aug　13　10：15：59　1998
文件名：×980813.01	编号：01	
文件存入盘区：C		
样品：×××××		
衬底：××××××		
索引：××××××××		
偏压 1：1 000（mV）	偏压 2：900（mV）	隧道电流：0（nA）
X 方向扫描电压：0（V）	Y 方向扫描电压：0（V）	增益：1
扫描范围　　X：0（Å）	Y：0（Å）	Z：8 000（Å）
键入回车键开始扫描		
Esc—退出　F1—参数组态　F2—粗逼近　F3—退回 DOS 界面　F4—参数设置/修改		
F5—工作模式　F6—存储开关　F7—显示方式　F8—QPC　F9—脉冲处理　F10—V_z/V_b		

注意：

（1）带下画线的内容需要用户根据具体的实验条件写入，如未写数据，则计算机无法对该数据进行处理。

（2）斜体所示的 F_8 和 F_{10} 两个功能未设置。

F_1 功能键是显示计算机各个设定参数的。其参数是根据本计算机各个方面的性能及本扫描隧道显微镜系统而设置的。

F_2 功能键是使系统进入粗逼近界面的。它是保证系统工作在理想的隧道状态的第一步。

F_3 功能键是 DOS 界面和本软件界面之间的切换开关。

F_4 功能键是进入参数设置/修改界面的按钮。可结合四个箭头键对实验条件进行记录和修改。这些参数将作为数据文件的头文件与数据一起保存。

F_5 功能键可实现两种 STM 功能（即标准 STM 和双偏压 STM）之间的转换开关。

F_6 功能键是数据文件的存储开关。需要保存数据文件前应先将此开关设在"ON"状态。

F_7 功能键是两种不同显示方式之间的转换开关。在"solid"状态下，屏幕左侧显示单条扫描线，右侧显示的是样品表面的顶视图；在"line"状态下，屏幕只显示单条扫描线。

F_9 功能键是进入实验中对针尖进行锐化的开关，以在实验中实现针尖和样品之间的实时微观处理。

【附录 2】

一、STM 的优点

1982 年，国际商业机器公司苏黎世实验室的葛·宾尼（Gerd Binnig）博士和海·罗雷尔（Heinrich Rohrer）博士及其同事共同研制成功了世界第一台新型的表面分析仪器——扫描隧道显微镜（Scanning Tunneling Microscope）。它的出现，使人类第一次能够实时地观察单个原子在物质表面的排列状态和与表面电子行为有关的物理、化学性质，在表面科学、材料科学、生命科学等领域的研究中有着重大的意义和广阔的应用前景，被国际科学界公认为 20 世纪 80 年代世界十大科技成就之一。为表彰 STM 的发明者们对科学研究的杰出贡献，1986 年宾尼和罗雷尔被授予诺贝尔物理学奖。

与其他表面分析技术相比，STM 所具有的独特优点可归结为以下五条：

（1）具有原子级高分辨率。STM 在平行和垂直于样品表面方向的分辨率可分别达 0.1 nm 和 0.01 nm，即可以分辨出单个原子。

（2）可实时地得到在实空间中表面的三维图像，可用于具有周期性或不具备周期性的表面结构研究。这种可实时观测的性能可用于表面扩散等动态过程的研究。

（3）可以观察单个原子层的局部表面结构，而不是体相或整个表面的平均性质，因而可直接观察到表面缺陷、表面重构、表面吸附体的形态和位置，以及由吸附体引起的表面重构等。

（4）可在真空、常压、常温等不同环境下工作，甚至可将样品浸在水和其他溶液中，不需要特别的制样技术，并且探测过程对样品无损伤。这些特点特别适用于研究生物样品和在不同实验条件下对样品表面的评价。

（5）配合扫描隧道谱 STS(Scanning Tunneling Spectroscopy)可以得到有关表面电子结构的信息。例如，表面不同层次的态密度、表面电子阱、电荷密度波、表面势垒的变化和能隙结构等。

二、STM 的局限性及发展

由于 STM 本身的工作方式所造成的局限性也是显而易见的，这主要表现在以下两个方面：

（1）在 STM 的恒电流工作模式下，有时它对样品表面微粒之间的某些沟槽不能准确探测，与此相关的分辨率较差。

在恒高度工作方式下，从原理上这种局限性会有所改善，但只有采用非常尖锐的探针，其针尖半径远小于粒子之间的距离，才能避免这种缺陷。在观测超细金属微粒扩散时，这一点显得尤为重要。

（2）STM 所观察的样品必须具有一定程度的导电性，对于半导体，观测的效果就差于导体；对于绝缘体则根本无法直接观察。如果在样品表面覆盖导电层，则对于导电层的粒度和均匀性等问题又限制了图像对真实表面的分辨率。

随着 STM 的发明及其在表面科学和生命科学等研究领域的广泛应用，相继出现了许多同 STM 技术相似的新型扫描探针显微镜(SPM)，它们几乎可以探测各种相互作用，而且空间分辨率至少在亚微米量级。主要有扫描力显微镜(SFM)、扫描隧道电位仪(STP)、弹道电子发射显微镜(BEEM)、扫描离子电导显微镜(SICM)、扫描热显微镜、光子扫描隧道显微镜(PSTM)和扫描近场光学显微镜(SNOM)等，它们不仅弥补了 STM 在某些方面的不足，而且可以在极高分辨率条件下研究不同材料的表面或界面结构。

微波技术基本知识

　　微波技术是近代发展起来的一门尖端科学技术,它不仅在通信、原子能技术、空间技术、量子电子学以及农业生产等方面有着广泛的应用,而且在科学研究中也是一种重要的观测手段。微波的研究方法和测试设备都与无线电波不同。

　　为使读者对微波在电磁波谱中所占的位置有一个全貌的了解,现将电磁波的波段划分列出如图1所示。从图1中可见,微波频率的低端与普通无线电波的"超短波"波段相连接,其高端则与红外线的"远红外"区相衔接。

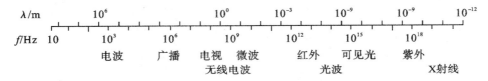

图1　电磁波的分类

　　在使用中,为方便起见,可将微波分为分米波、厘米波、毫米波等波段。还可做更详细的划分,如厘米波又可分为 10 cm 波段、5 cm 波段、3 cm 波段及 1.25 cm 波段等;毫米波亦可细分为 8 mm 波段、6 mm 波段、4 mm 波段及 2 mm 波段等。

　　实际工程中常用拉丁字母代表微波小段的名称。例如,S、C、X 分别代表 10 cm 波段、5 cm 波段和 3 cm 波段;Ka、U、F 分别代表 8 mm 波段、6 mm 波段和 3 mm 波段,详见表1。

表1　波段的代号及对应的频率范围

波段	频率范围(GHz)	波段	频率范围(GHz)
UHF	0.30～1.12	Ka	26.50～40.00
L	1.12～1.70	Q	33.00～50.00
LS	1.70～2.60	U	40.00～60.00
S	2.60～3.95	M	50.00～75.00
C	3.95～5.85	E	60.00～90.00
XC	5.85～8.20	F	90.00～140.00
X	8.20～12.40	G	140.00～220.00
Ku	12.40～18.00	R	220.00～325.00
K	18.00～26.50		

一、微波的特点

"微波"也称超高频,通常是指波长为 1 m～1 mm 范围内的电磁波,对应的频率范围为 300 MHz～300 GHz,从图 1 可以看出,微波的频率范围是处于光波和广播电视所采用的无线电波之间,因此它兼有两者的性质,却又区别于两者。与无线电波相比,微波有下述几个主要特点:

(1)波长短(1 m～1 mm):具有直线传播的特性,利用这个特点,就能在微波波段制成方向性极好的天线系统,也可以收到地面和宇宙空间各种物体反射回来的微弱信号,从而确定物体的方位和距离,在雷达定位、导航等领域有着广阔的应用。

(2)频率高:微波的电磁振荡周期($10^{-9} \sim 10^{-12}$ s)很短,在微波波段不能用"路"的概念而要用"场"的概念来描述。在低频电路中,电路尺寸比波长小得多,可以认为稳定状态的电压和电流效应在整个系统各处是同时建立起来的。但在微波段,波长与电路的尺寸可比拟甚至更小,和电子管中电子在电极间的飞越时间(约 10^{-9} s)可以比拟,甚至还小,因此普通电子管不能再用做微波器件(振荡器、放大器和检波器),而必须用原理完全不同的微波电子管(速调管、磁控管和行波管等)、微波固体器件和量子器件来代替。另外,微波传输线、微波元件和微波测量设备的线度与波长具有相近的数量级,在导体中传播时趋肤效应和辐射变得十分严重,一般无线电元件如电阻、电容、电感等元件都不再适用,也必须用原理完全不同的微波元件(波导管、波导元件、谐振腔等)来代替。

(3)微波在研究方法上不像无线电那样去研究电路中的电压和电流,而是研究微波系统中的电磁场,以波长、功率、驻波系数等作为基本测量参量。

(4)量子特性:在微波波段,电磁波每个量子的能量范围为 $10^{-6} \sim 10^{-3}$ eV,而许多原子和分子发射和吸收的电磁波的波长也正好处在微波波段内。人们利用这一特点来研究分子和原子的结构,发展了微波波谱学和量子电子学等尖端学科,并研制了低噪音的量子放大器和准确的分子钟、原子钟。

(5)能穿透电离层:微波可以畅通无阻地穿越地球上空的电离层,为卫星通信、宇宙通信和射电天文学的研究和发展提供了广阔的前途。

综上所述,微波具有自己的特点,不论在处理问题时运用的概念和方法上,还是在实际应用的微波系统的原理和结构上,都与普通无线电不同。微波实验是近代物理实验的重要组成部分。

二、微波波导传输特性

1. 电磁波的基本关系

描写电磁场的基本方程是

$$\nabla \cdot \boldsymbol{D} = \rho_v, \nabla \cdot \boldsymbol{B} = 0$$

$$\nabla \times \boldsymbol{E} = -\frac{\partial \boldsymbol{B}}{\partial t}, \nabla \times \boldsymbol{H} = \boldsymbol{J} + \frac{\partial \boldsymbol{D}}{\partial t} \tag{1}$$

和

$$D = \varepsilon E, B = \mu H, J = \sigma E \tag{2}$$

方程组(1)称为 Maxwell 方程组,方程组(2)描述了介质的性质对场的影响。

对于空气和导体的界面,由上述关系可以得到边界条件(左侧均为空气中场量)

$$E_t = 0, E_n = \frac{\sigma}{\varepsilon_0}$$

$$H_t = i, H_n = 0 \tag{3}$$

方程组(3)表明,在导体附近电场必须垂直于导体表面,而磁场则应平行于导体表面。

2. 矩形波导中波的传播

在微波波段,随着工作频率的升高,导线的趋肤效应和辐射效应增大,使得普通的双导线不能完全传输微波能量,而必须改用微波传输线。常用的有平行双线、同轴线、带状线、微带线、金属波导管及介质波导等多种形式的传输线,见图2。本实验用的是矩形波导管,波导是指能够引导电磁波沿一定方向传输能量的传输线。

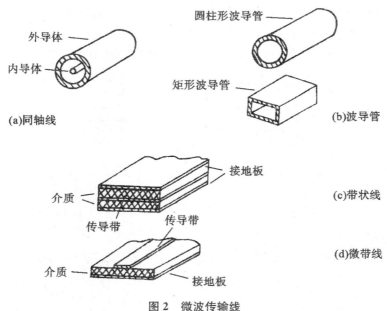

图 2 微波传输线

根据电磁场的普遍规律——Maxwell 方程组或由它导出的波动方程以及具体波导的边界条件,可以严格求解出只有两大类波能够在矩形波导中传播:①横电波又称为磁波,简写为 TE 波或 H 波,磁场可以有纵向和横向的分量,但电场只有横向分量。②横磁波又称为电波,简写为 TM 波或 E 波,电场可以有纵向和横向的分量,但磁场只有横向分量。在实际应用中,一般让波导中存在一种波型,而且只传输一种波型。我们实验用的 TE$_{10}$ 波就是矩形波导中常用的一种波型。

(1)TE$_{10}$型波

在一个均匀、无限长和无耗的矩形波导中,从电磁场基本方程组(1)和(2)出发,可以

解得沿 z 方向传播的 TE_{10} 型波的各个场分量为

$$H_x = j\frac{\beta a}{\pi}\sin(\frac{\pi x}{a})e^{j(\omega t - \beta z)}, H_y = 0, H_z = j\frac{\beta a}{\pi}\cos(\frac{\pi x}{a})e^{j(\omega t - \beta z)} \tag{4}$$

$$E_x = 0, E_y = -j\frac{\omega \mu_0 a}{\pi}\sin(\frac{\pi x}{a})e^{j(\omega t - \beta z)}, E_z = 0$$

式中,ω 为电磁波的角频率,$\omega = 2\pi f$,f 是微波频率;a 为波导截面宽边的长度;β 为微波沿传输方向的相位常数,$\beta = 2\pi/\lambda_g$;λ_g 为波导波长,$\lambda_g = \dfrac{\lambda}{\sqrt{1-\left(\frac{\lambda}{2a}\right)^2}}$。

图 3 和式(4)均表明,TE_{10} 波具有如下特点:

①存在一个临界波长 $\lambda_c = 2a$,只有波长 $\lambda < \lambda_c$ 的电磁波才能在波导管中传播。

②波导波长 $\lambda_g >$ 自由空间波长 λ。

③电场只存在横向分量,电力线从一个导体壁出发,终止在另一个导体壁上,并且始终平行于波导的窄边。

④磁场既有横向分量,也有纵向分量,磁力线环绕电力线。

⑤电磁场在波导的纵方向(z)上形成行波。在 z 方向上,E_y 和 H_x 的分布规律相同,也就是说 E_y 最大处 H_x 也最大,E_y 为零处 H_x 也为零,场的这种结构是行波的特点。

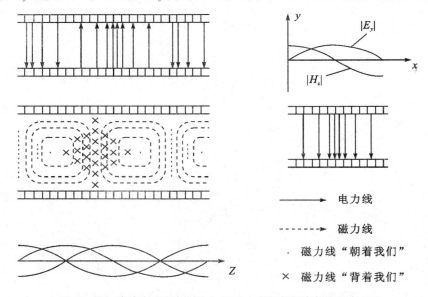

图 3　TE_{10} 波的电磁场结构(a),(b),(c)及波导壁电流分布(d)

(2)波导管的工作状态

微波在波导中传播通常有三种状态。

①匹配状态:传播到终端负载的电磁波的所有能量全部被吸收(这种负载成为匹配负载),波导中不存在反射波。根据反射系数的定义,这时 $|\Gamma_0| = 0$,分别得到 $|E_y| = |E_i|$ 及 $\rho = 1$,这时传播的是行波,这种状态是匹配状态。

②驻波状态:当波导终端是理想导体板(即终端短路)时,形成全反射。因在终端处

$E_y = E_i + E_r = 0$，所以 $E_i = -E_r$，亦即终端处电场反射波与入射波的相位差为 π，此时 $|\Gamma_0| = 1, \rho = \infty$。这时有

$$|E_y| = 2|E_i|\sin\beta l$$

此时波导中形成纯驻波，在驻波波节处 $|E_y|_{min} = 0$，驻波波腹处 $|E_y|_{max} = 2|E_i|$。这种状态称为驻波状态。

③混波状态：一般情况下，波导中传播的不是单纯的行波或驻波，当波导终端不匹配时，就有一部分波被反射，波导中的任何不均匀性也会产生反射，形成所谓混合波。即 $|\Gamma_0| < 1, \rho > 1$，这时称为混波状态。为描述电磁波，引入反射系数与驻波比的概念，反射系数 Γ 定义为

$$\Gamma = E_r/E_i = |\Gamma|e^{j\varphi}。$$

驻波比 ρ 定义为

$$\rho = \frac{E_{max}}{E_{min}}$$

式中，E_{max} 和 E_{min} 分别为波腹和波节点电场 E 的大小。

不难看出：对于行波，$\rho = 1$；对于驻波，$\rho = \infty$；而当 $1 < \rho < \infty$，是混合波。图 4 为行波、混合波和驻波的振幅分布波示意图。

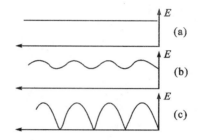

图 4　(a)行波，(b)混合波，(c)驻波

（3）波导波长 λ_g，相速 v_g 和群速 u

TEM 波的波长 λ 是在自由空间中传播的波长，$\lambda = \frac{c}{f}$，其中 c 为光速，f 为频率。在真空中，$c \approx 3 \times 10^8$ m/s。波导里电磁波的波长称为波导波长，用 λ_g 表示。在波导中电磁场能量传输的速度为群速，用 u 表示。波导内由入射波与反射波叠加而成的合成波，其相平面传播的速度称为相速 v_g。

电磁波在波导中是"之"字形传播的，如图 5 所示。所以，波导波长 λ_g 将大于自由空间的波长 λ，相速 v_g 也大于光速 c。它们之间的相互关系为

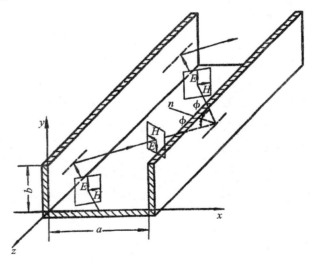

图 5　电磁波在波导中的"之"字形传播

$$\lambda_g = \frac{\lambda}{\sqrt{1 - (\frac{\lambda}{\lambda_c})^2}}, \quad v_g = \lambda_g \cdot f = \frac{c}{\sqrt{1 - (\frac{\lambda}{\lambda_c})^2}}$$

而电磁波的群速为

$$u = c \cdot \sqrt{1 - (\frac{\lambda}{\lambda_c})^2}$$

它与工作波长有关,随工作波长或工作频率的变化而变化。TE_{10} 波的波导波长为

$$\lambda_g = \frac{\lambda}{\sqrt{1 - (\frac{\lambda}{2a})^2}}$$

(4)反射系数 Γ

如果波导不是均匀和无限长的,一般在波导中存在入射波和反射波,则任一截面处的电场都将由入射波和反射波叠加而成,即

$$E_y = E_i e^{-j\beta z} + E_r e^{j\beta z}$$

其中 E_i 和 E_r 分别为电场入射波和反射波的幅值。如果我们把距离从终端负载算起则有

$$E_y = E_i e^{j\beta l} + E_r e^{-j\beta l}$$

为了描述反射波与入射波之间的振幅关系,定义一个复数反射系数 Γ,即波导中某截面处的电场反射波与入射波的复数比称为反射系数 Γ:

$$\Gamma = \frac{E_r e^{-j\beta z}}{E_i e^{j\beta z}} = \frac{E_r}{E_i} e^{-2j\beta z} = \Gamma_0 e^{-2j\beta z}$$

式中,Γ_0 为终端负载处的反射系数,它的复数形式为

$$\Gamma_0 = |\Gamma_0| e^{j\varphi_0}$$

式中,$|\Gamma_0|$ 为终端反射系数的模,φ_0 是其幅角。而反射系数 Γ 复数形式的一般形式为

$$\Gamma = |\Gamma| e^{j\varphi} = |\Gamma_0| e^{j(\varphi_0 - 2\beta l)}$$

从中可以看出

$$|\Gamma| = |\Gamma_0|$$
$$\varphi = \varphi_0 - 2\beta l$$

(5)驻波比 ρ

微波技术中,经常使用驻波比 ρ 来描述传输线中阻抗匹配的情况。当阻抗不匹配时,就会有反射,反射的结果就会形成驻波,传输线上就有波腹和波节。波导中驻波电场最大值与驻波电场最小值之比,称为驻波比,记为 ρ:

$$\rho = \frac{|E_y|_{max}}{|E_y|_{min}}$$

或被定义为波腹电压值 U_{max} 和波节电压值 U_{min} 之比,即 $\rho = \frac{U_{max}}{U_{min}}$。

也可用驻波比来表示反射系数 $|\Gamma_0|$:

$$|\Gamma_0| = \frac{\rho - 1}{\rho + 1}$$

三、常用微波元件

1. 微波电阻

电阻在低频电路中是消耗功率、吸收能量的元件。在微波波段完成同样功能的元件

就是衰减器,它吸收部分的传输功率,匹配负载则吸收全部功率。

(1)衰减器

衰减器的种类很多,其中一类的结构图如图6所示。在一段波导中,把一片能吸收微波能量的吸收片垂直于矩形波导的宽边,纵向插入波导管。由于吸收片与电力线平行,TE$_{10}$波的电场通过时就在片上感应出电动势,而吸收片有一定的电阻,于是就使一部分的电磁能量转化成热能,形成衰减,使波导里传输的电磁能减少。因为 TE$_{10}$ 波的电场沿波导宽边的分布是中间强、两边弱,所以吸收片放在波导中间时,衰减量最大,移向窄边时衰减量减少。移动吸收片可改变衰减量的大小,可以控制到达负载的功率为合适值(或要求值)。衰减器分固定衰减器和可变衰减器两种。前者衰减量固定,后者衰减量在一定范围内连续可调。

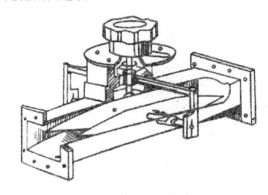

图6　衰减器结构图

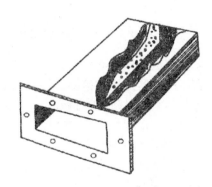

图7　全匹配负载结构图

(2)全匹配负载

它也是一种衰减器,接在电路的终端,并要求把能量全部吸收而无反射。它的一种结构如图7所示。它在终端短路的一段波导中放了一片吸收片,当电磁波通过吸收片时它会吸收部分能量,但仍会有一部分能量要反射回去。为了抵消反射,吸收片做成斜面,其长度为 $\lambda_g/2$ 的整数倍。

2. 隔离器

一种铁氧体器件,又叫单通器,其基本特性是波从正面通过时几乎无衰减,反向通过时衰减很大。由于绝大多数微波源对负载的变动都是很敏感的,当负载不匹配时引起的反射波就回馈到微波源引起振荡频率的改变和功率的不稳定。隔离器常用于振荡器与负载之间,起隔离和单向传输作用。用来消除信号源和负载之间有害耦合的影响。从而既保证了信号的正常传输,又消除了反射波对振荡器正常工作的影响。所以,在使用隔离器时一定要注意它的方向性,其输入口和输出口不能接错。

3. E-H 匹配器

E-H 匹配器又叫"魔 T"或"双 T 调配器"。其结构示意图如图8所示。其1,4两端口分别配一短路活塞形成可变的无功电抗;2,3端口插入待匹配的主波导中,端口3接匹配负载,通过调节1,4两臂中的短路活塞使端口2看进去是匹配的。

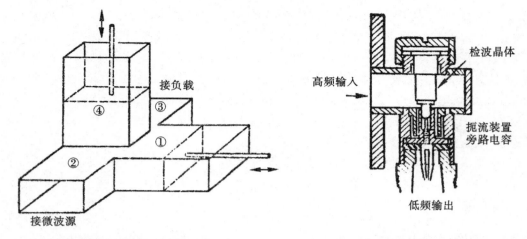

图8　E-H 匹配器结构示意图 　　　　　　图9　常用晶体检波器

4. 晶体检波器

晶体检波器是用来检测微波信号的。它的主体是一个置于传输系统中的硅晶体二极管,利用它的非线性进行检波,再将微波信号转换为直流或低频信号,就可以用普通的仪表指示了。常用的晶体检波器如图9所示。

5. 驻波测量线

驻波测量线是测量微波传输系统中电场的强弱和分布的精密仪器。在波导的宽边中央开有一个狭槽,金属探针经狭槽伸入波导中。由于探针与电场平行,电场的变化在探针上感应出的电动势经过晶体检波器变成电流信号输出。图10为驻波测量线的结构示意图。使用测量线时必须注意以下两点:

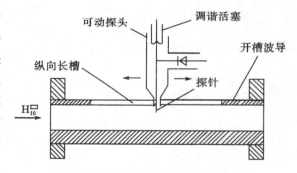

图10　驻波测量线的结构示意图

(1)探针的插入深度必须调节适当。插入过深影响开槽线内的电场分布;插入过浅,又会降低测试灵敏度。

(2)测量线的调谐。由于测量线对频率的敏感性,测量时必须调整其调谐活塞,使探头耦合到的能量有效地送到二极管检测器(信号最大)。

6. 谐振式频率计(波长计)

电磁波通过耦合孔从波导进入频率计的空腔中,当频率计的腔体失谐时,腔里的电磁场极为微弱,此时,它基本上不影响波导中波的传输。当电磁波的频率满足空腔的谐振条件时,发生谐振,反映到波导中使阻抗发生剧烈变化,相应地,通过波导中的电磁波信号强度将减弱,输出幅度将出现明显的跌落,从刻度套筒可读出输入微波谐振时的刻度值,通过查表可得知输入微波谐振频率(图11(a)),或从刻度套筒直接读出输入微波的频率(图11(b))。两种结构方式都是以活塞在腔体中位移距离来确定电磁波的频率的,不同的是,图11(a)读取刻度的方法测试精度较高,通常可做到 5×10^{-4},价格较低。而如

图 11(b)所示直读频率刻度,由于在频率刻度套筒加工受到限制,频率读取精度较低,一般只能做到 3×10^{-3} 左右,且价格较高。

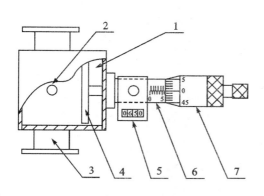

1.谐振腔体　2.耦合孔　3.矩形波导
4.可调短路活塞　5.计数器
6.刻度　7.刻度套筒

图 11(a)　谐振式频率计结构原理图一

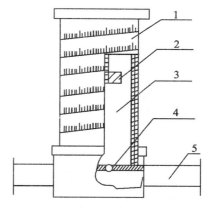

1.螺旋测微机构　2.可调短路活塞
3.圆柱谐振腔　4.耦合孔
5.矩形波导

图 11(b)　谐振式频率计结构原理图二

7.定向耦合器

定向耦合器是微波技术中最常见的元件之一,它可以将主传输线中的微波功率以一定的方向和比例耦合到另一条传输线中去。它即是一种功率分配元件,又可作为固定衰减器用。

波导定向耦合器由一段主波导和一段副波导组成。彼此之间通过多种形式的小孔或缝隙实现耦合。图 12 为它的结构示意图。其中 1 和 2 为主波导,3 和 4 为副波导。

8.单螺调配器

利用插入矩形波导中的一个深度可以调节的螺钉,并沿着矩形波导宽壁中心的无辐射缝

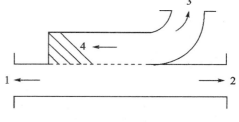

图 12　波导定向耦合器

做纵向移动,通过调节探针的位置使负载与传输线达到匹配状态,见图 13。调配过程的实质,就是使调配器产生一个反射波,其幅度和失配元件产生的反射波幅度相等而相位相反,从而抵消失配元件在系统中引起的反射而达到匹配。

9.环形器

它是使微波能量按一定顺序传输的铁氧体器件。主要结构为波导 Y 形接头,在接头中心放一铁氧体圆柱(或三角形铁氧体块),在接头外面有"U"形永磁铁,它提供恒定磁场 H_0。当能量从①端口输入时,只能从②端口输出,③端口隔离,同样,当能量从②端口输入时只有③端口输出,①端口无输出,依此类推即得能量传输方向为①→②→③→①的单向环行(图 14)。

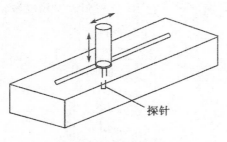

图 13　单螺调配器示意图

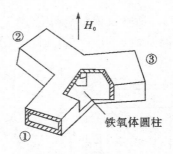

图 14　Y 形环形器

四、微波的应用

1. 雷达

雷达是微波技术应用的典型例子。在第二次世界大战期间,敌对双方为了迅速准确地发现敌人的飞机和舰船的踪迹,继而又能指引己方飞机或火炮准确地攻击目标,所以发明了可以进行探测、导航和定位的装置,这就是雷达。事实上,正是由于第二次世界大战期间对于雷达的急需,微波技术才迅速发展起来。雷达的发展经过了几个阶段。为适应各种要求,雷达的种类很多,性能也在不断提高。现代雷达多数是微波雷达。迄今为止,各种类型的雷达,如导弹跟踪雷达、炮火瞄准雷达、导弹制导雷达、地面警戒雷达乃至大型国土管制相控阵雷达等,仍然代表微波的主要应用。这主要是由于这些雷达要求它所用的天线能像光探照灯那样,把发射机的功率基本上全部集中于一个窄波束内辐射出去。但天线的辐射能力受绕射效应的限制,而绕射效应又取决于辐射器口径尺寸相对于波长的比值 D/λ_0,其中 D 是辐射器口径面线长度,λ_0 是工作波长。抛物面天线的主波束波瓣宽度可用下式计算:

$$2\theta_0 = k^0 \frac{\lambda_0}{D}$$

式中,k^0 是用度表示的常系数,视抛物面口径面张角 Ψ 的不同而异。例如,当 $\Psi = 90°$ 时,$k^0 = 81.84$。于是一个直径 $D = 90$ cm 的抛物面,在波长 $\lambda_0 = 3$ cm(即频率为 10 GHz)工作时,可以产生 2.73° 的波束。这样窄的波束可以相当精确地给出雷达要观察的目标的位置。但当频率为 10^8 Hz 时,欲达到与上述情况可相比拟的性能,将需要直径达 90 m 的抛物面,这样的天线未免太大了。

又例如,微波超远程预警雷达的作用距离可达 1 万千米以上,从而可以给出几十分钟的预警时间以应付洲际导弹的突然袭击。

除军事用途之外,还发展了多种民用雷达,如气象探测雷达、医用雷达、盲人雷达、防盗雷达、汽车防撞雷达及机场交通管制雷达等。这些雷达也多是利用微波。

2. 通信

由于微波的可用频带宽、信息容量大,所以一些传送大信息量的远程通信都采用微波作为载体。微波多路通信是利用微波中继站来实现高效率、大容量的远程通信的。由于微波的传播只在视距内有效,所以,这种接力通信方式是把人造卫星作为微波接力站。

美国于 1962 年 7 月发射的第一个卫星微波接力站——Telstar 卫星,首次把现场的电视图像由美国传送到欧洲。这种卫星的直径只有 88 cm,因而,有效的天线系统只可能在微波波段。近年来,利用微波的卫星通信得到了进一步的发展,利用互成 120°角的三个定点同步卫星,可以实现全球性的电视转播和通信联络。

3. 工农业的应用

在工农业生产方面广泛应用微波进行加热和测量。利用微波进行测量的一个典型例子是微波湿度计。它是利用微波通过物质时被吸收而减弱的原理制成的。它可以用来测量煤粉、石油或各种农作物的水分;检查粮库的湿度;测量土壤、织物等的含水量等。微波加热的独特优点是从物质内部加热,内外同热,无须传热过程,瞬时可达高温,因而加热速度快、均匀、质量好,而且能进行自动控制。微波加热现已应用于造纸、印刷、制革、橡胶、木材加工等工业生产中。在农业上,微波已用来灭虫、育种、育蚕和谷物干燥等。在医疗卫生事业中,微波不仅可用于某些疾病的诊断,还可用于治疗,如微波理疗、微波针灸、冷藏器官的快速解冻以及对浅表皮癌的治疗等。目前,有人正利用微波进行节制生育的科学研究;微波热效应的研究也十分活跃,这将为微波在化学、生物学和医学诸方面的应用开辟新的途径。

目前,微波加热不仅应用于许多工农业部门,而且已广泛用于食物烹调。微波作为能源还有更为令人神往的应用前景,即在未来的卫星太阳能电站的应用中,可先将太阳能变为直流电流,再转换成微波能量发射回地面接收站,最后将接收到的微波能量转换成直流电功率,以供人类使用。

实验十五　微波测量

【实验目的】

(1)了解微波的产生和微波波导的传输知识。

(2)了解体效应振荡器的基本工作原理和使用方法。

(3)熟悉微波测试系统的组成及调试方法,掌握常用微波器件的原理及使用方法。

(4)掌握微波频率、功率及驻波比等基本参量的测量方法。

【实验原理】

见"微波技术基本知识"部分,请读者仔细阅读后再进行实验。进行本实验之前,必须阅读相关的资料初步了解和熟悉下列问题:

(1)微波测试系统由哪几部分组成。

(2)清楚了解各微波器件的作用及工作原理。

(3)理解体效应振荡器的基本工作原理。

(4)学会选频放大器的正确使用。

(5)怎样调节体效应振荡器的振荡频率。

(6)理解用吸收式频率计测量微波频率的原理和方法。

(7)理解晶体检波器的功用和使用方法。

(8)理解可变衰减器的功用和使用方法。

(9)了解驻波测量线的工作原理和使用方法。

【体效应管振荡器】

在本微波实验中,用体效应砷化镓二极管作微波振荡器。下面对它进行介绍。

1.体效应管的工作特性

在 n 型 GaAs 半导体材料上施加直流偏压 V_b 后,起初电流随电压线性增长,但是当所加偏压使材料内的平均电场超过每厘米 3 kV 以上某个阈值电场 E_T(与 E_T 对应的外加电压 V_T 称为阈值电压)时,电流发生微波振荡。实验证明,这种电流振荡是由于"高电场偶极子畴"在阴极附近周期性地形成,并被阳极吸收这一过程造成的。

n 型 GaAs 的导带结构示意图如图 1 所示。它有两个导电能谷:$L_谷$ 和 $U_谷$。它们的能量相差 0.36 eV。通常,在低电场下,导电的电子绝大部分在 $L_谷$ 中,它们的平均速度 $\bar{v} = \mu_L E$,即随电场 E 线性增大;当电场大于某个阈值 E_T 后,$L_谷$ 中的电子获得足够的能量

而向 $U_谷$ 转移,随电场继续增加,这样转移的电子越来越多,电子的平均速度 $\bar{v}=\bar{\mu}E$ 将反向随电场的增加而减小。因为 $\bar{\mu}=\dfrac{n_L\mu_L+n_v\mu_v}{n_0}$,这里 n_L 和 n_v 分别为 $L_谷$ 和 $U_谷$ 中的电子密度,且 $n_0=n_L+n_v$,同时 $\mu_v\ll\mu_L$,所以 n_v 越大 $\bar{\mu}$ 就越小。$\bar{v}$ 场很高时 $(E>E_v)$,绝大部分电子已转移至 $U_谷$,所以这时电子的平均速度 μ_vE 又随电场线性地增大。上述各阶段电子的平均速度随电场的变化情况如图2所示。可见,在 E_T 和 E_v 之间电子平均速度随电场的增加而减小,即其微分是负。电子密度 n_0 一定时,电流正比于平均速度,因而负的微分速度说明随着电场(亦即电压)的增加,电流反而减小,即存在负阻现象。这种负阻通常称为体内负阻。

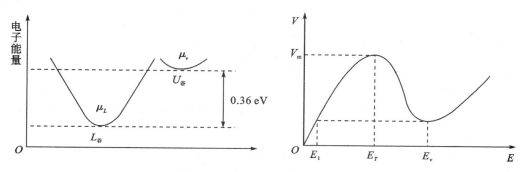

图1　n型 GaAs 导带结构示意图　　**图2　由于电子在二谷中转移引起的负微分速度特性**

基于 n 型 GaAs 材料的这种负微分平均速度特性,就可以使其产生电流微波振荡。

2. 体效应管振荡电路

由前面的讨论知道,这种器件只要偏压 $V_b>V_T$ 即使无外电路的作用也会产生电流微波振荡,只是这种振荡不是简谐的。若器件是在高 Q 谐振电路中工作(图3),则谐振回路不仅将使振荡波形成为简谐波,而且还将控制体效应器件的振荡频率。因为高 Q 谐振回路中只可能建立起与其固有频率 ω_0 相同的射频振荡,此时器件的端电压为

$$V(t)=V_0+V_p\sin(\omega_0 t+\varphi)$$

如图3(b)所示。若把体效应管置于波导中,在波导端口处接一高 Q 谐振腔,便可以构成微波振荡器。

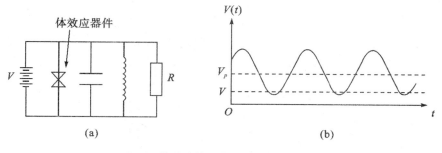

图3　体效应管振荡电路和振荡波形

【实验内容与步骤】

一、微波测试系统调试及微波频率的测量

1. 微波测试系统

波导微波测试系统通常由三部分组成。

(1)等效电源部分(即发送器)

包括微波信号源、隔离器,有的还附加功率、频率监视单元和输出功率调节装置(即可变衰减器)。

(2)测量装置部分

包括频率计、驻波测量线(可用定向耦合器代替)、调配元件、辅助元件(如短路器、匹配负载等),以及电磁能量检测器(如晶体检波架、功率计等)。

(3)指示器部分(即测量接收器)

指示器是显示测量信号特性的仪表,如微安表、选频放大器、示波器等。

2. 微波测试系统调试

(1)微波测试系统如图 4 所示,清楚了解各元件的形状、结构、作用、主要特性及使用方法。

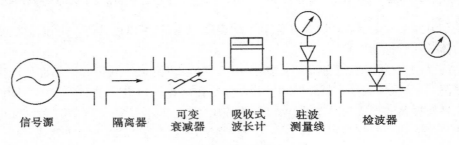

信号源　　　隔离器　　　可变　　　吸收式　　　驻波　　　检波器
　　　　　　　　　　　衰减器　　波长计　　测量线

图 4　微波测试系统

(2)接通电源和测试仪器的有关开关,调节衰减器、检波器,观察微安表有无输出指示,若有,当改变衰减量时,微安表的指示会有起伏的变化,这说明系统已在工作。否则应检查原因,使之正常工作。系统正常工作后,适当调节可变衰减器的衰减量(衰减量不能为零,否则会烧坏晶体二极管),使指示器的指示便于读数。

(3)观察方波调制的输出信号。选择"方波"工作方式,用示波器观察输出信号波形,也可用选频放大器作输出指示。比较采用"方波"和"等幅"两种工作方式时输出信号的区别。

(4)调节单螺调配器,观察微安表检波电流的变化,说明原因。

(5)调节测试系统工作在匹配状态。

3. 用吸收式波长计测量微波信号源的频率

吸收式波长计的谐振腔只有一个输入端与能量传输线相接,调谐是从能量传输线路

接收端的指示器的读数的降低而看出的。旋转波长计的测微头,当波长计与被测频率谐振时,将出现吸收峰。反映在检波指示器上的指示是一跌落点,如图 5 所示。此时,读出波长计测微头的读数,再从波长计频率与刻度曲线上查出对应的频率。

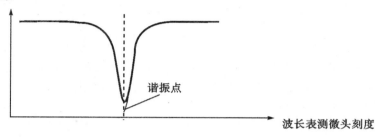

图 5　波长计的谐振腔曲线

二、驻波比和波导波长的测量

1. 理解微波的波导传输和波导管的工作状态(阅读"微波技术基本知识",搞清楚波导管有几种工作状态)

2. 驻波系数的测量

驻波测量线是测量微波传输系统中电场的强弱和分布的精密仪器,其简单原理是:使探针在开槽传输线中移动,将一小部分功率耦合出来,经过晶体二极管检波后再由指示器指示,从而看出在开槽线中电场的分布情况(相对强度)。

使用驻波测量线时要注意下列几个问题:首先,通过调谐装置使测量线调谐。调谐的目的是消除探针插入测量线中引起的不匹配,并使探针感应的功率有效地送至检波晶体管。其次,使探针在开槽波导管内有适当的穿伸度。探针穿伸度过大,则影响开槽线内的场分布情况而产生误差,穿伸度太小,又会降低测量的灵敏度,探针穿伸度一般取为波导窄壁高度 b 的 $5\%\sim10\%$。第三,检波晶体管的检波电流 I 与管端电压 V 有关,而 V 与探针所在处的电场 E 成正比,I、E 满足关系式 $I=K_1 E^n$,式中 K_1、n 为常数。在小功率情况下,可以相当精确地认为 $n=2$,即平方律检波。但在比较精确的测量中,应该对检波律进行校准。

(1)晶体检波特性校准(选做)

微波频率很高,通常是用检波晶体(微波二极管)将微波信号转换成直流信号来检测的。

晶体二极管是一种非线性元件,亦即检波电流 J 同场强 E 之间不是线性关系,在一定范围内,大致有如下关系:

$$I=kE^a \tag{1}$$

式中,k,α 是和晶体二极管工作状态有关的参量。当微波场强较大时呈现直线律,当微波场强较小($P<1\ \mu W$)时呈现平方律。因此,当微波功率变化较大时 α 和 k 就不是常数,且和外界条件有关,所以在精密测量中必须对晶体检波器进行校准。

校准方法:将测量线终端短路,这时沿线各点驻波的振幅与到终端的距离 l 的关系应当为

$$E=k'\left|\sin\frac{2\pi l}{\lambda_g}\right| \tag{2}$$

上述关系中的 l 也可以以任意一个驻波节点为参考点。将上两式联立,并取对数得

$$\lg I=K+A\lg\left|\sin\frac{2\pi l}{\lambda_g}\right| \tag{3}$$

用双对数纸作出 $\lg I-\lg\left|\sin(2\pi l/\lambda_g)\right|$ 曲线,若呈现为近似一条直线,则直线的斜率即是 α;若不是直线,也可以方便地由检波输出电流的大小来确定电场的相对关系。

(2)驻波测量线法测驻波比

①小驻波比的测量($1.005\leqslant\rho\leqslant1.5$)。在小驻波比情况下,驻波极大值点与极小值点的检波电流相差细微,且波腹、波节平坦,难以准确测定。为提高测量精度,可以采用测量多个相邻波腹和波节点的检波电流值,按下式计算 ρ 的平均值:

$$\rho=\frac{E_{\max1}+E_{\max2}+\cdots+E_{\max n}}{E_{\min1}+E_{\min2}+\cdots+E_{\min n}} \tag{4}$$

当检波晶体满足于平方律时候为

$$\rho=\frac{\sqrt{I_{\max1}}+\sqrt{I_{\max2}}+\cdots+\sqrt{I_{\max n}}}{\sqrt{I_{\min1}}+\sqrt{I_{\min2}}+\cdots+\sqrt{I_{\min n}}} \tag{5}$$

②中驻波比的测量($1.5\leqslant\rho\leqslant6$)。当驻波比不大时,驻波的最大值与最小值处微波信号都比较弱,可以认为检波晶体符合平方律检波,即 $I\propto U^2$,则可由下式求出驻波比:

$$\rho=\frac{E_{\max}}{E_{\min}}=\frac{\sqrt{I_{\max}}}{\sqrt{I_{\min}}} \tag{6}$$

③大驻波比测量($\rho>6$)。如驻波比 $\rho>6$,波腹振幅与波节振幅的区别很大,测量线不能同时测量波腹和波节,因此必须采用别的测量方法——二倍极小功率法。

使用平方律的检波晶体管,利用探针测量极小点两旁、功率为极小点功率二倍的距离 W(图6),以及波导波长 λ_g,按下式计算驻波比:

$$\rho=\lambda g/\pi W \tag{7}$$

3.波节位置和波导波长的测量

调节可变电抗的反射系数接近1,在测量线中入射波与反射波的叠加为接近纯驻波的图形,如图7所示,只要测得驻波相邻节点的位置 L_1、L_2,由

$$\frac{1}{2}\lambda_g=L_2-L_1$$

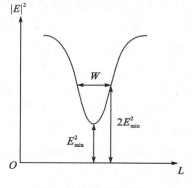

图6 二倍极小功率法

即可求得波导波长 λ_g。

为了提高测量精度,在确定 L_1,L_2 时,可采用等指示度法测出最小点 $I_{\min}$ 对应的 L(图7),即可测出 I_1(I_1 略大于 $I_{\min}$)相对应的两个位置:

$$L_1 = \frac{X'_1 + X''_1}{2}, L_2 = \frac{X'_2 + X''_2}{2} \qquad (8)$$

同理,即可求得精度较高的 λ_g。

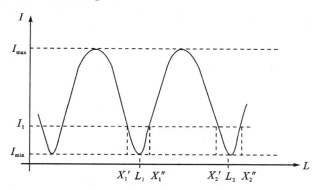

图7　电场沿测量线分布图

三、功率测量

使微波系统正常工作并处于匹配状态下。

功率测量包括两种方法:相对测量(确定微波功率的大小)和绝对测量(确定微波功率的绝对值)。

(1)相对功率测量:当检波器工作在平方律检波时,电表上的读数 I 与微波功率成正比,电流表的指示 $I \propto P$,即表示为相对功率。

(2)绝对功率测量:接入功率计可测得绝对功率值。

四、衰减测量

在微波传输系统中,插入某些微波元件或器件,如波导、弯头、衰减器、隔离器、滤波器等,由于它们本身的反射和损耗,使回路所传输的功率电平发生变化,衰减量就是用以衡量插入元件对传输功率电平影响的一项重要技术指标。"衰减量"的定义为:如果微波元件的输入端功率为 P_1,输出功率为 P_2(均为匹配状态下),则定义衰减量:

$$A = 10 \lg \frac{P_1}{P_2} \quad (dB)$$

1. 平方律检波法

当晶体检波器具有平方律检波特性时,指示器的指示值是和输入检波器的功率成正比的。在这种情况下,可以直接根据指示器的指示值来确定由于衰减器件接入所引起的相对功率改变量,代入衰减的定义式即可算出它的衰减量。

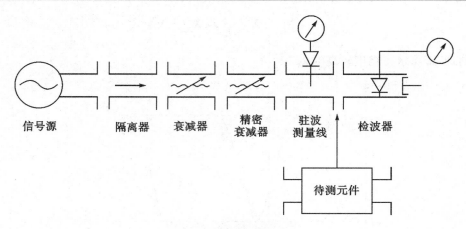

图8　衰减量测量电路

2.高频替代法(选做)

插入被测器件前,调节单螺调配使微波测量系统处于匹配状态。被测器件接入前,调节精密可变衰减器至 A_1,使检波指示器为 I;接入被测元件后,调节精密可变衰减器使其指示为 A_2,而使检波器指示仍为 I。这时被测器件的衰减量为

$$A = A_1 - A_2$$

它是应用标准可变衰减器作为待测器件的替代标准。由于这种方法避免了晶体检波律的影响,可测小于等于 40 dB 的衰减量。其精度主要取决于标准可变衰减器的校准精度。

【数据处理】

(1)利用驻波比 ρ 和反射系数 Γ_0 的关系式 $|\Gamma_0| = \dfrac{\rho - 1}{\rho + 1}$,分别计算出小驻波比和中驻波比所对应的 $|\Gamma_0|$。

(2)利用波长计测量频率 f,计算出自由空间波长 λ,并求出光速 c、相速度 v_g 和群速度 u(已知波导管宽边 $a = 22.86$ mm,计算时应保持四位有效数字)。

将驻波测量线测得的波导波长 λ_g 代入下式:

$$\lambda = \frac{\lambda_g}{\sqrt{1 + (\frac{\lambda_g}{2a})^2}}$$

$$c = \lambda \cdot f_0, v_g = \lambda_g \cdot f_0, u = \frac{c^2}{v_g}$$

实验十六 反射式速调管工作特性和波导的工作状态

【实验目的】

(1)熟悉微波测试系统中各种常用的微波器件的原理及使用方法。

(2)了解速调管振荡的基本原理。

(3)观察和测量速调管的工作特性曲线。

(4)掌握微波测试系统中频率、驻波比、功率等基本参量的测量方法。

【实验仪器】

3 cm波段速调管振荡器、常用波导元件、微波测量线、波长计、示波器和选频放大器等。

【实验原理】

一、反射式速调管工作原理及工作特性

反射式速调管的结构原理图如图1所示。当电源接通时,从阴极出发并经聚焦电极形成的电子束,受其前方带正电的谐振腔吸引,通过该腔底部由两片金属栅网构成的间隙,使腔中产生富有谐波的冲击电流,与腔体谐振的谐波分量便被腔体选出,在两栅之间便出现谐振频率的交变电场。通过其间的电子,在正半周得到加速,负半周得到减速,即发生"速度调制"。被加速的电子离开其后面被减速的电子,并赶上其前面被减速的电子,形成一簇簇的电子团,即形成电子的"群聚"。群聚的电子团继续前进,受到前方带负电压的反射极的排斥而逐渐减速,终于反向折回,又向栅区前进。假如反射极的负电压的大小合适,使返回经过栅间的电子团正好被栅间交变电场减速,则电子团将把得自直流加速电源的一部分能量交给谐振腔中的交变电场;只要交出的能量足以补偿腔体的损耗,便可维持上述频率的振荡。据计算知:只要反射极电压U_R值正好使电子在反射区域往返的渡越时间为

$$\tau = \left(n + \frac{3}{4}\right)T$$

则腔体获得的能量最大,振荡就最强,输出功率最大。当U_R向某个最佳值两旁偏离时,振荡便逐渐减弱而终致停振。直到U_R进一步变化到满足另一个整数n的条件时,便又出现另一个振荡区域。所以,随着反射极电压的连续变化,会出现若干个不同的振荡区,如图2所示。从图2中可以看出:

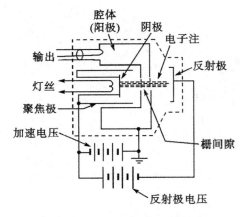

图1　反射式速调管的结构原理图

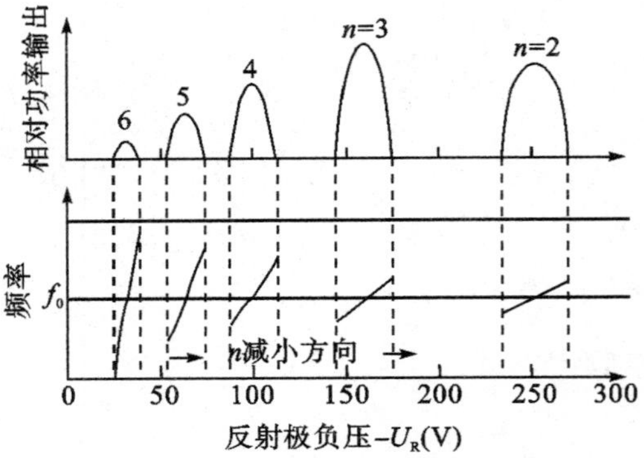

图2　反射式速调管输出特性

（1）在模中心，输出功率最大，对应的频率称之为中心频率，通常又叫做速调管的工作频率。各振荡模的中心频率相同。对应于最大输出功率的振荡区域，被称为最佳振荡区域（即最佳模）。

（2）当反射极电压在振荡模区域内微调时，不仅输出功率变化，而且振荡频率也在中心频率的左右做微小变化。即速调管振荡器频率可通过改变反射极电压而进行"电子调谐"，但该种调谐的范围一般只有数十兆赫，只起了频率微调的作用。

一个振荡模的半功率点所对应的频率宽度，称为该振荡模的"电子调谐范围"（$|f_1-f_2|$），半功率点所对应的频宽与电压宽度的比值 $\left|\dfrac{f_1-f_2}{V_1-V_2}\right|$ 称为"平均电子调谐率"，如图3所示。

而大范围的改变速调管振荡器的频率，主要靠改变谐振腔体的尺寸，即靠"机械调谐"来完成。同时应注意：改变频率时，只有同时改变反射极电压，才能得到最大功率输出。

二、速调管的工作状态

反射式速调管的工作状态一般有三种。

（1）连续振荡状态：在反射极上仅加上直流电压而不加任何调制电压，调节反射极电压使其工作于最佳状态（即最佳模的最大输出功率处）。可具有较好的功率稳定性和频率稳定性。

（2）方波调幅状态：即在反射极上除了加

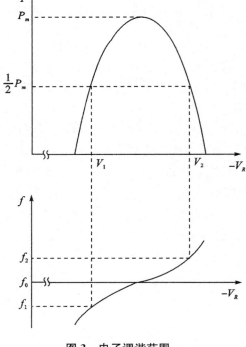

图3　电子调谐范围

上一定的直流电压外，还加上方波调制，其工作特性如图4所示。首先选择合适的反射极电压,使之工作于最佳状态下,然后加方波,反复调节方波幅度和反射极电压,使输出功率最大(为连续波最佳功率的一半)。这就要求方波的一半周期位于振荡区中心,另一半周期位于两个振荡模之间的不振区域,这时得到的是单一的幅度调制。采用方波调制后,检波输出方波,可用选频放大器或微安表进行测量。

　　(3)锯齿波(或正弦波)调频状态:在反射极上加上锯齿波电压,当锯齿波的幅度比振荡模的宽度小得多时,可得到线性调制信号,而寄生调幅很小。这样产生的调频信号具有较窄的频宽。用锯齿波调制可以在示波器上观察各个振荡模的形状。锯齿波调制原理如图 5 所示。

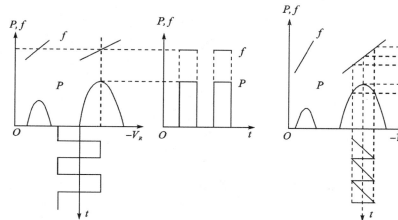

图 4　反射式速调管在方波调幅时的特性

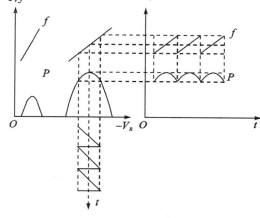

图 5　反射式速调管在锯齿波调频时的特性

三、波导工作状态原理

请参见前一实验原理部分。

【实验装置】

采用的实验装置如图 6 所示。

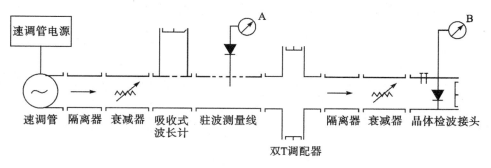

图 6　实验装置

速调管电源为 WY-19 型,它提供谐振腔电压、反射极电压和灯丝电压;同时还提供反射极的方波调制和锯齿波调制电压。

速调管一般采用 K-19 型反射式速调管,工作频率为 8 600～9 600 MHz。

整个微波测试系统由 3 cm 波段波导器件组成,有隔离器、衰减器、吸收式波长计、驻波测量线和晶体检波探头等。

当处于不同的工作状态时,A 可为光点检流计、微安表或选频放大器。B 可为功率计或示波器。

当速调管加入锯齿波调频时,将锯齿波接至示波器的 X 输入端,晶体检波接头接至 Y 输入端,用示波器观察速调管的振荡模。

实验时,即可通过双 T 调配器来改变驻波测量线的终端输出,观察波导管的三种工作状态,也可去掉双 T 调配器,在驻波测量线终端接上可变电抗器来观察驻波状态,或接上匹配负载来观察匹配状态。

【实验内容】

一、观察速调管的工作特性

1. 观察速调管的各个振荡模

将速调管电源的谐振腔输出旋钮置于"断"的位置,工作选择旋钮置于"连续"。谐振腔电压、反射极电压及调制幅度均放在最小位置。然后接通速调管电源,预热 5 min 后,调节反射极电压为—200 V 左右,再将谐振腔输出旋钮置于"低",调节谐振腔电压至 300 V(该电压在测量过程中保持不变)。逐渐加大反射极电压并密切注视谐振腔电流使之有一个明显正增量,说明速调管已起振。

将工作选择开关置于"锯齿波"位置,这时反射极上加上锯齿波调制电压,调节短路活塞、匹配螺钉和双 T 调配器,使晶体检波探头输出最大;改变反射极电压,通过示波器观察速调管的各个振荡模,描绘草图,注明各个振荡模的峰值、始点及终点所对应的反射极电压值。

2. 最佳振荡模的测量

逐点测量速调管最佳振荡模的功率、对应的反射极电压值及频率值。绘制 P-U_R 和 f-U_R 的关系曲线。具体做法:改变 U_R 值,对于每一个 U_R 值,利用晶体检波探头测量相对功率 P,利用吸收式波长计测出对应的波长值,通过查表求出相应的频率值。

注意:一定要测量半功率点处的反射极电压值和对应的频率值。

3. 电子渡越时间的测定(选做)

群聚中心电子的渡越时间由下式决定:

$$\tau_0 = \left(n + \frac{3}{4}\right)T \qquad (n = 1, 2, \cdots)$$

$$\tau_0 = \frac{4S_0}{V_0 + |U_R|}\sqrt{\frac{mV_0}{2e}}$$

式中，U_R 是相应的模中心反射极电压，$e=-1.602\times10^{-19}$C，质量 $m=9.109\times10^{-31}$ kg，V_0 为谐振腔电压。以上两式中含有两个未知量：n（振荡模的序号）和 S_0（反射空间距离）。利用我们在实验中所观察到的振荡模（实验中我们可以观察到 4～5 个振荡模）和下式：

$$n+\frac{3}{4}=\frac{4S_0\sqrt{\dfrac{mV_0}{2e}}}{V_0+|U_R|}\cdot f$$

可以算出 n 和 S_0。

下面介绍利用线性拟合求解的方法：

写出直线方程 $y=a+bx$，其中 $x=(V_0+U_R)^{-1}$。

当 n 的取值为 $n,n+1,n+2,n+3$ 时，相应有

$$y=1,2,3,4$$

$$a=0.25-n, \quad b=4S_0\sqrt{\frac{mV_0}{2e}}\cdot f$$

利用计算器可求出截距 a 和斜率 b。

由实验数据 V_0、U_R、f_0 以及 a 和 b，可以求出 n 和 S_0，进而可以计算出群聚中心电子的渡越时间 τ_0。测量结果表明，渡越时间 τ_0 可以和微波振荡周期相比拟甚至还要小。

二、观察波导管的工作状态

1. 测量小驻波比（$1.005\leqslant\rho\leqslant1.5$）

把反射极电压调到最佳振荡模的峰值对应的 U_R 值，并固定下来。在工作频率为 f_0 的情况下进行波导管工作状态的研究。

利用双 T 调配器改变测量线终端的状态，练习调匹配。在最佳匹配状态下，移动驻波测量线，分别测出波腹和波节处的 $E_{\max}$ 和 $E_{\min}$ 的值，则驻波比为

$$\bar\rho=\frac{E_{\max1}+E_{\max2}+\cdots+E_{\max n}}{E_{\min1}+E_{\min2}+\cdots+E_{\min n}}$$

当为小信号平方律检波时，有

$$\bar\rho=\frac{\sqrt{I_{\max1}}+\sqrt{I_{\max2}}+\cdots+\sqrt{I_{\max n}}}{\sqrt{I_{\min1}}+\sqrt{I_{\min2}}+\cdots+\sqrt{I_{\min n}}}$$

2. 中驻波比的测量（$1.5\leqslant\rho\leqslant10$）

利用双 T 调配器改变驻波测量线终端的状态，调到混波状态后测量中驻波比。此时，只需测一个驻波波腹和一个驻波波节，按下式计算：

$$\rho=\frac{E_{\max}}{E_{\min}}$$

当满足平方律检波时，有

$$\rho=\sqrt{\frac{I_{\max}}{I_{\min}}}$$

3. 观察驻波波形，测定波导波长 λ_g

利用双 T 调配器使驻波测量线终端接近全反射,观察驻波波形并测出波导波长 λ_g。

具体做法:因极小点位置受探针影响极微,一般测量极小点位置。为了精确测量极小点的位置,采用平均值法。即取极小点附近两点(此两点在指示器的输出相等)的距离坐标,然后取这两点的平均值,即得到极小点坐标,如图 7 所示。

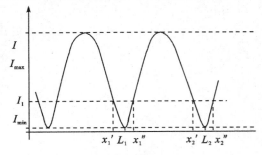

图 7　电场沿测量线分布图

$$x_{\min}=\frac{1}{2}(x'+x'')$$

波导波长 λ_g 可由两个相邻极小点的距离决定:

$$x_{\min2}-x_{\min1}=\frac{1}{2}(x'_2+x''_2)-\frac{1}{2}(x'_1+x''_1)=\frac{1}{2}\lambda_g$$

$$\lambda_g=(x'_2+x''_2)-(x'_1+x''_1)$$

利用波长计测量频率 f,以便计算光速 c、相速度 v_g 和群速度 u。

【数据处理】

(1)画出所观察的振荡模的草图。

(2)绘出最佳振荡模的 $P\text{-}U_R$ 曲线和 $f\text{-}U_R$ 曲线。

(3)计算最佳振荡模的电子调谐范围和平均电子调谐率。

(4)计算最佳振荡模的群聚中心电子的渡越时间 τ_0。

(5)利用驻波比 ρ 和反射系数 Γ_0 的关系式 $|\Gamma_0|=\dfrac{\rho-1}{\rho+1}$,分别计算出小驻波比和中驻波比所对应的 $|\Gamma_0|$。

(6)将驻波测量线测得的波导波长 λ_g 代入下式:

$$\lambda=\frac{\lambda_g}{\sqrt{1+\left(\dfrac{\lambda_g}{2a}\right)^2}}$$

$$c=\lambda \cdot f_0$$

$$v_g=\lambda_g \cdot f_0$$

$$u=\frac{c^2}{v_g}$$

计算出自由空间波长 λ,并求出光速 c、相速度 v_g 和群速度 u(已知波导管宽边 $a=22.86$ mm,计算时应保留四位有效数字)。

【注意事项】

(1)速调管电源一定要正确开启和关闭。

开机时:接通电源,预热 5 min 后,将谐振腔输出旋钮置于“低”的位置。

关机时:先将谐振腔输出旋钮由“低”接至“断”,然后再关电源。

（2）实验过程中，谐振腔电压不要超过 300 V，并将反射极电压 U_R 控制在 $-30 \sim -300$ V 范围内。

（3）用波长计测量频率时，要缓慢转动才能找到极尖锐的吸收峰，测完后必须调离谐振点，再进行其他测量。

【思考题】

（1）在谐振腔电压固定的情况下，对应于不同的反射极电压 U_R，为何会出现若干个相互分离的振荡区域？ 最佳振荡区域是如何确定的？

（2）改变反射式速调管的工作频率有几种方法？ 有何区别？

（3）怎样使速调工作在所需要的频率？

（4）波长计测频率的原理是什么？

（5）测量波导波长时，为何由相邻两波节的位置，而非两波腹位置来确定？

实验十七　微波介电常数和介电损耗角正切的测量

【实验目的】

(1)掌握速调管和谐振腔的工作特性。

(2)学习用谐振腔微扰法测量介电常数和介电损耗角正切。

【实验仪器】

微波信号源,示波器和隔离器、衰减器、吸收式波长计、T形环行器、晶体检波器、反射式谐振腔等多种微波器件。

【实验原理】

1.谐振腔微扰法测量介电常数

微波介质材料(包括电介质和微波铁氧体)的介电常数和介电损耗角正切,是研究材料的微波特性和设计微波器件必须知道的重要参数,因此准确测量这两个参量是十分重要的。下面以微波铁氧体为例来说明测量原理和测量方法。

微波铁氧体介电常数 ε 和介电损耗角正切 $\tan\delta_\varepsilon$ 可由下列关系式表示:

$$\begin{cases} \varepsilon = \varepsilon' - j\varepsilon'' \\ \tan\delta_\varepsilon = \dfrac{\varepsilon''}{\varepsilon'} \end{cases} \tag{1}$$

式中,ε',ε''分别表示 ε 的实部和虚部。

选择一个 TE_{10P} 型矩形谐振腔(一般选 P 为奇数),它的谐振频率为 f_0。将一根铁氧体细长棒(截面为圆形和正方形均可)放到谐振腔中微波电场最大、微波磁场为零的位置,如图 1 所示。铁氧体棒的长轴与 y 轴平行,中心位置在 $x=\dfrac{a}{2}$,$z=\dfrac{l}{2}$ 处。因棒的横截面积足够小,可以认为样品内微波电场最大,微波磁场近似为零。假设:

(1)铁氧体棒的横向尺寸 d(圆形的直径或正方形的边长)与棒长 h 相比小得多(一般 $\dfrac{d}{h}<\dfrac{1}{10}$),

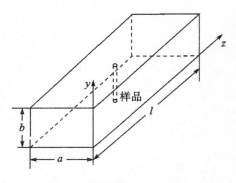

图 1　谐振腔中样品位置

y 方向的退电场可以忽略；

（2）铁氧体棒的体积 V_s 和谐振腔体积 V_0 相比小很多，可以把铁氧体棒看成一个微扰，则根据微扰法，可以推得下列关系式：

$$\begin{cases} \dfrac{f_s - f_0}{f_0} = -2(\varepsilon' - 1)\dfrac{V_s}{V_0} \\ \dfrac{1}{2}\Delta\left(\dfrac{1}{Q}\right) = 2\varepsilon''\dfrac{V_s}{V_0} \end{cases} \tag{2}$$

式中，f_0 和 f_s 分别表示谐振腔在未放进样品前和放进样品后的谐振频率，$\Delta\left(\dfrac{1}{Q}\right)$ 表示谐振腔未放进样品前和放进样品后的 Q 值倒数的变化。

采用反射式谐振腔作为测量腔，通过观测反射腔在放进样品前、后的谐振曲线，测定反射腔在放样品前、后的谐振频率 (f_0, f_s) 和半功率频宽 $|f_1 - f_2|_0$ 和 $|f_1 - f_2|_s$，即可由

$$Q_L = \frac{f_0}{2\Delta f_{\frac{1}{2}}} = \frac{f_0}{|f_1 - f_2|} \tag{3}$$

以及式（2）计算出 ε'，ε''，从而求出 $\tan\delta_\varepsilon$。

2. 微波谐振器

（1）基本概念

微波谐振器既可以利用同轴线或微带线来实现，也可以用波导来实现。最简单的谐振器是一个封闭的金属空腔，称为空腔谐振器，简称谐振腔。它在微波电路中的作用就相当于低频电路中的 LC 谐振电路。在较低的工作频率下，因为电感 L 和电容 C 本身的损耗很小，故用 LC 回路作为谐振器。在超高频情况下，由于此时 LC 回路的欧姆损耗、介质损耗和辐射损耗都变得很大，使回路的 Q 值大大变低；同时，随着频率的增高，所要求的电感量和电容量都变得很小（因为 $f = \dfrac{1}{2\pi\sqrt{LC}}$），机械加工极为困难，并且分布参量（如电感线圈之间的分布电容和电容器的引线电感等）将产生严重的影响，使电感和电容的数值以至于性质发生变化。因此，常用全封闭的金属空腔作为谐振器。反射式速调管的阳极就是谐振腔，吸收式频率计也是一只可调的谐振腔。和低频回路的作用相同，微波谐振器是一种具有储能和选频特性的微波谐振元件。

现在我们来讨论由一段矩形波导两端加金属导体板封闭而成的矩形谐振腔。设矩形谐振腔的宽为 a，高为 b，长为 l。如果波导中载有行波，将波导的两端短路，则在两短路端微波就要产生反射。因为谐振腔长度为 l，则微波经两端来回反射回到原位置时，其相位的变化为

$$\varphi = \pi + \pi + 2\beta l \qquad 简写为 \ \varphi = 2\beta l$$

式中，β 为微波在波导中的相移常数：

$$\beta = \frac{2\pi}{\lambda_g}$$

当选择 l 为 $\dfrac{\lambda_g}{2}$ 的整数倍时，则

$$\varphi = p \cdot 2\pi \qquad (p = 1, 2, \cdots)$$

式中，p 表示沿谐振腔长度 l 分布的半波数。此时就是谐振状态。在谐振时，叠加而形成的驻波场在两端面处为电场波节、磁场波幅。当 $p=1$ 时，在腔体中间位置即 $\frac{l}{2}$ 处，为电场波幅、磁场波节。这就是说在谐振腔内当电场能量最大时，磁场能量为零。反之，当磁场能量最大时，电场能量为零。

（2）基本参量

用来描述微波谐振腔的主要基本参量是谐振波长 λ_0 和品质因数 Q_0。

①谐振波长 λ_0。已知波在波导中的波导波长为

$$\lambda_g = \frac{\lambda}{\sqrt{1-\left(\frac{\lambda}{\lambda_c}\right)^2}}$$

式中，λ 为工作波长，$\lambda_c = 2a$ 为波导的截止波长。因为有

$$l = p \cdot \frac{\lambda_g}{2} \qquad (p=1,2,\cdots)$$

则由上述两式可得出谐振腔波长 λ_0 为

$$\lambda_0 = \frac{1}{\sqrt{\left(\frac{p}{2l}\right)^2 + \left(\frac{1}{\lambda_c}\right)^2}} = \frac{2}{\sqrt{\left(\frac{1}{a}\right)^2 + \left(\frac{p}{l}\right)^2}}$$

λ_0 与腔的形状、体积、波型等有关。谐振频率 $f_0 = \frac{c}{\lambda_0}$，$c$ 为真空中的光速。

②品质因数 Q_0。只有在腔壁是理想导体的空腔情况下，腔内没有损耗。在一般情况下都是有损耗的。由于腔的损耗，电磁能量被逐渐消耗掉，振幅不断减小。要维持等幅振荡就必须不断供给能量以补偿腔内的损耗。为此，可通过适当的方式使谐振腔与能源相耦合形成强迫振荡。当能源的频率等于腔的谐振频率 f_0 时，便产生谐振，这时腔内电能和磁能相互转换。可以证明，对于实际的腔，谐振时腔内的场最强、储能最多，腔内的损耗功率也达最大。谐振腔的固有品质因数 Q 定义为

$$Q = 2\pi \frac{\text{谐振腔总储能}}{\text{一周期中的耗能}} \bigg|_{\text{谐振时}} = 2\pi \frac{W_\text{储}}{W_\text{耗}}$$

如果谐振腔谐振时储能较多而损耗能量较少，就说该腔的 Q 值较高。

（3）谐振曲线

谐振腔的谐振曲线显示腔的谐振特性，谐振曲线越窄，频率选择性越好。可以证明：谐振腔的 Q 值越高，谐振曲线越窄。因此，Q 值的高低除了表示谐振腔效率的高低之外，还表示频率选择性的好坏。

①传输式谐振腔的谐振曲线。由一段标准矩形波导管，在其两端加上带有耦合孔的金属板，就构成一个传输式谐振腔。微波从一端输入，在腔内激起振荡后，由另一端输出至晶体检波器。其线路示意图如图 2 所示。

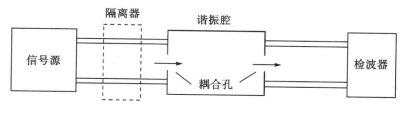

图 2　传输式谐振腔

相应的谐振腔的谐振曲线如图 3 所示。

其有载品质因数为

$$Q_L = \frac{f_0}{2\Delta f_{\frac{1}{2}}}$$

在微波测量中,先测量谐振腔谐振时的微波频率 f_0(此时输出功率最大),然后测量输出功率降至一半时的微波频率 f_1,f_2,则有载品质因数为

$$Q_L = \frac{f_0}{|f_1 - f_2|}$$

②反射式谐振腔的谐振曲线。把一段标准矩形波导管的一端加上带有耦合孔的金属板,另一端加上封闭的金属板,就构成一个反射式谐振腔。反射式谐振腔只有一个耦合端,维持其输入不变,其反射波的谐振曲线如图 4 所示。

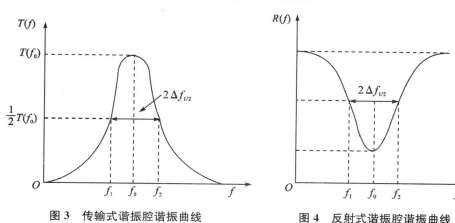

图 3　传输式谐振腔谐振曲线　　　　**图 4　反射式谐振腔谐振曲线**

对于反射式谐振腔仍有品质因数为

$$Q_L = \frac{f_0}{2\Delta f_{\frac{1}{2}}} = \frac{f_0}{f_1 - f_2}$$

【实验装置】

用反射式谐振腔测量介电常数和介电损耗角正切的线路如图 5 所示。在速调管的反射极加入锯齿波调制,使用平方律检波的晶体管,在示波器上可以观察到反射式谐振腔的谐振曲线,见图 6。借助于吸收式波长计的“指示点”(由于波长计吸收部分功率而造成的“缺口”),可以在示波器上测定谐振频率以及相应于半功率点的频率 f_1,f_2,即可由

$Q_L = \dfrac{f_0}{|f_1 - f_2|}$ 算出 Q_L。

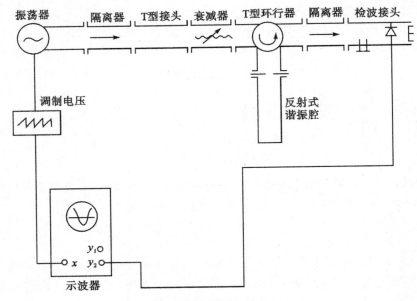

图 5　实验线路图

要精确测定有载品质因数 Q_L 及其变化，必须考虑下列两个因素。

1. 晶体的检波律

为了消除检波晶体管的非平方律带来的误差，在测量线路须采用平方律检波探头，或者利用可变衰减器和精密衰减器，使晶体管工作在平方律检波的区域。本实验中调晶体管平方律检波的做法是：调节可变衰减器的衰减量，使得在精密衰减器增加或减少 3 dB 衰减量时，示波器所示谐振腔曲线的高度刚好缩小或放大一倍（为什么）。

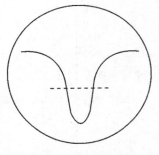

图 6　平方律检波下的
反射式谐振曲线

2. 频标的精度

精确测量的关键是测准谐振曲线的半功率频率。我们利用波长计在示波器上形成的"缺口尖端"为标志点，测定示波器横轴的频标系数 K（即单位长度所对应的频率范围，以兆赫/格表示）。做法是：调节波长计使"缺口尖端"在示波器横向移动适当距离 Δl，由波长计读出响应的频率差值 Δf，则频标系数 $K = \dfrac{\Delta f}{\Delta l}$。一般可以做到 $K \approx 0.4$ 兆赫/格。谐振曲线的半功率频宽 $|f_1 - f_2|$，可由 K 和半功率点的距离 $|l_1 - l_2|$ 决定。

【实验内容】

1. 观察反射式速调管的振荡模

将反射式谐振腔失谐（或者不接反射式腔，把短路片接 T 形环行器的终端）。使速调管处于调频工作状态,改变反射极电压,在示波器上观察速调管的各个振荡模,并描绘草图。

2.观察空谐振腔的谐振曲线

在未插入铁氧体样品时,使谐振腔处于谐振状态(速调管的中心工作频率＝谐振腔的谐振频率),用示波器观测腔的谐振曲线。利用波长计测量腔的谐振频率 f_0 和半功率频宽 $|f_1-f_2|$(利用平方律的检波晶体管,或者利用精密衰减器)。

3.观测放样品时腔的谐振曲线

插入样品,改变速调管的中心工作频率(机械调谐),使腔处于谐振状态,再用上述方法测量谐振曲线的谐振频率 f_S 和半功率频宽 $|f'_1-f'_2|$。

【数据处理】

(1)画出速调管各个振荡模的草图,并标明模中心反射极电压、中心频率和半功率点频率。

(2)利用 $Q_L=\dfrac{f_0}{|f_1-f_2|}$,$Q'_L=\dfrac{f_S}{|f'_1-f'_2|}$ 计算空腔的有载品质因数 Q_L 和放样品后的有载品质因数 Q'_L。

(3)计算介电常数 ϵ',ϵ'' 和介电损耗角正切 $\tan\delta_\epsilon$($V_0=abl$,$V_S=d^2b$,$d=1.00$ mm,$a=22.86$ mm,$b=10.16$ mm)

【注意事项】

(1)速调管电源一定要正确开启和关闭。

开机时:接通电源,预热 5 min 后,将谐振腔输出旋钮置于"低"的位置。

关机时:先将谐振腔输出旋钮由"低"接至"断",然后再关电源。

(2)实验过程中,谐振腔电压不要超过 300 V,并将反射极电压 U_R 控制在 $-30\sim-300$ V 范围内。

(3)用波长计测量频率时,要缓慢转动才能找到极尖锐的吸收峰,测完后必须调离谐振点,再进行其他测量。

【思考题】

(1)测量 $\epsilon=\epsilon'-j\epsilon''$ 时要保证那些实验条件?

(2)要保证测量(ϵ',ϵ'')有足够的精确度,要考虑哪些因素?

(3)设计一个测量 $\epsilon=\epsilon'-j\epsilon''$ 用的反射式谐振腔:已知腔的尺寸 $a=22.86$ mm,$b=10.16$ mm,振荡模式 TE_{10P},谐振频率 f_0,求腔长 l 和样品放在腔内什么位置。

(4)如何判断晶体检波管处于平方律检波?

磁共振基本知识

1. 磁共振的基本原理

磁共振是指具有磁矩的原子核或电子。在稳恒磁场作用下,对射频或微波电磁波的共振吸收现象,它属于波谱学的研究范畴。我们知道,波谱学涉及电磁波各个波段,联系到物质各个层次及其运动状态(图1)。从图1可见,如果将射频段和微波段的磁共振实验与光谱实验、X 射线实验、穆斯堡尔效应实验(在 γ 射线区域研究核能级间的跃迁)联系起来,就构成了比较完整的一组通过研究物质与电磁波相互作用,了解物质的微观结构及其运动规律的实验,这是近代物理实验的一个重要分支。

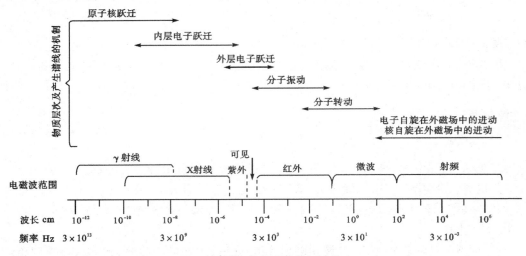

图 1　物质各个层次及其运动状态

由于磁共振发生在射频段和微波段,因此也被称为射频波谱学和微波波谱学,它们发现于光谱学之后,至今仅五六十年的历史。但由于磁共振方法具有能深入物质内部而又不破坏样品本身,并且迅速、准确、分辨率高等优点,因此它发展很快,应用也很广。从目前情况看,除物理学本身外,在化学、生物学、医学等方面都得到了广泛的应用,并正进一步向生物化学和生物物理等边缘学科渗透。另一方面,磁共振对计量科学如频率标准、时间标准、磁场精密测量等也提供了新的技术和贡献。可以说,磁共振是一门新兴的有相当重要性和发展前途的学科。

本部分教学目的主要是通过核磁共振(Nuclear Magnetic Resonace)、顺磁共振(Electron Parumagnetic Resonace)、铁磁共振(Ferromagnetic Resonace)、光磁共振(Optical Pumping Magnetic Resonance)等实验,帮助读者了解磁共振的基本原理和测量各种磁共

振的基本方法。上列几种磁共振虽然名称不一,共振机理也有区别,但是其基本原理和实验方法有很多共同点或相似处。为便于叙述,并避免重复,下面主要围绕核磁共振来讨论磁共振的基本原理。要求读者必须在学完本部分内容以后,再进行磁共振方面的实验。

2. 磁共振现象

在射频及微波波段,产生磁共振的主要机制是在外磁场作用下,原子核或电子的自旋进动。因此,在说明磁共振现象之前,先回顾一下原子物理学中讲过的有关内容。

从原子物理学知道,原子中的电子由于轨道运动和自旋运动,具有轨道磁矩 μ_l 和自旋磁矩 μ_s,其数值分别是

$$\mu_l = \frac{e}{2m_e} P_l$$

$$\mu_s = \frac{e}{m_e} P_s$$

式中,m_e 和 e 分别为电子的质量和电荷量,P_l 和 P_s 分别表示电子的轨道角动量和自旋角动量。

对于单电子原子,其总磁矩数值为

$$\mu_j = g \frac{e}{2m_e} P_j$$

式中,$g = 1 + \dfrac{j(j+1) - l(l+1) + s(s+1)}{2j(j+1)}$ 称为朗德(Lande)g 因子。从上式可看出,若原子的磁矩完全由电子的自旋磁矩所贡献,则 $g = 2$。反之,若磁矩完全由电子的轨道磁矩所贡献,则 $g = 1$。两者都有贡献,则 g 在 $1 \sim 2$ 之间。因此,g 与原子的具体结构有关,其数值可以通过实验精确测定。

同样,我们知道原子核也具有磁矩 μ_I,如同核外电子的情况,其数值可以表示为

$$\mu_I = g \frac{e}{2m_p} P_I$$

式中,g 为原子核的朗德因子,其数值只能由实验测得;P_I 为核的角动量,m_p 是质子的质量。由于质子的质量比电子质量大 1 836 倍,因此原子核磁矩比原子中的电子磁矩要小得多,所以有时可将原子中电子的总磁矩看成原子的总磁矩。

通常原子磁矩的单位用玻尔磁子 μ_B 表示,核磁矩的单位用核磁子 μ_N 表示,在 SI 单位制中

$$\mu_B = \frac{\hbar e}{2m_e} = 9.274\ 1 \times 10^{-24} \text{J/T}$$

$$\mu_N = \frac{\hbar e}{2m_p} = 5.050\ 8 \times 10^{-27} \text{J/T}$$

这样,原子中电子和原子核的磁矩可分别写成

$$\mu_j = g \frac{\mu_B}{\hbar} P_j$$

$$\mu_I = g \frac{\mu_N}{\hbar} P_I$$

式中，$\hbar = \dfrac{h}{2\pi} = \dfrac{1}{2\pi} \times 6.626\,2 \times 10^{-34}\,\text{J} \cdot \text{S} = 1.054\,6 \times 10^{-34}\,\text{J} \cdot \text{S}$。

由于原子中的电子和原子核具有磁矩，因此，当它们处在磁场中时，要受到磁场的作用，使磁矩绕磁场的方向做旋进。这就是在射频段和微波段产生核磁共振、顺磁共振、铁磁共振等磁共振现象的主要机制。下面以原子核为例，对此作简要说明。

如图 2(a)所示，若将具有磁矩 $\boldsymbol{\mu}_I$ 的核置于稳恒磁场 $\boldsymbol{B}_0$ 中，则它要受到由磁场产生的磁转矩的作用，其大小为

$$L = \boldsymbol{\mu}_I \times \boldsymbol{B}_0$$

此力矩迫使原子核的角动量 $\boldsymbol{P}_I$ 改变方向，角动量改变的方向就是力矩的方向，而且

$$\frac{\mathrm{d}\boldsymbol{P}_I}{\mathrm{d}t} = \boldsymbol{L}$$

从图 2(a)可以看出，由于力矩的存在，角动量的方向会不断改变，但其数值大小不变，这就造成 $\boldsymbol{P}_I$ 在图所示的方向连续地旋进。

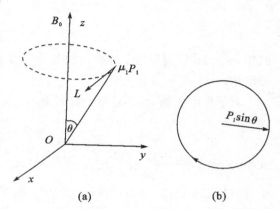

若图 2(a)自上向下看，我们将看到 $\boldsymbol{P}_I$ 的端点做一圆周运动，如图 2(b)所示。此圆的半径为 $P_I\sin\theta$，设 $\boldsymbol{P}_I$ 的端点做圆运动的角速度为 ω_0，则线速率是

$$\frac{\mathrm{d}P_I}{\mathrm{d}t} = P_I \sin\theta \cdot \omega_0$$

而 $L = \mu_I B_0 \sin\theta$，故有 $P_I \sin\theta \cdot \omega_0 = \mu_I B_0 \sin\theta$，则得

图 2　角动量 $\boldsymbol{P}_I$ 产生的旋进

$$\omega_0 = \frac{\mu_I}{P_I} B_0 = \gamma B_0$$

式中，$\gamma = \dfrac{\mu_I}{P_I} = g\dfrac{\mu_N}{\hbar}$ 称为核的旋磁比（或迴磁比），不同元素的核其 γ 值不同，所以旋磁比也是一个反映核的固有性质的物理量，其值可由实验测定。上式就是拉莫尔（Larmor）旋进公式，ω_0 称为拉莫尔旋进角频率。由公式可知：核磁矩在稳恒磁场的作用下，将绕磁场方向做旋进，其旋进频率 ω_0 决定于核的旋磁比 γ 和磁场 B_0 的大小。

如果此时再在垂直于 $\boldsymbol{B}_0$ 的平面内附加一个角频率大小和方向与磁矩旋进角频率和旋进方向相同的弱旋转磁场 $\boldsymbol{B}_1$，如图 3 所示。则此时磁矩 $\boldsymbol{\mu}_I$ 除受 $\boldsymbol{B}_0$ 作用以外，还受到旋转磁场 $\boldsymbol{B}_1$ 的影响。由于 $\boldsymbol{B}_1$ 的 $\omega_0 = \omega$，即 $\boldsymbol{B}_1$ 与 $\boldsymbol{\mu}_I$ 的相对方位保持固定，则它对 $\boldsymbol{\mu}_I$ 的作用也以一个稳恒磁场的形式出现。如前所述，它也将导致 $\boldsymbol{\mu}_I$ 绕 $\boldsymbol{B}_1$ 旋进。其综合效果使 $\boldsymbol{\mu}_I$ 原来绕 $\boldsymbol{B}_0$ 旋进的夹角 θ

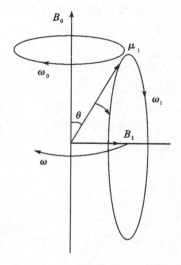

图 3　角动量产生的旋进

有增加的趋势,而核磁能可表示为 $E=-\boldsymbol{\mu}_I\cdot\boldsymbol{B}_0=-\mu_I\cdot B_0\cos\theta$。现在 $\boldsymbol{\mu}_I$ 对 $\boldsymbol{B}_0$ 的空间取向发生了变化,表示核从弱磁场 $\boldsymbol{B}_1$ 中吸收了能量而使自己的位能增加,这就是磁共振现象。

综上所述,可以得到如下结论:具有自旋磁矩的核,在一稳恒磁场 $\boldsymbol{B}_0$ 和一弱的旋转磁场 $\boldsymbol{B}_1$ 的作用下,当旋转磁场的角频率 ω 等于核磁矩在稳恒磁场中的拉莫尔旋进角频率 ω_0 时,核将从 $\boldsymbol{B}_1$ 中吸收能量,而改变自己的能量状态,这种现象便称为磁共振。发生磁共振的条件可表示为

$$\omega=\omega_0=\gamma B_0=g\frac{\mu_N}{\hbar}B_0$$

磁共振是一种基本而普遍的物理现象,上述共振条件,不仅对原子核适用,对自由电子以及其他基本粒子也适用,只是粒子不同,旋磁比和 g 因子值不同,使得在相同磁场下的共振频率不同。

3. 磁共振现象的量子力学描述

大家知道,原子中的电子和原子核都是微观粒子,严格说来其运动规律应该用量子力学来描述。因此,下面仍以原子核为例,用量子力学观点对磁共振现象作简单解释。

根据量子力学,核的自旋角动量是量子化的,P_I 只能取以下数值:

$$P_I=\sqrt{I(I+1)}\,\hbar$$

在此 I 是表征核性质的自旋量子数,可取 $0,\dfrac{1}{2},1,\dfrac{3}{2},\cdots$诸值之一,$\hbar=\dfrac{h}{2\pi}$ 为角动量的单位。则核磁矩 μ_I 的数值为

$$\mu_I=\gamma\hbar\,\sqrt{I(I+1)}=g\mu_N\,\sqrt{I(I+1)}$$

若将其置于磁场 $\boldsymbol{B}_0$ 中,则磁矩在磁场方向上的分量 μ_z 也是量子化的,只能取以下数值

$$\mu_z=\gamma m\hbar=g\mu_N m$$

式中,$m=I,I-1,\cdots,-I+1,-I$,称为磁量子数。那么,它在磁场中具有的核磁能

$$E=-\boldsymbol{\mu}_I\cdot\boldsymbol{B}_0=-\mu_z B_0=-m\gamma\hbar B_0$$

也是不连续的,要形成分立的能级。此时,每个磁能级分裂为 $2I+1$ 个次能级,每一次能级与磁矩在空间的一定取向相对应。

考虑最简单的情况,对氢核($^1\mathrm{H}$)而言,$I=\dfrac{1}{2}$,故仅有两个次能级,对应于 $m=\dfrac{1}{2}$ 和 $m=-\dfrac{1}{2}$,故 $^1\mathrm{H}$ 在磁场作用下,磁矩取向的情况及其所对应的能级如图 4 所示。可见,此时被分裂的相邻两个次能级的能量差为

$$\Delta E=\gamma\hbar B_0=g\mu_N B_0$$

这时如果在原子核所在的稳恒磁场区域又叠加一个与稳恒磁场垂直的交变磁场,而它的频率 ν 又调整到使一个量子的能量力 $h\nu$ 正好等于原子核在磁场中两邻近能级差 ΔE,也就是 $h\nu=\Delta E=\gamma\hbar B_0$ 或 $\omega=\gamma B_0$,则处于低能级的粒子就有可能吸收能量 $h\nu$ 跃迁到高能级上去,即产生磁共振现象。

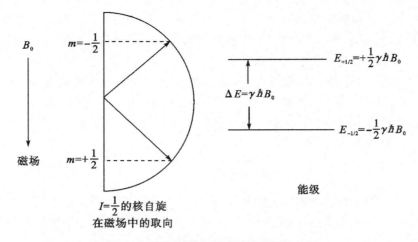

图 4　氢核磁矩取向及其所对应的能级图

由于核磁共振实验中,所用的样品是一个包含着数目很大的核子系统,在热平衡时,处在每一能级的核子数应该服从波尔兹曼规律。现在假设有 N_0 个磁矩为 $\boldsymbol{\mu}_I$ 的核处在磁场 $\boldsymbol{B}_0$ 中,考虑到核共有 $2I+1$ 个能态,此时能量为 E 的核,按能量分布函数为

$$N(E)=\frac{N_0}{2I+1}\mathrm{e}^{-\frac{E}{KT}}$$

对氢核而言,其两个能态对应的能级能量为

$$E_{\pm\frac{1}{2}}=\mp\frac{1}{2}\gamma\hbar B_0$$

则每一次能级的核子分布数为

$$N(\pm\frac{1}{2})=\frac{N_0}{2}\mathrm{e}^{\pm\frac{\gamma\hbar B_0}{2KT}}$$

由上可见,$m=+\frac{1}{2}$ 态的核子数比 $m=-\frac{1}{2}$ 态的核子数略多一些,并且能级略低一点。设核子数差为 N_S,称为超量核子数,其值为

$$N_S=N(+\frac{1}{2})-N(-\frac{1}{2})=\frac{N_0}{2}(\mathrm{e}^{\frac{\gamma\hbar B_0}{2KT}}-\mathrm{e}^{-\frac{\gamma\hbar B_0}{2KT}})=\frac{N_0}{2}(\mathrm{e}^{\frac{\omega_0\hbar}{2KT}}-\mathrm{e}^{-\frac{\omega_0\hbar}{2KT}})$$

在室温条件下,可略去指数方程展开级数的高次项,得

$$N_S\approx\frac{N_0}{2}\frac{\hbar\omega_0}{KT}$$

只有这个超量核子数的核对核磁共振有贡献,它们能够吸收射频场能量,从态 $m=+\frac{1}{2}$ 过渡到 $m=-\frac{1}{2}$ 态,发生跃迁。

由于这些超量核和样品的其他核处在一个热平衡系统中,它们会不断地和周围其他的核发生能量交换。所以在发生磁共振时,它们不但吸收射频场能量跃迁到高能级,同时不断将吸收到的能量传送出去,再降回到低能级,使整个系统达到新的热平衡,这样就出现射频场能量不断被吸收,从而使我们能够观察到一个稳定的共振吸收信号。

4. 磁共振的宏观理论

由于实验时是从物质的一般状态中观察核磁共振现象。因此,下面我们转入研究磁性原子核集团在磁场中的行为。

为描述系统的宏观特性,我们引入磁化强度矢量这一物理量,它的定义是,单位体积内微观磁矩的矢量和,用 M 表示:

$$M = \sum_i \mu_i$$

$\sum$ 遍及单位体积。在外磁场 B 中,M 受到的力矩 $L = M \times B$,则由公式

$$\frac{\mathrm{d}P}{\mathrm{d}t} = L \text{ 和 } M = \gamma P$$

可推导出 M 在磁场作用下的运动方程为

$$\frac{\mathrm{d}M}{\mathrm{d}t} = \gamma M \times B$$

即 M 以频率 $\omega_0 = \gamma B_0$ 绕外磁场旋进。

但是对一个原子核体系,仅用上式表示是不完全的,还必须考虑它与周围环境发生的相互作用,即要考察弛豫过程对 M 的作用。

我们知道,当一个原子核系统在没有外加磁场时,它的能级是简并的,而简并能级各状态中的粒子数的分布是等几率的,因此 $M = 0$;当原子核系统处在外磁场中时,原子核系统的能级将分裂为 $2I + 1$ 个,这时出现在各能级上的核数将按照波耳兹曼分布律分布,结果使低能级上的核数较高能级为多。因此,当体系处于平衡,则核系统的磁化强度的纵向分量和横向分量分别为 $M_Z = M_0$,$M_{XY} = 0$,如图 5(a)所示。

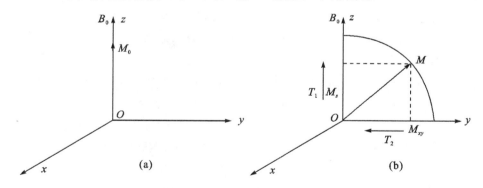

图 5　核磁化强度偏离平衡位置

如果核系统受到了某种外界的作用(如电磁波的作用),核磁化强度就会偏离平衡位置,这时 $M_Z \neq M_0$,$M_{XY} \neq 0$。从图 5(b)可知,这时磁化强度的纵向分量小于平衡值 M_0。并且出现了一个横向分量 M_{XY}。当外界作用停止以后,这种核系统的不平衡状态并不能维持下去,而会自动地向平衡状态恢复。但是这种恢复过程并不能马上完成,需要一定的时间,所以我们把原子核系统从不平衡状态向平衡状态恢复的过程称为弛豫过程。

假设 M_Z 分量和 M_{XY} 分量向平衡位置恢复的速度与它们离开平衡位置的程度成正比,那么这两个分量对时间的导数可写为

$$\frac{\mathrm{d}M_Z}{\mathrm{d}t}=\frac{M_Z-M_0}{T_1}$$

$$\frac{\mathrm{d}M_{XY}}{\mathrm{d}t}=-\frac{M_{XY}}{T_2}$$

由于弛豫过程是磁化强度变化的逆过程，所以公式中有负号。两式中比例常数中的两个量 T_1 和 T_2 具有时间的量纲，因此称为弛豫时间。其中 T_1 是描述磁化强度纵向分量 M_Z 恢复过程的时间常数，因此称为纵向弛豫时间，这个过程是由于核自旋系统与周围介质交换能量所引起的，因此 T_1 也称为核的自旋—晶格弛豫时间。而 T_2 是描述磁化强度的横向分量 M_{XY} 消失过程的时间常数，因此称为横向弛豫时间，这个过程是由于核自旋系统内部交换能量所引起的，因此 T_2 也称为核的自旋—自旋弛豫时间。

弛豫时间对磁共振信号有很大的影响。下面以自旋—自旋弛豫与共振吸线宽的关系为例，对此作定性说明。

对核系统中每一自旋磁矩来说，由于近邻处其他粒子的自旋磁矩所造成的微扰场略有不同，它们的进动频率也会不完全一样，而由于各个自旋磁矩的进动频率略有差别，又使与它们对应的发生共振吸收时的外磁场的值也略为不同，因此表现出共振吸收信号具有一定的宽度。自旋磁矩相互间作用越强烈，自旋—自旋弛豫时间 T_2 越短，则共振吸收信号也变得越宽。这样共振吸收信号有如图 6 所示的形状。通常将吸收线半高度的宽度所对应的磁场 ΔB（或频率 $\Delta\nu$）间隔，称为共振线的半高宽度（或共振线宽）。这种由弛豫过程造成的线宽称为本征线宽。我们实验中测量到的线宽，除本征线宽外，还有由于外磁场不均匀造成的共振线加宽（$\gamma\Delta B$），因此有时也可用测量线宽的办法，来衡量磁场均匀性的好坏。

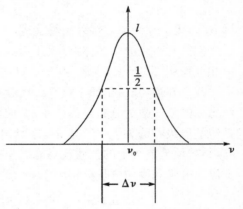

图 6　共振吸收信号具有一定的宽度

综上所述，由于核弛豫的存在和磁场不均匀的影响，实际上观察到的共振吸收信号有一定的半高宽度 $\Delta\nu$。在一定条件下（$\gamma^2 B_1^2 T_1 T_2 \ll 1$）存在如下关系：

$$\Delta\nu=\frac{1}{\pi}\left(\frac{1}{T_2}+\gamma\Delta B\right)$$

上面分别分析了磁场和弛豫过程对磁化强度矢量 $\boldsymbol{M}$ 的作用，得到了两组运动方程式：

$$\frac{\mathrm{d}\boldsymbol{M}}{\mathrm{d}t}=\gamma\boldsymbol{M}\times\boldsymbol{B}$$

$$\frac{\mathrm{d}\boldsymbol{M}}{\mathrm{d}t}=-\frac{1}{T_2}(M_X\boldsymbol{i}+M_Y\boldsymbol{j})-\frac{1}{T_1}(M_Z-M_0)\boldsymbol{k}$$

式中，$\boldsymbol{i}$、$\boldsymbol{j}$、$\boldsymbol{k}$ 是 x、y、z 方向上的单位矢量。布洛赫（Bloch）等人在实验的基础上提出：当上述两种作用同时存在时，如果假设各自的规律性不受另一因素的影响，即这两种因素

是各自独立地发生作用,因此它们可以进行简单的叠加,这样就可得到描述核磁共振现象的基本运动方程式:

$$\frac{\mathrm{d}\boldsymbol{M}}{\mathrm{d}t}=\gamma\boldsymbol{M}\times\boldsymbol{B}-\frac{1}{T_2}(M_X\boldsymbol{i}+M_Y\boldsymbol{j})-\frac{1}{T_1}(M_Z-M_0)\boldsymbol{k}$$

式中,第一项表示磁化强度矢量受外磁场的作用,第二、三项表示弛豫过程的作用。此式称为布洛赫方程式,上述假设称为布洛赫假设,它对液态物质基本上是适用的。

　　在进行核磁共振实验时,外磁场为 z 轴方向的稳恒场 $\boldsymbol{B}_0$ 和 xy 平面上沿 x 或 y 方向的线偏振场,这个线偏振场可看做是左旋圆偏振场和右旋圆偏振场的叠加。在这两个圆偏振场中,只有当圆偏振场的旋转方向与进动方向相同时才起作用,所以对 γ 为正的系统,起作用的是顺时针方向的圆偏振场,对于 γ 为负的系统则反之。这两个圆偏振场用下式表示:

$$\begin{cases} B_x=B_1\cos\omega t \\ B_y=\mp B_1\sin\omega t \end{cases}$$

对 γ 为"＋"的系统,起作用的圆偏振场为(以下均设为正)

$$\begin{cases} B_x=B_1\cos\omega t \\ B_y=-B_1\sin\omega t \end{cases}$$

因为 $\boldsymbol{M}\times\boldsymbol{B}$ 的三个分量分别是

$$(M_yB_z-M_zB_y)\boldsymbol{i},(M_zB_x-M_xB_z)\boldsymbol{j},(M_xB_y-M_yB_x)\boldsymbol{k}$$

这样布洛赫方程变为

$$\begin{cases} \dfrac{\mathrm{d}M_x}{\mathrm{d}t}=\gamma(M_yB_0+M_zB_1\sin\omega t)-\dfrac{M_x}{T_2} \\[2mm] \dfrac{\mathrm{d}M_y}{\mathrm{d}t}=\gamma(M_zB_1\cos\omega t-M_xB_0)-\dfrac{M_y}{T_2} \\[2mm] \dfrac{\mathrm{d}M_z}{\mathrm{d}t}=\gamma(-M_xB_1\sin\omega t-M_yB_1\cos\omega t)-\dfrac{M_z-M_0}{T_1} \end{cases}$$

　　在某些特殊情况下解上述方程式,可以解释某些核磁共振现象。

　　下面进一步讨论我们感兴趣的某种形式的解。为便于分析,引入新坐标系 $x'y'z'$,使 z' 与原来 z 轴重合,旋转磁场与 x' 重合与 y' 垂直(如图 7 所示)。显然,此新坐标系是一个与旋转磁场以同一角频率 ω 旋转的坐标系。设 u 和 v 分别表示 $\boldsymbol{M}_{xy}$ 在 x' 和 y' 方向上的分量,即 u 是 $\boldsymbol{M}_{xy}$ 与 $\boldsymbol{B}_1$ 的相位相同的分量,v 是 $\boldsymbol{M}_{xy}$ 与 $\boldsymbol{B}_1$ 的相位差 $90°$ 的分量,则 M_x、M_y 和 u、v 之间的转换关系为

$$u=M_x\cos\omega t-M_y\sin\omega t$$
$$v=-(M_x\sin\omega t+M_y\cos\omega t)$$

或

$$M_x=u\cos\omega t-v\sin\omega t$$

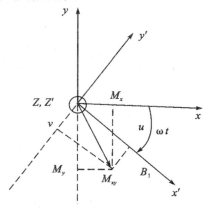

图 7　旋转的坐标

$$M_y = -(u\sin\omega t + v\cos\omega t)$$

代入布洛赫方程则得

$$\begin{cases} \dfrac{\mathrm{d}u}{\mathrm{d}t} + \dfrac{u}{T_2} + (\omega_0 - \omega) = 0 \\[2mm] \dfrac{\mathrm{d}v}{\mathrm{d}t} + \dfrac{v}{T_2} - (\omega_0 - \omega)u + \gamma B_1 M_y = 0 \\[2mm] \dfrac{\mathrm{d}M_z}{\mathrm{d}t} + \dfrac{M_z - M_0}{T_1} - \gamma B_1 v = 0 \end{cases}$$

式中，$\omega_0 = \gamma B_0$。上式中最后一式表明：M_z 的变化是 v 的函数，不是 u 的函数。而我们知道 M_z 的变化表示了核系统能量的变化（$E = -M_z \cdot B_0$），所以 v 的变化反映了系统能量的变化。

若稳恒磁场是固定不变的，此时 $\boldsymbol{M}_{xy}$ 有同定长度，它在 x'、y' 上的投影 v、u 也固定，即

$$\frac{\mathrm{d}u}{\mathrm{d}t} = \frac{\mathrm{d}v}{\mathrm{d}t} = \frac{\mathrm{d}M_z}{\mathrm{d}t} = 0$$

则可得方程的稳态解：

$$\begin{cases} u = \dfrac{\gamma B_1 T_2^2 (\omega_0 - \omega) M_0}{1 + T_2^2 (\omega_0 - \omega)^2 + \gamma^2 B_1^2 T_1 T_2} \\[3mm] v = \dfrac{-\gamma B_1 T_2 M_0}{1 + T_2^2 (\omega_0 - \omega)^2 + \gamma^2 B_1^2 T_1 T_2} \\[3mm] M_z = \dfrac{1 + T_2^2 (\omega - \omega_0)^2 M_0}{1 + T_2^2 (\omega_0 - \omega)^2 + \gamma^2 B_1^2 T_1 T_2} \end{cases}$$

实验上，只要扫场很缓慢通过共振区，则可满足上面所设的条件。根据上式画出的 u 和 v 的图形如图 8 所示。因为磁矩 $\boldsymbol{M}_{xy}$ 的 u 分量与旋转磁场 B_1 的方向相同，它与 B_1 的比值相当于动态复数磁化率 x 的实部 x'，而磁矩 $\boldsymbol{M}_{xy}$ 的 v 分量与旋转磁场 B_1 总保持 $90°$ 的位相差，它们之间的比值相当于动态复数磁化率的虚部 x''，所以分别把 u 和 v 称为色散信号和吸收信号。

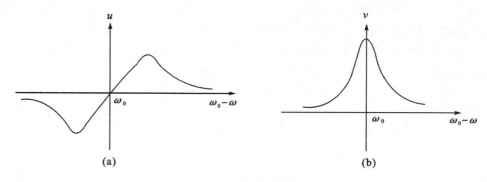

图 8　u 和 v 的图形

由上面得到的稳态解和图 8 可看出，稳态解的吸收信号有几个我们实验中感兴趣的重要特点：

（1）当 $\omega = \omega_0$ 值，v 为极大，可表示为

$$v_{极大} = \frac{\gamma B_1 T_2 M_0}{1+\gamma^2 B_1^2 T_1 T_2}$$

可见,当 $B_1 = \dfrac{1}{\gamma(T_1 T_2)^{\frac{1}{2}}}$ 时,v 达到最大值

$$v_{最大} = \frac{1}{2}\sqrt{\frac{T_2}{T_1}} M_0$$

由此表明,吸收信号的最大值并不是要求 B_1 无限地弱,而是要求它有一定的大小。

(2)共振时 $\Delta\omega = \omega_0 - \omega = 0$,则吸收信号的表示式中包含有

$$S = \frac{1}{1+\gamma^2 B_1^2 T_1 T_2}$$

项,也就是说当 B_1 增加时,S 值减小,这意味着自旋系统吸收的能量减小,相当于高能级部分地被饱和,所以人们称 S 为饱和因子。

(3)由稳态解中的吸收信号表示式还可知,吸收信号半宽度为

$$\omega_0 - \omega = \frac{1}{T_2}(1+\gamma^2 B_1^2 T_1 T_2)^{\frac{1}{2}}$$

可见,线宽主要由 T_2 值所决定,所以横向弛豫时间是线宽的主要参数(当 B_0 不均匀引起的增宽不算时)。

(4)从积分强度($\int_{-\infty}^{+\infty} v\, \mathrm{d}\omega$),即从吸收曲线与横坐标轴之间的那部分面积,可以大致知道样品中参与和接近共振的那部分核的数量。

实验十八　铁磁共振

在现代,铁磁共振也和顺磁共振、核磁共振等一样是研究物质宏观性能和微观结构的有效手段。铁磁共振在磁学乃至固体物理学中都占有重要地位,它是微波铁氧体物理学的基础。而微波铁氧体在雷达技术和微波通讯方面都已获得重要应用。

早在 1935 年苏联著名物理学家兰道(л. д. лаНдау)等就提出铁磁性物质具有铁磁共振特性。十几年后超高频技术发展起来,才观察到铁磁共振现象。多晶铁氧体最早的铁磁共振实验发表于 1948 年,以后的工作则多采用单晶样品,这是因为多晶样品的共振吸收线较宽,又非洛仑兹分布,也不对称;并在许多样品中出现细结构。单晶样品的共振数据易于分析,不仅被普遍用来测量 g 因子、共振线宽及弛豫时间,而且还可以测量磁晶各向异性参量。

【实验目的】

(1)熟悉微波信号源的组成和使用方法,学习微波装置调整技术。

(2)了解铁磁共振的基本原理,学习用谐振腔法观测铁磁共振的测量原理和实验条件。

(3)测量微波铁氧体的铁磁共振线宽;测量微波铁氧体的 g 因子。

【实验仪器】

DH800A 型微波铁磁共振实验系统和示波器等。

【实验原理】

1. 铁磁共振

铁磁物质的磁性来源于原子磁矩,一般原子磁矩主要由未满壳层电子轨道磁矩和电子自旋磁矩决定。在铁磁物质中,电子轨道磁矩受晶场作用,其方向不停地变化,不能产生联合磁矩,对外不表现磁性,故其原子磁矩来源于未满壳层中未配对电子的自旋磁矩。但是,铁磁性物质中电子自旋由于交换作用形成磁有序,任何一块铁磁体内部都形成许多磁矩取向一致的微小自发磁化区(约 10^{15} 个原子)称为"磁畴",平时"磁畴"的排列方向是混乱的,所以在未磁化前对外不显磁性,在足够强的外磁场作用下,即可达到饱和磁化。引用磁化强度矢量 M,它表征铁磁物质中全体电子自旋磁矩的集体行为,简称为系统磁矩 M。

处于稳恒磁场 B 和微波磁场 H 中的铁磁物质,它的微波磁感应强度 H 可表示为

$$b = \mu_0 \mu_{ij} H \tag{1}$$

式中，μ_{ij} 称为张量磁导率，μ_0 为真空中的磁导率。

$$\mu_{ij}=\left\{\begin{matrix} \mu & -jK & 0 \\ jK & \mu & 0 \\ 0 & 0 & 1 \end{matrix}\right\} \tag{2}$$

式中，μ、K 称为张量磁导率的元素。

$$\mu=\mu'-j\mu''$$
$$K=K'-jK'' \tag{3}$$

式中，μ、K 的实部和虚部随 B 的变化曲线如图 1 所示。

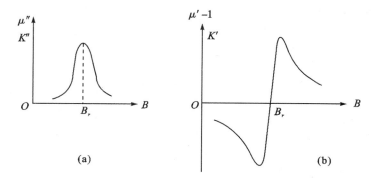

图 1　(a)实部变化曲线　(b)虚部变化曲线

μ'、K' 在 $B_{\gamma}=\dfrac{\omega_0}{\gamma}$ 处的数值和符号都剧烈变化称为色散。μ''、K'' 在 $\dfrac{\omega_0}{\gamma}$ 处达到极大值称为共振吸收，此现象即为铁磁共振。这里 ω_0 为微波磁场的旋转频率，γ 为铁磁物质的旋磁比。

$$\gamma=\frac{2\pi\mu_B}{h}\cdot g \tag{4}$$

式中，$\mu_B=\dfrac{\hbar e}{2m_e}=9.274\,1\times10^{-24}\mathrm{J/T}$，称为玻尔磁子；$h=6.626\,2\times10^{-34}\mathrm{J\cdot s}$，是普朗克常数。

μ'' 定义为铁磁物质能的损耗，微波铁磁材料在频率为 f_0 的微波磁场中，当改变铁磁材料样品上的稳恒磁场 B，满足 $B=B_0=\dfrac{\omega_0}{\gamma}$ 时，磁损耗最大，常用共振吸收线宽 ΔB 来描述铁磁物质的磁损耗大小。ΔB 定义如图 2 所示，它是 $\mu''=\dfrac{1}{2}\mu_m$ 处对应的磁场间隔（B_2-B_1），即半高度宽度，它是磁性材料性能的一个重要参数。研究 ΔB，对于研究铁磁共振的机理和磁性材料的性能有重要意义。

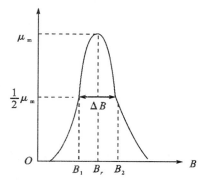

图 2　共振吸收线宽 ΔB 定义图

与经典理论的结果一致。铁磁共振在原理上与核磁共振、顺磁共振相似。铁磁共振由宏观唯象理论解释：铁磁性物质总磁矩 M 在稳恒磁场 B 作用下，绕 B 做进动，进动角频率为 $\omega=\gamma B$，由于内部存在阻尼作用，M 进动角会逐渐减小，逐渐趋于平衡方向，即 B 的方向而被磁化。当进动频率等于外加微波磁场 H 的角频率 ω_0 时，M 吸收微波磁场能量，用以克服阻尼并维持进动，此时即发生铁磁共振。

多晶体样品发生铁磁共振时，共振磁场 B_γ 与微波角频率 ω_γ 满足下列关系（适用于无限大介质或球形样品）：

$$\omega_\gamma=\gamma B_\gamma \tag{5}$$

从量子力学观点来看，当电磁场的量子 $\hbar\omega$ 刚好等于系统 M 的两个相邻塞曼能级间的能量差时，就会发生共振现象，选择定则为 $\Delta m=-1$ 的能级跃迁。这个条件是 $\hbar\omega=|\Delta E|=\hbar\gamma B_0$，与经典理论的结果一致。

铁磁物质在 $B_\gamma=\dfrac{\omega}{\gamma}$ 处呈现共振吸收，只适合于球状样品和磁晶各向异性较小的样品。对于非球状样品，由于铁磁物质在稳恒磁场 B 和微波磁场 H 作用下而磁化，相应地会在内部产生所谓退磁场，而使共振点发生位移，只有球状样品，退磁场对共振点没有影响。另外，铁磁物质在磁场中被磁化的难易程度随方向而异，这种现象称为磁晶各向异性，它等效于一个内部磁场，也会使共振点发生位移。对于单晶样品，实验时，要先做晶轴定向，使易磁化方向转向稳恒磁场方向。对于多晶样品，由于磁晶各向异性比较小，对共振点影响很小。

2. 用传输式谐振腔测量铁磁共振线宽

在稳恒磁场中，磁性材料的磁导率 μ 只是一个实数，而在交变磁场（如微波场）中，由于阻尼作用，材料的磁感应强度 B 与磁场强度 H 之间出现位相差，B 的变化滞后于 H。因此，材料的磁导率为复数：$\mu=\mu'-j\mu''$。其中实部分量 μ' 相当于稳恒磁磁场时的磁导率，它表示材料贮存的磁能；虚部分量 μ'' 代表交变磁场时材料的磁能损耗。

测量铁氧体的微波性质，如铁磁共振线宽，一般采用谐振腔法。根据谐振腔的微扰理论，假设在腔内放置一个很小的样品，除样品所在地外，整个腔内的电磁场分布保持不变，即把样品看成一个微扰。把样品放到腔内微波磁场最大处，将会引起谐振腔的谐振频率 f_0 和品质因数 Q_L 的变化。

$$\frac{f-f_0}{f_0}=-A(\mu'-1) \tag{6}$$

$$\Delta\left(\frac{1}{Q_L}\right)=4A\mu'' \tag{7}$$

式中，f_0、f 分别为无样品和有样品时腔的谐振频率；μ'、μ'' 为磁导率张量对角元的实部和虚部；A 为与腔的振荡模式和体积及样品的体积有关的常数。

可以证明，在保证谐振腔输入功率 $P_{in}(f_0)$ 不变和微扰条件下，输出功率 $P_{out}(f_0)$ 与 Q_L^2 成正比。要测量铁磁共振线宽 ΔB 就要测量 μ''。由式（7）可知，测量 μ'' 即是测量腔的 Q_L 值的变化。而 Q_L 值的变化又可以通过腔的输出功率 $P_{out}(f_0)$ 的变化来测量。因此，现在测量铁磁共振曲线就是测量输出功率 P 与恒定磁场 B 的关系曲线，如图 3 所示。

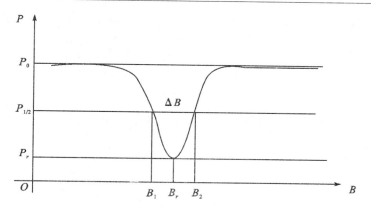

图 3　输出功率 P 与恒定磁场 B 的关系曲线

对于传输式谐振腔,在谐振腔始终调谐时,当输入功率 $P_{in}(\omega_0)$ 不变的情况下,有

$$P_{out}(\omega_0) = \frac{4P_{in}(\omega_0)}{Q_{e1} \cdot Q_{e2}} \cdot Q_L^2 \tag{8}$$

即 $P_{out}(\omega_0) \propto Q_L^2$。式中 Q_{e1}、Q_{e2} 为腔外品质因数。因此,可通过测量 Q_L 的变化来测量 μ'',而 Q_L 的变化可以通过腔的输出功率 $P_{out}(\omega_0)$ 的变化来测量,这就是测量 ΔB 的基本思想。

实际测量时要满足以下条件:

(1)样品小球放到腔内微波磁场最大处。

(2)小球要足够小,即把小球看成一个微扰。

(3)谐振腔始终保持在谐振状态。

(4)微波输入功率保持恒定。

在这样的条件下,把磁场 B 由零开始逐渐增大,对应每一个 B 测出一个 P,就能得到如图 3 所示的输出功率 P 与恒定磁场 B 的关系曲线。在图 3 中,P_0 为远离共振区时的谐振腔输出功率,P_r 共振区时的输出功率,$P_{1/2}$ 半共振点的输出功率。

必须注意是,当 B 改变时,磁导率的变化会引起谐振腔谐振频率的变化(频散效应),故实验时,每改变一次 B 都要调节谐振腔(或微波发生器频率)使它与输入微波磁场频率调谐,以满足式(8)关系,这种测量称逐点调谐,可以获得真实的共振吸收曲线如图 3 所示,此时,对应于 B_1、B_2 的输出功率为

$$P_{\frac{1}{2}} = \frac{4P_0}{(\sqrt{P_0/P_r+1})^2} \tag{9}$$

式中,P_0、P_r 和 $P_{1/2}$ 分别是远离共振点、共振点和共振幅度一半处对应的输出功率。因此根据测得曲线,计算出 $P_{1/2}$,即能确定出 ΔB。

为了简化测量过程,往往采用非逐点调谐,即在远离共振区时,先调节谐振腔使与入射微波磁场频率调谐,测量过程中不再调谐,则计算 $P_{1/2}$ 的关系式为

$$P_{\frac{1}{2}} = \frac{2P_0 P_r}{P_0 + P_r} \tag{10}$$

此式是考虑了频散影响修正后计算 $P_{1/2}$ 的公式。

实验时,直接测量的不是功率,而是检波电流 I,因此,必须控制输入功率的大小,使在测量范围内,微波检波二极管遵从平方律关系,则 I 与入射到检波器的微波功率(即 P_{out})成正比,则

$$I_{\frac{1}{2}} = \frac{2I_0 I_r}{I_0 + I_r} \tag{11}$$

因此,只要测出 I-B 曲线,即算得 ΔB 和 B_γ。另外,由铁磁共振条件 $\omega_\gamma = \gamma B_\gamma$ 和 $\gamma = \frac{2\pi\mu_B \cdot g}{h}$,根据外加磁场 B_γ 和微波频率 ω_γ 可求得 g 因子($\omega_\gamma = 2\pi f_\gamma$)。

【实验装置】

本实验是采用扫场法(或称"调场法")进行实验。即保持微波频率不变,连续改变外磁场,当外磁场与微波频率之间符合一定关系时,可发生射频磁场能量被吸收的铁磁共振现象。图 4 为微波铁磁共振实验系统工作时的照片。

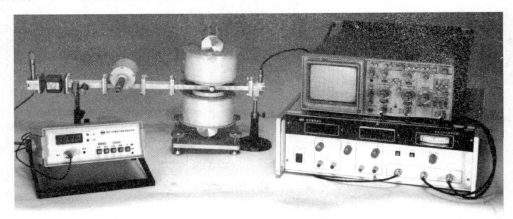

图 4　微波铁磁共振实验系统工作时的照片

本实验采用 DH800A 型微波铁磁共振实验系统,其系统的工作框图如图 5 所示。该实验系统是在 3 cm 微波频段做铁磁共振实验。信号源输出的微波信号经隔离器、衰减器、波长计等元件进入谐振腔。谐振腔由两端带耦合片的一段矩形直波导构成。当被测铁氧体样品放入谐振腔内微波磁场最大处时,将会引起谐振腔的谐振频率和品质因数变化。当改变外磁场进入铁磁共振区域时,由于样品的铁磁共振损耗,使输出功率降低,从而可测出谐振腔输出功率 P 与外加恒磁场 B 的关系曲线。

【实验内容及实验步骤】

1. 调整系统到谐振状态并测量谐振频率

在调整系统之前仔细阅读 DH800A 型微波铁磁共振实验系统说明书。首先在谐振腔内不放置样品时进行调整。

(1)按图 5 连接测试系统,将可变衰减器的衰减量置于最大,磁共振实验仪的磁场调

节钮逆时针旋到底(即不加磁场电流)。

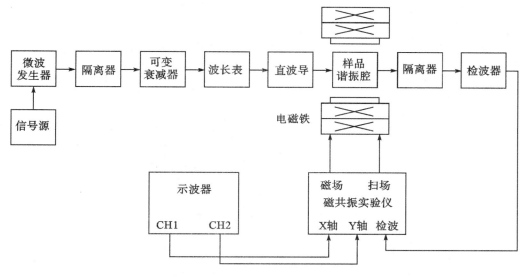

图 5　铁磁共振系统工作框图

(2)3 cm 固态信号源"电表显示"置"电压","工作状态"置"等幅",打开微波信号源及磁共振实验仪的电源,预热 20 min。

(3)调节微波系统处于谐振状态:根据谐振腔上标明的频率和"频率—测微器刻度对照表"上的数值,仔细调整频率测微器(垂直方向的测微器),当微安表指示电流(检波电流)出现一个极大值时,则微波频率达到谐振腔的谐振频率。再仔细调节检波器活塞使检波电流最大。如检波电流过低或超出量程,调节衰减器使检波电流最大值在量程的 2/3 左右。此时系统处于谐振状态。

(4)测量微波频率:将检波器输出接到微安表。将磁共振实验仪按键开关置于的"检波"位置,调节可变衰减器的衰减量,使电表有适当的指示,用波长计测试此时的微波信号频率(方法是:旋转波长计的测微头,找到电表跌落点,读出测微头读数,查波长计频率刻度表即可确定振荡频率)。当信号频率与样品谐振腔上所标谐振频率不一致时,则应调节微波信号源的信号振荡频率,使之与样品谐振腔上所标谐振频率相同。测完频率后,须将波长计刻度旋开谐振点,避免波长计的吸收对实验造成干扰。

2.示波器直接用观察铁磁共振现象测量 g 和 γ

(1)将白色外壳的单晶样品装到谐振腔内,将扫场接线与电磁铁扫场接线柱相连,将"扫场"选钮旋到顺时针最大。

(2)将磁共振实验仪的 X 轴与 Y 轴输出分别接到示波器的 X、Y 轴上,磁共振实验仪按键置于"扫场"位置,示波器选到 X-Y 工作方式。

(3)调节示波器 X 轴输入灵敏度,使荧光屏的 X 轴的扫描有适当显示,Y 轴输入放置适当位置。

(4)调节磁场电流在 1.7 A 左右时,在示波器上即可观察到铁磁共振信号,如图 6 所示。若波形幅度太大,可改变 Y 轴输入的灵敏度。

(5)如两个共振信号幅度相差较大,可移动样品谐振腔在磁场中的位置,同时观察磁共振谐振信号的变化,使之满意为止。

(6)如两个共振信号出现图6所示图形,应微调微波信号源的频率,使谐振图形的上翘部分下压,调节"相位"旋钮,可使两个共振信号移动到合适的位置,使之满意为止。

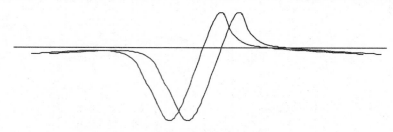

图6　示波器直接观察铁磁共振现象

3.测量铁磁共振线宽 ΔB、g 和 γ

采用逐点测量法,绘制出铁磁共振曲线,即可求出共振磁场和共振线宽。

(1)去掉扫场接线(或将扫场调为零)。磁共振实验仪的按键置于"检波"位置,缓缓顺时针转动磁共振实验仪的磁场调节钮,加大磁场电流,当电表指示最小时,即铁磁共振吸收点。

(2)传输式谐振腔的输出功率可以用晶体检波器作相对指示,这是因为本系统微波信号源功率较小,晶体检波器的检波律符合平方律,即检波电流与输入功率成正比,故检波指示可作为铁磁共振曲线的纵坐标。

(3)磁共振实验仪的磁场旋钮是调节外加磁场大小的,它通过改变磁场线圈中的电流来达到这个要求。而这个电流的大小与磁场成正比,所以,铁磁共振曲线的横坐标可以用磁共振实验仪的电流指示来代表磁场的大小。

(4)从电流1.2 A起,逐点记录磁共振实验仪的磁场电流表读数与检波指示的对应关系,在坐标纸上描绘出连续的曲线,即可得到铁磁共振曲线。按图3所示的样子,从求得数据所画的曲线上找出共振磁场 B_r 和线宽 ΔB,并计算出 g 和 γ。

4.测量多晶样品的共振线宽 ΔB、g 和 γ

将样品换成多晶样品(半透明外壳),测量共振线宽 ΔB、g 和 γ。将测量结果与单晶样品的相比较。注意多晶样品的共振吸收峰很宽。

5.有载品质因数 Q_L 的测量(选做)

系统调到谐振状态后,才可以测量有载品质因数。先测量单晶样品(白色外壳),将单晶样品安装到样品谐振腔内。

(1)将检波器输出接到100 μA 电流表。调节衰减器使检波电流为80 μA(可在60~90 μA 之间任选),此值为谐振时的检波电流。

(2)仔细调节波长计,找到检波电流大幅度下降点,记录波长计读数,用"3 cm 空腔频率刻度对照表"读取对应的微波频率值 f_0。测量后将波长计调到远离谐振点的位置。

（3）仔细调整微波频率，分别找出半功率点 f_1 和 f_2。注意，微波功率 P 与检波电流 I 的关系：$P=KI^2$，K 为一个常数。

（4）由式 $Q_L=\dfrac{f_0}{f_2-f_1}$ 计算有载品质因数 Q_L。

【注意事项】

（1）检波器输出两线不得短路，否则将损坏检波晶体。要调整衰减器使微波功率衰减接近零时再接微安表或检波输入。

（2）衰减器尽量调到衰减较大的位置，输出功率够用即可。

（3）磁场和扫场不要长时间使用较大电流。测量后磁场要调到 0.8 A 以下，扫场调到零。调整磁场和扫场应缓慢转动旋钮。

（4）更换样品要小心，防止样品损坏、丢失。

【思考题】

（1）讨论样品可放到谐振腔的哪些位置。

（2）计算本实验所用的矩形谐振腔的长度。$a=22.86$ mm，$b=10.16$ mm，振荡模式为 TE_{108}，f_0 采用实测值。

电流 *I* 与磁场 *B* 的关系表

$I(A)$	$B(mT)$	$I(A)$	$B(mT)$	$I(A)$	$B(mT)$
1.200	207	1.460	249	1.720	296
1.220	210	1.480	252	1.740	300
1.240	213	1.500	255	1.760	304
1.260	216	1.520	258	1.780	308
1.280	219	1.540	261	1.800	310
1.300	222	1.560	265	1.820	313
1.320	225	1.580	270	1.840	317
1.340	228	1.600	275	1.860	320
1.360	232	1.620	279	1.880	323
1.380	235	1.640	282	1.900	326
1.400	239	1.660	285	1.920	329
1.420	242	1.680	289	1.940	332
1.440	245	1.700	292	1.960	336

（续表）

I(A)	B(mT)	I(A)	B(mT)	I(A)	B(mT)
1.980	340	2.100	358	2.220	378
2.000	343	2.120	360	2.240	381
2.020	346	2.140	362	2.260	384
2.040	346	2.160	366	2.280	387
2.060	352	2.180	370	2.300	390
2.080	354	2.200	374		

实验十九　　光磁共振

一般的磁共振技术,无法进行气态样品的观测,因为气态样品浓度比固态或液态样品低几个数量级,共振信号非常微弱。光泵磁共振是把光抽运、磁共振和光探测技术有机地结合起来,以研究气态原子精细和超精细结构的一种实验技术。光抽运(Optical Pumping)又称光泵是 20 世纪 50 年代初由法国物理学家 A. Kastler 等人提出的,他由于在光抽运技术上的杰出贡献而获 1966 年诺贝尔物理学奖。

光磁共振(光泵磁共振)是利用光抽运效应来研究原子超精细结构塞曼子能级间的磁共振。研究的对象是碱金属原子铷(Rb),天然铷中含量大的同位素有两种:^{85}Rb 占 72.15%,^{87}Rb 占 27.85%。

光抽运就是用圆偏振光激发气态原子,以打破原子在所研究能级间的热平衡的玻耳兹曼分布,造成能级间所需要的粒子数差,以便在低浓度条件下提高磁共振信号强度。光磁共振采用光探测方法,即探测原子对光量子的吸收而不是采用一般磁共振的探测方法,即直接探测原子对射频量子的吸收。因为光量子能量比射频量子能量高几个数量级,因而大大提高了探测灵敏度。光泵磁共振使人们进一步加深对原子磁矩、g 因子、能级结构、能级寿命、塞曼分裂、原子间相互作用等的认识,是研究原子结构的有力工具,而光抽运技术在激光、原子频标和弱磁场测量等方面也有重要应用。

【实验目的】

(1)了解光抽运的原理,掌握光泵磁共振实验技术。
(2)测量汽态铷原子^{85}Rb 和^{87}Rb 的 g_F 因子。
(3)学习测量地磁场的方法。

【实验仪器】

光磁共振实验仪、信号发生器、示波器、频率极和指南针等。

【实验原理】

光泵磁共振是把光频跃迁和射频磁共振跃迁结合起来的一种物理过程。本实验是利用光抽运效应来研究原子超精细结构塞曼子能级间的磁共振。所研究的对象是铷(Rb)的气态自由原子。

1. 铷(Rb)原子能级的超精细结构和塞曼分裂

铷(Rb)是一价碱金属原子,原子序数为 37,天然铷有两种同位素:铷^{85}Rb(72.15%)和^{87}Rb(27.85%)。铷原子的基态是 $5^2S_{1/2}$,最低激发态是 $5^2P_{1/2}$ 及 $5^2P_{3/2}$ 双重态,是电子

的轨道角动量与自旋角动量耦合而产生的精细结构。由于是 LS 耦合,轨道角动量与自旋角动量耦合成总的角动量 $J=L+S, L+S-1, \cdots, |L-S|$。对于铷原子的基态 $5^2S_{1/2}$,电子的轨道量子数 $L=0$,自旋量子数 $S=1/2$,故 $J=1/2$;其最低激发态是 $5^2P_{1/2}$ 及 $5^2P_{3/2}$,轨道量子数 $L=1$,自旋量子数 $S=1/2$。$5^2P_{1/2}$ 态 $J=1/2$;$5^2P_{3/2}$ 态 $J=3/2$。

铷原子核自旋不为零,两个同位素的核自旋量子数 I 也不相同。^{87}Rb 的 $I=2/3$,^{85}Rb 的 $I=2/5$。核自旋角动量为 P_I 与电子总角动量 P_J 耦合成,得到原子的总角动量 P_F,有 $P_F=P_I+P_J$。由于 IJ 耦合,原子总角动量的量子数 $F=I+J, I+J-1, \cdots, |I-J|$。故 ^{87}Rb 的基态 F 有 $F=2$ 及 $F=1$ 两个值;^{85}Rb 的基态有 $F=3$ 及 $F=2$。这些由 F 量子数标定的能级称为超精细结构。

在磁场中原子的超精细能级产生塞曼分裂(弱场时为反常塞曼效应),标定这些分裂能级的磁量子数 $m_F=F, F-1, \cdots, -F$,因而一个超精细能级分裂成 $2F+1$ 个能量间距基本相等的塞曼子能级,如图 1 所示。

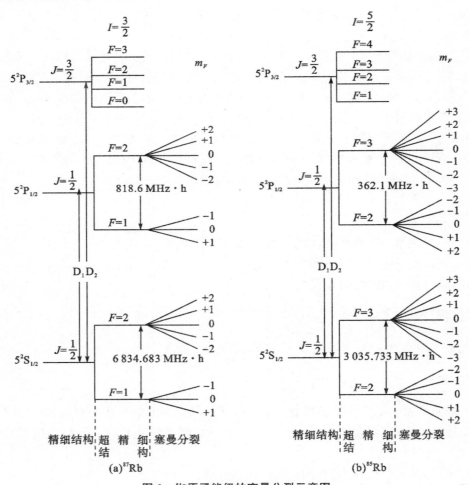

图 1　铷原子能级的塞曼分裂示意图

设原子总角动量 P_F 所对应的原子的总磁矩为 μ_F,μ_F 与外磁场 B_0 相互作用能量为

$$E = -\mu_F \cdot B_0 = g_F m_F \mu_B B_0 \tag{1}$$

这正是超精细塞曼子能级的能量,式中玻尔磁子 $\mu_B = 9.274\,1 \times 10^{-24}\,\mathrm{J/T}$,朗德因子

$$g_F = g_J \frac{F(F+1) + J(J+1) - I(I+1)}{2F(F+1)} \tag{2}$$

其中

$$g_J = 1 + \frac{J(J+1) - L(L+1) + S(S+1)}{2J(J+1)} \tag{3}$$

上面两个式子是由量子理论导出的,把相应的量子数代入很容易求的具体数值。由式(1)可知,相邻塞曼子能级之间的能量差为

$$\Delta E = g_F \mu_B B_0 \tag{4}$$

在弱磁场情况下,ΔE 与 B_0 成正比关系。若外磁场 $B_0 = 0$,则塞曼子能级简并为超精细结构能级。因而图 1 中把塞曼子能级绘为斜线。

2. 圆偏振光对铷原子的激发与光抽运效应

在热平衡状态下,各能级的粒子数遵从玻尔兹曼分布,其分布规律为

$$N = N_0 \mathrm{e}^{-E/KT}$$

由于各子能级的能量差极小,近似地认为各个能级上粒子数是相等的。这就很不利于观察这些子能级之间的磁共振现象。

光抽运的基础是光和原子之间的相互作用。在磁场中,偏振光只能引起某些特定塞曼能级之间的跃迁。对于左旋圆偏振光即 σ^+ 光,角动量为 $+h$,根据角动量守恒定律,选择定则为 $\Delta F = 0, \pm 1$ 和 $\Delta m_F = \pm 1$。而 $^{87}\mathrm{Rb}$ 原子的 $5^2\mathrm{S}_{1/2}$ 态的塞曼子能级的 m_F 最大值都为 $+2$。因此,当用 $D_1 \sigma^+$(794.8 nm)的光照射时,不能激发基态中 $m_F = +2$ 能级上的原子向上跃迁。而基态中其余能级上的原子则可以吸收 $D_1 \sigma^+$ 的光而跃迁到 $5^2\mathrm{P}_{1/2}$ 的各塞曼子能级上。即 σ^+ 光只能把基态除 $m_F = +2$ 以外各子能级上存在的原子激发到 $5^2\mathrm{P}_{1/2}$ 的相应状态上,见图 2。

然而,跃迁到 $5^2\mathrm{P}_{1/2}$ 上的原子在经过大约 10^{-8} s 以后,将自发地跃回基态 $5^2\mathrm{S}_{1/2}$,在向下跃迁时,发出的光子可以有各种角动量(σ^+、σ^- 和 π 光),选择定则为 $\Delta F = 0, \pm 1$ 和 $\Delta m_F = 0, \pm 1$,故基态各子能级以几乎相等的几率接收到这些返回的粒子,$m_F = +2$ 子能级也不例外。由于落在基态 $m_F = +2$ 上的粒子不能向上跃迁,这样每次吸收—自发辐射的循环,基态 $m_F = +2$ 能级上的粒子数就会多一些,当继续用 σ^+ 光照射原子,经过若干循环之后,大量粒子被“抽运”到 $m_F = +2$ 的子能级上,破坏了原有的平衡分布,这时我们说样品的原子系统发生了“偏极化”(Polarization)。造成铷原子基态能级偏极化以后,5S 态上 $m_F = +2$ 能级上有大量原子且越积越多,其他七个子能级原子数则越来越少,这就是光抽运效应,如图 2 所示。相应地对 $D_1 \sigma^+$ 光的吸收越来越弱,最后,差不多所有的原子都跃迁到了 $m_F = +2$ 的子能级上,以至于几乎再不吸收 $D_1 \sigma^+$ 光,光强测量值不再发生变化。图 2 中(a)表明 $^{87}\mathrm{Rb}$ 基态粒子吸收 $D_1 \sigma^+$ 的受激跃迁,$m_F = +2$ 的粒子跃迁几率为零。(b)表明 $^{87}\mathrm{Rb}$ 激发态粒子无辐射跃迁,以相等的几率回到基态所有子能级。同理,如果用 D_1 的 σ^- 光照射,原子将聚集在 $m_F = -2$ 子能级上。

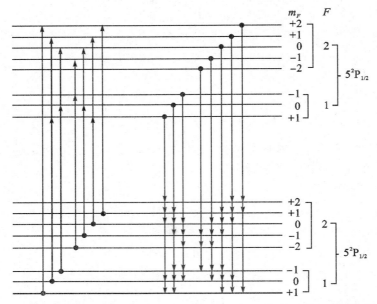

(a) ^{87}Rb 基态粒子吸收 $D_1\sigma^+$ 的受激跃迁，$m_F = +2$ 得粒子跃迁概率为零

(b) ^{87}Rb 激发态粒子通过自发辐射退激回到基态各子能级

图 2 ^{87}Rb 受 $D_1\sigma^+$ 光照跃迁与返回基态示意图

由此可以得到这样的结论：在没有 $D_1\sigma^+$ 光照射时，5S 态上 8 个子能级几乎均匀分布着原子，当持续用 σ^+ 光照射时，较低的 7 个子能级上的原子逐步被抽运到 $m_F = +2$ 的子能级上，出现了粒子数反转现象，即原子系统发生了偏极化。光抽运的目的就是要造成偏极化，有了偏极化就可以在子能级之间得到较强的磁共振信号。

π	2	2	2	2	2	2	2	3	3	3	3	3	3	3	3	3	3
σ^-	4	3	2	1	0	1	2	3	6	5	4	3	2	1	0	1	2	3	4	5

σ^- 光有同样的作用，它将大量的粒子抽运到 $m_F = -2$ 的子能级上。

用不同偏振性质的 D_1 光照射，^{87}Rb 及 ^{85}Rb 基态各塞曼子能级的跃迁概率（相对值）由表 1 给出。

表 1 ^{87}Rb 及 ^{85}Rb 基态各塞曼子能级的跃迁相对概率

	^{87}Rb								^{85}Rb											
F	2					1			3							2				
m_F	2	1	0	−1	−2	1	0	−1	3	2	1	0	−1	−2	−3	2	1	0	−1	−2
σ^+	0	1	2	3	4	3	2	1	0	1	2	3	4	5	6	5	4	3	2	1
π	2	2	2	2	2	2	2	2	3	3	3	3	3	3	3	3	3	3	3	3
σ^-	4	3	2	1	0	1	2	3	6	5	4	3	2	1	0	1	2	3	4	5

由表 1 可知，σ^+ 与 σ^- 对光抽运有相反的作用。因此，当入射光为线偏振光（等量 σ^+ 与 σ^- 的混合）时，铷原子对光有强烈的吸收，但无光抽运效应；当入射光为椭圆偏振光（不等量的 σ^+ 与 σ^- 的混合）时，光抽运效应较圆偏振光小；当入射光为 π 光（π 光的电场强度矢量与总磁场的方向平行）时，铷原子对光有强的吸收，但无光抽运效应。

3. 弛豫过程

在热平衡状态下，基态各子能级上的粒子数遵从玻耳兹曼分布（$N = N_0 e^{-E/KT}$）。由于各子能级的能量差极小，近似地认为各个能级上粒子数是相等的。光抽运造成大的粒子差数，使系统处于非热平衡分布状态。

系统由非热平衡分布状态趋向于热平衡分布状态的过程称为弛豫过程。本实验弛豫的微观过程很复杂，这里只提及弛豫有关的几个主要过程。

（1）铷原子与容器的碰壁。这种碰壁导致子能级之间的跃迁，使原子恢复到热平衡分布，失去光抽运所造成的偏极化。

（2）铷原子之间的碰撞。这种碰撞导致自旋—自旋交换弛豫。当外磁场为零时塞曼子能级简并，这种弛豫使原子回到热平衡分布，失去偏极化。

（3）铷原子与缓冲气体之间的碰撞。由于选作缓冲气体的分子磁矩很小（如氮气），碰撞对铷原子磁能态扰动极小，这种碰撞对原子的偏极化基本没有影响。

在光抽运最佳温度下，铷蒸气的原子密度约为 10^{11} 个/平方厘米，当样品泡直径为 5 cm 时容器壁的原子面密度约为 10^{15} 个/平方厘米，因此铷原子与器壁碰撞是失去偏极化的主要原因。在样品泡中充进 10 Torr 左右的缓冲气体可大大减少这种碰撞，因为此压强下缓冲气体的密度约为 10^{17} 个/平方厘米，比铷蒸气原子密度高 6 个数量级，因而大大减少了铷原子与器壁碰撞的机会，保持了原子高度的偏极化。

缓冲气体分子不可能将子能级之间的跃迁全部抑制，因此不可能把粒子全部抽运到 $m_F = +2$ 的子能级上。处于 $5^2P_{1/2}$ 态的原子需与缓冲气体分子碰撞多次才有可能发生能量转移，由于所发生的过程主要是无辐射跃迁，所以返回到基态八个塞曼子能级的概率均等，因此缓冲气体分子还有将粒子更快地抽运到 $m_F = +2$ 子能级的作用。

一般情况下，光抽运造成塞曼子能级之间的粒子差数比玻耳兹曼分布造成的粒子差数要大几个数量级。对 ^{85}Rb 也有类似的结论，不同之处是 $D_1\sigma^+$ 光将 ^{85}Rb 原子抽运到基态 $m_F = +3$ 的子能级上。

4. 塞曼子能级之间的磁共振和光探测

在热平衡时，原子在超精细能级及其塞曼子能级之间基本是等几率分布的。这时即使有一个方向及频率都适于在子能级间激发磁共振的射频场存在，也会因向上与向下跃迁的粒子数相同而无法形成输出信号。在光抽运出现"偏极化"以后，特定的子能级上有大量原子，其他能级基本空着，这时再有合适的条件，就会激发很强的磁共振。由磁共振理论可知（请参阅核磁共振实验），共振条件为

$$\frac{h}{2\pi}\omega_1 = \Delta E_{M_F} = g_F \mu_B B_0 \tag{6}$$

可见，若共振频率 f 和外磁场 B_0 可以测出，则能算出 g_F；若已知 f 和 g_F，则可推算

出 B_0。

需要指出,在激发磁共振时一直保持有抽运光照射,这就使得可以用"是否吸收抽运光"来判断磁共振是否发生,即可用光探测方法来收集信息。下面详细分析铷原子在何种情况下会吸收入射的抽运光。

起初,按玻尔兹曼分布,基态各塞曼子能级上铷原子数目基本相同。$D_1\sigma^+$ 光开始照射时,$m_F = +2$ 以外各能级上有许多原子能被激发,因而对 $D_1\sigma^+$ 抽运光有强烈吸收,透过的光强就很低。随着原子被抽运到 $m_F = +2$ 的能级上,其他能级上的原子数不断减少,对抽运光的吸收便不断降低,透射光强便不断增大。当抽运与弛豫两种过程达到动态平衡时,透射光就达到并保持最大值。透射光强的这种变化是由抽运作用是否发生及程度如何所决定的,因而这就是"抽运信号"。

在原子因光抽运而偏极化以后,加上合适的射频场就会激发塞曼子能级间的磁共振。大量的原子从 $m_F = +2$ 的能级跃迁到 $m_F = +1$ 的能级,以后又可以跳到 $m_F = 0$,-1,-2 等能级。这就是说,一旦出现磁共振,$m_F \neq +2$ 的各能级又会有许多原子,在 $D_1\sigma^+$ 光照射下,它们必然受激发而被抽运。随着它们被激发就出现对于入射光的吸收。可见这一次对抽运光的吸收取决于磁共振是否发生及其程度,这就是"共振信号"。在产生磁共振时,$m_F \neq +2$ 各子能级上的粒子数大于不共振时,因此对 $D_1\sigma^+$ 光的吸收增大(图 3)。

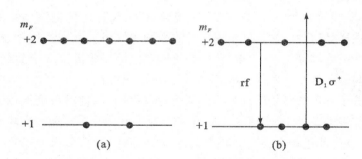

(a)未发生磁共振时,$m_F = +2$ 能级粒子数多
(b)发生磁共振时,$m_F = +2$ 能级粒子数减少,对 $D_1\sigma^+$ 光的吸收增加

图 3　磁共振过程塞曼子能级粒子数的变化

由以上分析可知:作用在样品上的 $D_1\sigma^+$ 光的一方面是起抽运作用,另一方面透过样品的 $D_1\sigma^+$ 光又可兼作探测光,即一束光起了抽运与探测两个作用。对磁共振信号进行光探测是很有意义的,因为塞曼子能级的磁共振跃迁信号很微弱,特别是对于密度非常低的气体样品的信号就更加微弱,直接观测很困难。而光探测技术利用磁共振时伴随着 D_1 光强的变化,便巧妙地将一个频率低的射频光子(1~10 MHz)转换成一个频率高的光量子(10^8 MHz)的变化,从而使观察的信号功率提高 7~8 个数量级。这样一来,气体样品的微弱共振信号的观测就可用很简便的方法来实现。

【实验装置】

本实验的装置如图 4 所示。其中主体单元由三部分组成：$D_1\sigma^+$ 抽运光源、吸收室区和光电探测器。

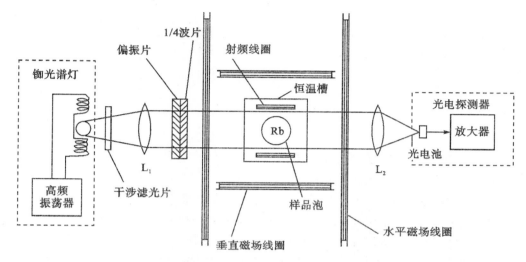

图 4 光泵磁共振实验装置

$D_1\sigma^+$ 光源包含铷光谱灯、干涉滤光片、偏振片、1/4 波片、透镜等。光源用高频无极放电铷灯，其优点是稳定性好、噪音小、光强大。铷光谱灯放在 90℃ 左右的恒温槽内，在高频电磁场的激励下产生无极放电而发光。灯的透光孔上装有干涉滤光片，透过率大于 50%，带宽小于 150 Å，它从铷光谱中把 794.8 nm 的 $D_1\sigma^+$ 光选择出来。偏振片和 1/4 波片将 D 光变为左旋圆偏振光——σ^+ 光，即照射吸收泡的 $D_1\sigma^+$ 光，由它对铷原子系统进行光抽运。透镜 L_1 将光源发出的光变为平行光，焦距较小为宜，可用 f 为 5～8 cm 的凸透镜。透镜 L_2 将透过样品泡的平行光会聚到光电接收器上。

吸收室区包含吸收池和两组亥姆霍兹线圈。吸收池处于亥姆霍兹线圈中央，内部是一个温度可调的恒温槽，槽内有一个充有天然铷和惰性缓冲气体的样品泡。样品泡是一个充有适量天然铷、直径约 5 cm 的玻璃泡，泡内充有约 10 TOrr 的缓冲气体（氮、氩等），样品泡放在恒温室中，室内温度由 30℃～70℃ 可调，恒温时温度波动应小于 ±1℃。恒温槽一般保温在 50℃ 左右，吸收泡内形成铷的自由原子蒸气，这就是研究的样品。吸收泡两侧对称绕有一对小线圈，作为信号发生器的负载，为铷原子的磁共振提供射频场。两组亥姆霍兹线圈，分别在水平及垂直方向产生磁场：产生水平方向磁场的亥姆霍兹线圈的轴线应与地磁场水平分量方向一致，水平磁场 B_0 为 0～0.2 mT 连续可调；产生垂直方向磁场的亥姆霍兹线圈用以抵消地磁场的垂直分量，使得仅在仪器光轴方向上存在磁场。与水平线圈绕在一起的还有一对扫场线圈，用于在水平方向提供一个扫描磁场。扫描磁场信号有方波及三角波，并与示波器的扫描同步。频率由几赫至十几赫为宜。

光电探测器内装有光电池和前置放大器。由铷原子吸收泡透过的 $D_1\sigma^+$ 光经透镜会聚到硅光电池上,由它将接收到的变化的透射光强转换成电信号,放大滤波后到示波器显示。若配用高灵敏的示波器,信号可不经放大而直接输入示波器。

【实验内容】

1. 调整仪器

(1)在实验装置通电之前,先进行主体单元光路的机械调整(见仪器说明书),再借助指南针将光具座与地磁场水平分量平行放置。检查各连线是否正确,将"垂直"、"水平"、"幅度"旋钮调至最小。本实验所用的实验装置中,温度控制电路和磁场调节都安装在控制单元中,按下控制单元面板的"预热"开关后仪器即开始加热,大约半小时后即可达到设定的温度并自动控温。实验表明,当温度在 $40^{\circ}C \sim 45^{\circ}C$ 之间时 ^{85}Rb 的信号有最大值;当温度在 $50^{\circ}C \sim 55^{\circ}C$ 之间时, ^{87}Rb 信号有最大值。加热样品泡的同时,加热铷灯,当铷灯泡的温度达到 90℃左右开始控温。控温后开启铷灯的振荡器电源,灯泡应发出玫瑰紫色的光。灯若不发光或发光不稳定则需找出原因排除故障,切忌乱动。

(2)将光源、透镜、样品泡、光电接收器等的位置调到准直。调节 L_1 位置使射到样品泡上的光为平行光,再调节 L_2 的位置使射到光电接收器上的总光量为最大。

(3)在光路的适当位置加上滤波片、偏振片及 1/4 波长片,并使 1/4 波长片的光轴与偏振方向的夹角为 $\pi/4$ 或 $3\pi/4$,以得到圆偏振光(如何检测? 若为椭圆偏振光对实验结果有何影响?)。

2. 观察光抽运信号

扫场方式选择"方波",将方波加到扫场线圈上,产生 $(1 \sim 2) \times 10^{-4}$ T 磁场。在刚加上磁场瞬间,各塞曼能级上的粒子数相等,样品对 $D_1\sigma^+$ 光吸收最强。随着粒子被抽运到 $m_F = +2$ 子能级上,样品对 $D_1\sigma^+$ 光的吸收减小,透射光也逐渐增强。当 $m_F = +2$ 能级上的粒子达到饱和,则透射光达最大值。当磁场降到零并反向,塞曼能级则由分裂到简并到再分裂。由于原子碰撞,当能级简并时原子已退偏极化,所以当能级再分裂时,透射光再一次发生由小到大的变化,因此用方波扫场时,光抽运信号如图 5 所示。

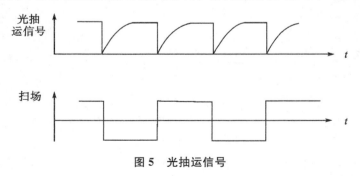

图 5　光抽运信号

在观察光抽运信号时,可按以下三种情况调节光抽运信号,并观察地磁场的影响,分析归纳产生光抽运信号的实验条件。

(1)水平、垂直磁场为零,扫场与地磁方向相反;

（2）改变垂直磁场的大小和方向；

（3）扫场与地磁场同向，改变水平磁场的大小和方向。

另外，调出光抽运信号后，可以利用光抽运信号进一步调整实验系统，使信号达到最佳状态。调节其垂直场电流约为 0.07 A（具体的电流值通过实验确定），用来抵消地磁场垂直分量。地磁场对光抽运信号有很大影响，特别是地磁场的垂直分量。为抵消地磁场的垂直分量，安装了一对垂直方向的亥姆霍兹线圈。当垂直方向磁场为零（地磁场的垂直分量被抵消）时光抽运的信号有最大值；当垂直方向磁场不为零，扫场方波上反向磁场 $B_{//}$ 幅度不同时，将出现图 6 所示的光吸收信号（试分析原因）。在将指南针置于吸收池上边，调节扫场幅度及改变扫场方向，使光抽运信号最强。

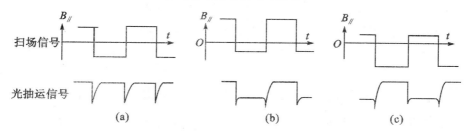

（a）$B_{//}=0$ 在方波中心　　（b）$B_{//}=0$ 接近方波最低值　　（c）$B_{//}=0$ 接近方波最高值

图 6　当垂直磁场不为零水平扫场正反向磁场 $B_{//}$ 幅度不同时，光抽运信号也不同

3. 观察磁共振信号

加射频场 B_1，用三角波（或锯齿波）扫描，采取固定频率 f，改变磁场的方式，使之满足共振条件，便可获得 ^{87}Rb 和 ^{85}Rb 的磁共振信号。磁共振信号如图 7 所示。实验要求在选择适当频率及场强的条件下，观察铷原子两种同位素的磁共振信号，并详细记录所有参量。

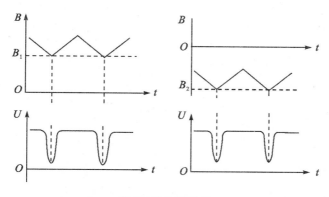

图 7　磁共振信号

4. 测量 g_F 因子

由磁共振条件得

$$g_F = \frac{hf}{\mu_B B_0} \tag{7}$$

实验中如果测出 f 和 B_0,便可求得 g_F 值。然而实验中测得的磁场不是真正的共振磁场 B_0,因为引起塞曼分裂的磁场还受到地磁水平分量和扫场直流分量等的影响。因此,引起能级塞曼分裂的磁场应记为

$$B = B_0 + B^*　　　　　　　　　　　　　(8)$$

式中,B_0 是由亥姆霍兹线圈产生的水平方向均匀磁场,在测得其励磁电流 I、线圈有效半径 r 和每边匝数 N 后,便可由式

$$B_0 = \frac{16\pi}{5^{\frac{3}{2}}} \cdot \frac{N}{r} I \times 10^{-7} (\text{T})　　　　　　　(9)$$

计算出其大小。B^* 主要是扫场电流(包括其直流分量)形成的磁场,也包含地磁场及其他杂散磁场,这些场的大小都难以确定,故应在实验方法和数据处理中消除这些影响,以求得正确的 g_F 值。这里可以采用的方法:固定频率 f,使水平恒定磁场换向,分别测出这两个方向共振所对应的 B_1 和 B_2,取平均值 $B_0 = \frac{1}{2}(B_1 + B_2)$,将 B_0 代入式(7),便可算出 g_F 的值。

实验中要求保持扫场的幅度不变,而且在 I 取一系列值时总是对应于扫场信号的谷点或峰点测量共振信号,这样才能保证 B^* 是不变的常数。

5. 测量地磁场(选做)

地磁场的垂直分量($B_\perp$)可用光抽运信号来测定,当垂直恒定磁场刚好抵消地磁垂直分量时,光抽运信号最强。地磁水平分量($B_{//}$)要用磁共振来测定,设 $B_{//}$ 表示地磁水平分量,$B_{扫直}$ 表示扫场直流分量,当 B_0、$B_{//}$ 与 $B_{扫直}$ 三者同向,而满足共振条件时得

$$hf_1 = g_F \mu_B (B_0 + B_{扫直} + B_{//})　　　　　　(10)$$

当 B_0、$B_{扫直}$ 方向同时改变,即它们与 $B_{//}$ 反向而满足共振条件时得

$$hf_2 = g_F \mu_B (B_0 + B_{扫直} - B_{//})　　　　　　(11)$$

把上面两式相减可求得

$$B_{//} = \frac{h(f_1 - f_2)}{2 g_F \mu_B}　　　　　　　　　(12)$$

则当地"地磁场"的大小和方向分别为

$$B_地 = \sqrt{B_{//}^2 + B_\perp^2}　　　　　　　　　(13)$$

$$\tan\theta = \frac{B_\perp}{B_{//}}　　　　　　　　　　(14)$$

【数据处理】

1. 计算 g_F

取 3 个不同的频率值(如 0.9 MHz,0.7 MHz,0.5 MHz),利用固定频率、改变磁场的方法,找出共振信号。根据公式 $g_F = \dfrac{hf}{\mu_B B_0}$,分别计算出 ^{87}Rb 和 ^{85}Rb 的 g_F 因子。并与理论值比较求出其相对误差。其中

$$B_0 = \frac{16\pi}{5^{\frac{3}{2}}} \cdot \frac{N}{r} I \times 10^{-7} (\text{T})$$

式中,N 为线圈匝数;r 为线圈的有效直径,m;I 为流过线圈的电流,A;g_F 因子的理论值:$g_F(^{87}\mathrm{Rb})=0.501$,$g_F(^{85}\mathrm{Rb})=0.334$。

表 2　亥姆霍兹线圈的参数

	水平场线圈	扫场线圈	垂直场线圈
线圈匝数	250	250	100
有效半径 r(m)	0.238 5	0.242 0	0.153 0

2.计算地磁场的大小和方向

利用公式(13)和(14),计算出地磁场的大小和方向。

【注意事项】

(1)实验过程中,本实验系统一定要避开铁磁性物质、强电磁场及大功率电源线。

(2)为避免外界杂散光进入探测器,主体单元应罩上黑布。

(3)三角波扫场信号和射频信号应尽量取小些,以利于共振信号的观察。(为什么?)

(4)实验时观察共振信号应该对应"三角波"的同一位置(波峰或波谷)。(为什么?)

(5)同一射频信号下共振时,水平场电流大的对应 ^{85}Rb,水平场电流小的对应 ^{87}Rb。当水平磁场不变时,频率高的对应为 ^{87}Rb,频率低的对应 ^{85}Rb。

【思考题】

(1)什么是光抽运效应? 产生光抽运信号的实验条件是什么?

(2)方波扫场在观察光抽运现象中起什么作用? 对方波扫场的幅度、方向有什么要求?

(3)在观察光抽运信号时,为什么方波扫描必须过零,且仅当方波跃迁时才有吸收信号? 当扫场不过零时,能否观察到光抽运信号? 为什么?

(4)光抽运过程为什么要采用单一的左旋圆偏振光或单一的右旋圆偏振光? 为什么不用自然光、线偏振光或椭圆偏振光?

(5)在实验装置中为什么要用垂直磁场线圈抵消地磁场的垂直分量? 不抵消会有什么不良后果? 为什么?

(6)当①B 过零点在方波中心位置;②B 过零点接近方波的最低值;③B 过零点接近方波的最高值。试分析三种情况下的光抽运,并画出波形。

(7)如何区分磁共振信号与光抽运信号? 怎样运用光抽运信号来检测磁共振现象? 与直接测量磁能级之间的磁共振跃迁信号相比,为什么大大地提高了探测灵敏度?

(8)观察磁共振信号时,为什么射频场必须与恒定磁场的方向垂直? 如何判别磁共振信号是 ^{87}Rb 还是 ^{85}Rb 产生的?

(9)本实验的磁共振对 ^{87}Rb 和 ^{85}Rb 分别发生在哪些能级间?

(10)试分析光抽运和磁共振两者之间的关系,说明光泵磁共振灵敏度高的原因。

(11)分析实验误差的主要来源。

实验二十　核磁共振

核磁共振(Nuclear Magnetic Resonance),就是处于某个静磁场中的自旋核系统受到相应频率的射频磁场作用时,在它们的磁能级之间发生的共振现象。原子核可以吸收频率与其旋转频率相同的电磁波,使自身的能量增加。而一旦恢复原状,原子核又会把多余的能量以电磁波的形式释放出来。

首先把磁共振方法引入微观研究的是美国科学家拉比(Raby),他在原子束实验中巧妙地运用了磁共振方法,将磁矩的测量精度提高了两个数量级,但是实验中直接测量的是粒子的踪迹,这和今天的磁共振方法完全不一样。磁共振方法的根本改进是俄国科学家柴伏依斯基(Zabouckuu)于1944年完成的,他在顺磁盐中首先观察到电子自旋共振信号。柴伏依斯基在实验中直接观测的是作用于磁矩体系上的射频场在发生共振吸收时的能量变化,而不是粒子的踪迹,这个基本原理甚至在今天最现代化的磁共振仪器中仍然得到体现。第二次世界大战以后,磁共振技术有了长足的进步,这主要得益于战争中发展起来的电子技术。1946年,哈佛大学的帕塞尔(Purcell)和斯坦福大学的布洛赫(Bloch)独立地发现了石蜡和水中质子的核磁共振信号,此后磁共振方法得到了迅速的发展,很快成为研究物质微观结构的重要手段。因此,帕塞尔和布洛赫获得了1952年的诺贝尔奖。

【实验目的】

(1)了解核磁共振现象及其原理。
(2)掌握"连续吸收法"测核的回磁比和核磁的方法。
(3)学会用核磁共振精确测定磁场的方法。
(4)一般了解核磁共振测量磁场均匀度的方法。

【实验原理】

由磁共振的基本原理(请参阅有关参考书)可知,核磁共振的基本条件为:具备一个稳定磁场 B_0 和一个旋转磁场 B_1,旋转磁场的角频率满足拉莫尔旋进公式 $\omega_0 = \gamma B_0$(γ 为回磁比)。

为了便于观察核磁共振信号,通常运用大扫场技术,对稳恒磁场所产生的共振吸收范围予以扫描。在稳恒磁场 B_0 上加一个低频调制磁场 B_m,此时样品所在磁场为 $B_0 + B_m$,磁场的幅值按调制频率周期性的变化,拉莫尔旋进频率也相应发生周期性的变化,即 $\omega_0 = \gamma(B_0 + B_m)$。这时只要射频场角频率调到 ω_0 的变化范围内,同时调制场峰—峰值大于其共振场范围,便可用示波器观察到共振信号,如果改变 B_m 的幅值,只有与共振频率

相应的共振磁场 B'_0。扫过的时刻才能发生核磁共振，并观察到共振吸收信号。其他时刻不满足共振条件，没有共振信号出现(图1)。在磁场曲线上，一周期内与 B'_0 可两处相交，这表示共振发生在不同时刻而幅值相同的两点。

此时示波器上将出现间隔不均等的共振信号如图2(a)所示，此时与射频频率发生共振的磁场 B'_0 的值不等于稳恒磁场 B_0 值。此时如果改变稳恒磁场 B_0 的大小或调制场 B_m 的大小，及改变频率 ω_0 都能使共振信号的相对位置发生变化，出现相对走动现象。若出现间隔相

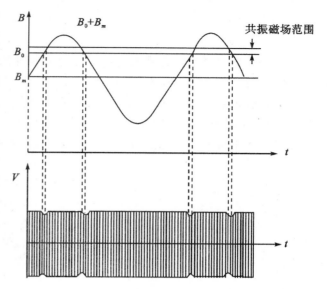

图1　有调制磁场时核磁共振信号示意图

等的共振吸收信号，如图2(b)所示，则其相对位置与调制场 B_m 的幅值无关。仅仅随 B_m 的减少，信号变低变宽，见图2(c)，此刻表明 $B_0 = B'_0$，即满足 $\omega_0 = \gamma B'_0 = \gamma B_0$，这正是实验中确定"共振中心 ω_0"并以此进行正确测量的方法。

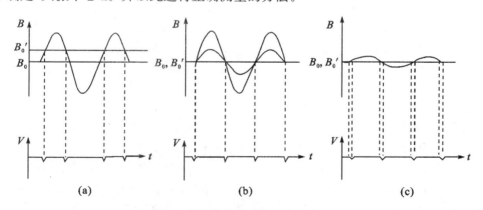

图2　共振信号随磁场变化示意图

由于实验中施加在核磁系统上的磁场有正弦调制，此时磁化强度矢量的拉莫尔旋进频率和射频场的频率不相同，因而出现差拍，即检波后交替出现同相和反相，由于弛豫作用，T_2 做指数衰减趋于零。所以，共振吸收信号除一个高峰外，还有称为尾波的一系列幅度衰减的小峰，如图3所示。

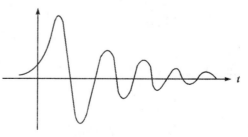

图3　带尾波的共振信号

【实验装置】

核磁共振以射频场类型来分,有连续法、脉冲法;检测方法亦有吸收发和感应法两种,我们采用"连续波吸收法"。

其实验装置如图 4 所示:永久磁铁产生稳恒磁场,可以通过调节磁极间距,改变强度。扫场线圈提供一个可调的均匀调制场(频率为 50 Hz,最大强度 20 Gs),移相器用来调示波器水平输入电压与扫场之间位相。共振探头提供射频振荡。

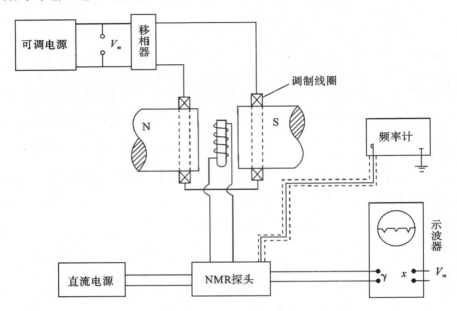

图 4　核磁共振实验装置方框图

样品放在其线圈内,应注意调准其轴线与稳恒磁场方向垂直,通过调边限振荡器的工作状态以获得最佳灵敏度,用频率计测射频频率、示波器观察信号。

共振探头产生一个线性振动的磁场,相当于一个线偏振场,对这个线偏振场,可以分解成两个方向相反的圆偏振场,对于 γ 为正的磁场在 $\omega = \omega_0 = \gamma B_0$ 时,将发生共振吸收,对于相反的磁场由于频率为 $-\omega$,与 ω_0 相差很大,它的影响极少。

探头的发射线圈也兼作接受线圈,探头工作于边限振荡状态,即在"振与不振"的边缘,当共振吸收时,样品吸收增强,线圈 Q 值下降,振荡器的振荡变弱,经过检波就可以把反映振荡器振幅大小变化的共振吸收信号用示波器观察出来。

【实验内容与步骤】

1. 熟悉仪器

调试并观察质子(^{1}H)的核磁共振信号,将掺有少量顺磁离子($FeCl_3$ 或 $CuSO_4$)的水溶液(或甘油)样品放入探头样品线圈内,加一定幅值的调制场,缓慢调节稳恒磁场或射频场频率,便在示波器上观察到如图 2 所示的信号图形,然后在保持其他条件不变的情况下,分别改变稳恒磁场大小、射频频率和调制场的幅值,观察共振吸收信号的变化,并作简略分析。

2. 用水作样品,测量磁场强度

由于质子的共振吸收信号较强,比较容易观察到,由计算公式 $B_0 = \omega_0/\gamma_H = 2\pi\nu/\gamma_H$,已知质子 $\gamma_H = 2.675 \times 10^{-2}$ MHz/Gs $= 2.675 \times 10^2$ MHz/T,上式中 $2\pi/\gamma_H = 0.023\ 487\ 7$,故 $B_0 = 234.877\nu$ Gs $= 2.348\ 77 \times 10^{-2}\nu$ T(B_0 为被测磁场值,以特斯拉或高斯为单位,ν 为射频频率,单位为兆赫),测量磁场的精度决定于频率测量的精度。

具体方法:放好样品,选好稳恒磁场和一调制磁场,示波器 X 轴接扫描,调节射频频率,找出等间隔的质子核磁共振信号,然后 X 轴接外扫,即可观察到如图 5 所示两个形态对称的信号波形。再细心地把波形调节到屏的中央,并调节移相器使两峰重合。这时即可用测频法求磁场了。

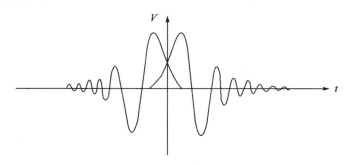

图 5　对称形状的核磁共振信号

3. 观察 ^{19}F 样品的核磁共振现象,测 ^{19}F 的回磁比,计算其 g 因子和核磁矩

由于 ^{19}F 的信号比 ^{1}H 弱得多。观察时需要特别细心。具体方法:可以在完成实验步骤 2 之后,保持同一磁场条件不变,换上 ^{19}F 样品,然后降低射频频率,找出共振信号,将测得的 ν_F 与 ν_H(氟与质子的共振频率)代入下式,即可算出 ^{19}F 的回磁比 γ_F:

$$\gamma_F = \frac{\nu_F}{\nu_H} \cdot \gamma_H \qquad (\nu_H\ 已知)$$

γ_F 和 γ_H 分别为 ^{19}F 和 ^{1}H 的回磁比,ν_F 和 ν_H 分别为同一磁场下的 ^{19}F 和 ^{1}H 的核磁共振频率。再利用 g 因子公式 $g_F = \frac{\gamma_F \hbar}{\mu_N}$ 和核磁矩公式 $\mu_F = M_I g_F \mu_N$(可用核磁子为单位)计算出氟核的 g 因子与核磁矩。其中,$\hbar = \frac{h}{2\pi}$,$h = 6.626\ 2 \times 10^{-34}$ J·s,$\hbar = 1.054\ 6 \times 10^{-34}$ J·s。M_I 是自旋量子数为 1/2,$\mu_N = \frac{e\hbar}{2m_p}$ 为核磁子,磁矩单位为 $5.050\ 8 \times 10^{-27}$ J/T,计算 g_F 和 μ_F 时要注意回磁比的单位化为 Hz/T。实验步骤 2、3 可结合起来同时进行。要求在改变稳恒磁场时,每退 1/3 圈测量一次,测十组数据并进行数据处理,求得结果。

4. 测定磁场的相对均匀度 $\Delta B/B$(选做)

为观察磁共振谱的精细结构,对样品所处的磁场的均匀度要求是很高的(达 10^{-6} 以上)。定义 $\Delta B/B$ 为磁场的相对均匀度,并常注明多大样品体积,用它表示样品体积所处

磁场的均匀情况。

　　为了测定 ΔB，由公式 $\Delta\nu = (\gamma\Delta B + 1/T_2)/\pi$ 可知，必须知道共振线宽度 $\Delta\nu$，这意味着需要确定调制场的峰—峰值的大小或所对应的射频频率间隔。具体方法：按实验步骤 2 的方法，先在示波器观察到如图 5 所示的质子核磁共振信号，并调节 X 轴幅度正好充满刻度，然后改变射频频率，使图形出现在一端，记下此时频率 ν_1 和对应的 X 轴位置 X_1，在磁场不变的条件下，再调频率，使图形移至 X 轴的另一端，记下频率 ν_2 和位置 X_2，它们的状态对应于 $B_0 \pm B_m$ 的共振，这样示波器 X 轴的频率标定为 $(\nu_1 - \nu_2)/(X_2 - X_1)$，再把图形移至中央，然后将 X 轴的刻度量图形的最大高度降至一半时，X 轴的距离间隔 ΔX，显然有 $\Delta\nu = (\nu_1 - \nu_2)\Delta X/(X_2 - X_1)$，将得到的 $\Delta\nu$ 值代入 $\Delta\nu = \dfrac{1}{\pi}\left(\dfrac{1}{T_2} + \gamma\Delta B\right)$ 即可求得 ΔB。由于 T_2 的数量级为 $1 \sim 10$ s，而本实验的半宽度数量级在 10^5 Hz 以上，所以上式可简化为 $\Delta\nu = \dfrac{1}{\pi}\gamma\Delta B$，$\Delta B = \dfrac{\pi\Delta\nu}{\gamma}$。因此磁场相对均匀度为

$$\frac{\Delta B}{B} = \frac{\pi\Delta\nu}{\gamma} \cdot \frac{\gamma}{2\pi\nu} = \frac{\Delta\nu}{\nu}$$

　　由上式可见，只要确定共振中心频率 ν，并测出共振吸收信号的半宽度 $\Delta\nu$，即可求得 $\Delta B/B$。

实验二十一 电子自旋共振

【实验目的】

(1)了解电子自旋共振的基本原理和实验方法。

(2)研究电子自旋共振现象,测量 DPPH 电子的 g 因子及共振线宽。

【实验原理】

由量子力学观点,电子自旋角动量为 $\sqrt{s(s+1)}\hbar$,S 是自旋量子数,$\hbar=\dfrac{h}{2\pi}$,h 为 Plank 常数。由于电子带电,所以电子自旋就具有平行于角动量的磁矩,这种系统置于磁场中将具有 $(2S+1)$ 的取向。对电子来讲,$S=\dfrac{1}{2}$,$2S+1=2$,这样它的动量矩在磁场中的分量是 $\dfrac{h}{2\pi}$ 与 $-\dfrac{h}{2\pi}$,对应的磁矩分量可以设为 $+\mu_e$ 与 $-\mu_e$ 加一个外磁场,可以使具有不成对的电子系统,分裂成两个反能级 $m=\pm 1/2$,在两个能级上电子的位能是不同的。依电磁学原理,磁矩 μ 在磁场中的位能是 $E=-\mu H_0\cos\theta$,θ 是矢量 H_0 与矢量 μ 的夹角,既然电子磁矩对磁场仅有两个取向,并且沿磁场方向的投影为 $\pm\mu_e$,则处于磁场 H_0 中的两个反能级 $m=\pm 1/2$ 间的位能差为 $\Delta E=2\mu_e H_0=h\gamma$,引进 Lande 因子量,一个无量纲的数,是电子磁矩(以玻尔磁子 $\dfrac{e\hbar}{2m_e c}$ 为单位)与其角动量($\hbar$ 为单位)之比。

g 对自由电子来说为 2.002 3,略大于原子或自由基中不成对电子,两个反能级间的能级用 g_e 表示,$h\gamma=g_e\mu_e H_0$,磁矩与角动量 $\hbar I$ 之比定义为旋磁比 γ,$\gamma=\mu/\hbar I$,电子的 $\gamma_e=2\mu_e/\hbar$,$\Delta E=\gamma_e\hbar H_0=h\nu$,$\omega=2\pi\nu=\gamma_e H_0$。如果一个含有大量数目的具有不成对电子的自旋系统,置于恒定磁场中 H_0 中,处于热平衡时,反能级的粒子数及其能量将服从 Boltzmann 分布 $[N_E=N_0 e^{-E/KT}]$,因为 $m=-\dfrac{1}{2}$ 态的能量少于 $m=\dfrac{1}{2}$ 态的能量。所以,前者的粒子数目要比后者大,设差数为 N_S,可由下式确定:

$$N_S=\frac{N_0}{2}(e^{\hbar\omega/KT}-e^{-\hbar\omega/KT})\approx\frac{\hbar\omega_0}{KT}\times\frac{N_0}{2}$$

如果附加一个旋转弱磁场 H_1,旋转轴垂直于 H_0,当其能量与其反能级差值相等时,跃迁就会发生。上下能级相互跳跃的几率相等,所以 H_1 的作用是使两个反能级的粒子数趋于相等。就是使 N_S 的一半由 $m=-1/2$ 态跃迁到 $m=1/2$ 态,所需的能量由射频场 H_1 供给。移开 H_1,系统将与其周围发生作用,恢复到初始的 Boltzmann 分布,这种作用主要有两个类别:"自旋—晶格"与"自旋—自旋"。

在"自旋—晶格"相互作用下,自旋粒子与周围的固体或液体交换多余的能量,直到恢复在某温度(室温)下平衡的 Boltzmann 分布,这种作用过程的特征时间由 T_1 表示,T_1 称作"自旋—晶格"弛豫时间。

"自旋—自旋"作用发生在自旋粒子之间,是影响粒子处于某宽能级上寿命的。因此它与谱线宽度有关,另外自旋粒子所处的磁场是由 H_0 与邻近自旋粒子产生的总和,这样每个自旋粒子所处的磁场是稍有不同的。这是由邻近粒子排列决定的。它的作用会增大共振线宽 T_2。在固体样品的情况中更为突出。

【实验方法】

在本实验中,顺磁性物质为 DPPH,即二苯基—苦基肼基,分子式为 $(C_6H_5)_2N$—NC_6H_2 $(NO_2)_3$,在中间的 N 少于一个共价键,有一个不成对的电子,如图 1 所示。

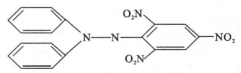

图 1　二苯基—苦基肼基分子结构式

实验装置如图 2 所示。样品放在射频振荡器的振荡回路中,它提供很弱的磁场 H_1,振荡器是边限振荡器。当从中吸取一部分能量时,振荡振幅将变小,样品与振荡回路置于磁场 H_0 中,H_0 由螺旋管线圈产生,叠加一个扫场线圈,由市电经变压器供电,此线圈产生的磁场可以扫描部分或整个共振线宽。一系列共振吸收将发生,其频率为 100 Hz经检波后输入示波器,以便观测。

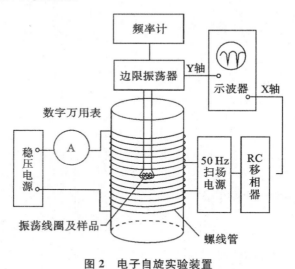

图 2　电子自旋实验装置

【实验内容】

(1)由公式 $\nu_0 = \dfrac{\gamma}{2\pi}H_0$,测出 ν_0 并测量 H_0 产生的电流值 I_0,求出 H_0,定出 γ 再换算为 g 因子。已知:

$$\nu_0 = \frac{\gamma}{2\pi} H_0 \; ; \; \frac{\nu_0}{H_0} = \frac{\gamma}{2\pi} = g\,\frac{e}{4\pi mc} \; ; \; g = \frac{\nu_0 h}{2\pi mc} = \frac{\nu_0 h}{H_0 \mu_e}$$

$\mu_e = \dfrac{eh}{4\pi mc} = 9.27 \times 10^{-27}$ erg/Gs(一个波尔磁子),$h = 6.626\,2 \times 10^{-27}$ erg・s(本书所用单位为高斯单位制)。但实际上外加磁场为 $H = H_0 + H_{交} + H_{地}$。考虑一下如何将 $H_{交}$、$H_{地}$ 消去。

(2)测线宽(最大值一半处宽度,见图3)。以公式 $\dfrac{1}{2}\Delta\omega = \omega_0 - \omega = \pi\Delta\nu = \dfrac{1}{T_2}$,及 $2\pi\Delta\nu = \gamma\Delta H$,用现有仪器设备求出 ΔH_0,再估算 T_2。

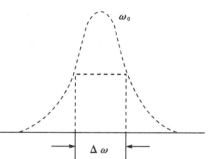

图3　共振吸收信号的线宽示意图

【实验步骤】

(1)测出边限振荡频率,用公式 $\nu_0 = \dfrac{\gamma}{2\pi} H_0$ 估算 H_0 值,$H_0 = 4n\pi I \times 10^{-3}\cos\theta$ Gs。其中 $\theta = 36.8°$,$\cos\theta = 0.802$,$n = 5$ $N = 253\,5$,对电子 $\dfrac{\gamma}{2\pi} = 2.8 \times 10^6$ Hz/Gs,估计多大电流才能出现共振信号?

(2)考虑一下为何必须加扫场信号才能看到共振信号(代思考题)。

① 改变 H_0 的大小,看到不同的共振图形,画出不同的共振图形(利用对称性);利用图形随 H_0 的变化确定"共振中心"及"扫场宽度",在测线宽时,还要利用其中的现象。

② 通过实验体会调小扫场电流可把 H_0 测得精确些。

③ 改变 I 极性(电流换向),解释出现的现象。

提示:这是地磁场在起作用,可用对消法消去。

$$\nu_0 = \frac{\gamma}{2\pi} \mid -H_2 + H_{地} \mid$$

$$\nu_0 = \frac{\gamma}{2\pi} \mid -H_2 + H_{地} \mid$$

$$\nu_0 = \frac{\gamma}{2\pi} \times \frac{H_1 + H_2}{2}$$

考虑一下 H_1、H_2 分别代表什么。

(3)经以上熟悉后,正式开始按正确方法测量,给出不同的 ν_0 测出对应的 H_0(5～10 组),求出 g 因子的平均值。

(4)确定 T_2,利用扫场的正弦电压(交流 50 Hz)作示波器的外扫(何故),得到如图 4 所示图形,其扫场宽度正好是正弦电流峰—峰值决定的磁场,用此校正磁场刻度,测出 ΔH 从而定出 T_2。正弦电流峰—峰值确定方法可见实验步骤

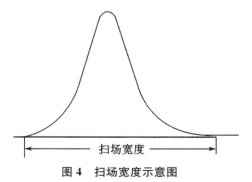

图4　扫场宽度示意图

（2）中①。

　　5.螺线管轴线处的磁场计算如图 5 所示。

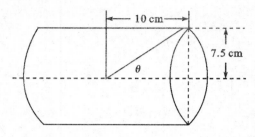

$$H_0 = 4\pi n I \times 10^{-3} \cos\theta \text{ Gs}$$

$$n = 2\ 535\ \text{匝/米}$$

（I 的单位为安培　n 的单位为匝/米　$\cos\theta \approx 0.802$）

图 5　磁场线圈尺寸

实验二十二　锁定放大器

【实验目的】

(1)了解相关器的工作原理,测量相关器的输出特性。

(2)了解锁定放大器的基本结构和工作原理。

(3)熟悉锁定放大器的使用方法。

【实验仪器】

锁定放大器、示波器、频率计、信号发生器、分频器等。

【实验原理】

锁定放大器(Lock-in Amplifier),简称 LIA。它是一个以相关器为核心的微弱信号检测仪器,它能在强噪声情况下检测微弱正弦信号的幅度和相位。

1.锁定放大器的基本组成

锁定放大器的基本结构框图如图 1 所示。它由四个主要部分组成:信号通道、参考通道、相关器(即相关检测器)和直流放大器。现分别介绍如下。

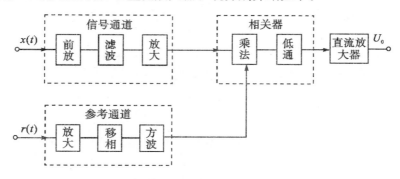

图 1　锁定放大器的基本结构框图

(1)信号通道

信号通道包括低噪声前置放大器、带通滤波器及可变增益交流放大器。

前置放大器用于对微弱信号的放大,主要指标是低噪声及一定的增益(100～1 000 倍)。

可变增益交流放大器是信号放大的主要部件,它必须有很宽的增益调节范围,以适应不同的输入信号的需要。例如,当输入信号幅度为 10 nV,而输出电表的满刻度为 10

V 时,则仪器总增益为 10 V/10 nV＝10^9,若直流放大器增益为 10 倍,前放增益为 10^3,则交流放大器的增益达 10^5。

带通滤波器是任何一个锁定放大器中必须设置的部件,它的作用是对混在信号中的噪声进行预滤波,尽量排除带外噪声。这样不仅可以避免 PSD 过载,而且可以进一步增加 PSD 输出信噪比,以确保微弱信号的精确测量。常用的带通滤波器有下列几种:

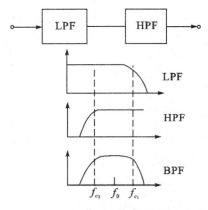

①高低通滤波器。图 2 所示为一个高通滤波器和一个低通滤波器组成的带通滤波器,其滤波器的中心频率 f_0 及带宽 B 由高低滤波器的截止频率 f_{c1} 和 f_{c2} 定。锁定放大器中一般设置几种截止频率,从而根据被测信号的频率来选择合适的 f_0 及带宽 B。但是带通滤波器带宽不能过窄,否则,由于温度、电源电压波动使信号频谱离开带通滤波器的通频带,使输出下降。

图 2   高低通滤波器原理

②同步外差技术。上述高低通滤波器的主要缺点是随着被测信号频率的改变,高低通滤波器的参数也要改变,应用很不方便。为此,要采用类似于收音机的同步外差技术,原理框图如图 3 所示。这是一种单外差技术,PSD1 实际上是一个混频器,具有频率 f_0 的信号经放大滤波后进入混频的 PSD_1,其输出为和频项(f_i+2f_0)及差频 f_i,再经具有中心频率为 f_i 的带通滤波后,输出变为中频信号 f_i(幅度仍与被测信号的幅度成正比)。最后,通过 PSD_2 完成相敏检波后,得到解调输出 U_0,达到了对信号幅度的测量。外差方式的优点是采用固定中频 f_i 的带通滤波器,因而对不同被测信号频率均能适用;其次,由于采用固定中频的带通滤波器,故滤波器带宽及形状可以专门设计,所以本电路具有很强的抑制噪声的能力。

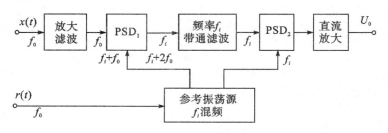

图 3   同步外差技术原理框图

③同步积分技术。图 4 所示为同步积分器电路图。同步积分器是一种 RC 积分电路,用电子开关使其轮流导通。电子开关由参考信号形成的开关方波控制,K_1、K_2、K_3 同时动作。当信号输入后,电容 C 就轮流充电,由于它是一种积分电路,故输出可以抑制噪声。输出频率为 f_0 的方波,其幅度与输入信号幅度成正比,从而达到了抑制噪声、提取信号的目的,所以同步积分器也相当于一种可变中心频率的带通滤波器。

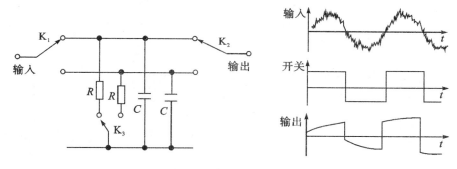

图4 同步积分器原理图

（2）参考通道

参考通道的作用是提供锁定放大器中 PSD 的开关方波。这种方波应是一个具有正、负半周之比为 1∶1，频率为 f_0 的方波。开关方波的相位能在 0°～360°之间任意移动，以保证输出信号 U_0 能达到正或负的最大。由于方波的对称性，可以消除偶次谐波的响应。

参考通道的输入为频率 f_0 的正弦波，经移相、整形后得到开关方波。因此，对参考信号的频率和幅度有一定的要求，通常幅度应大于 100 mV 以上。另外，输入信号的波形可以是非正弦波，因为它可以通过整形达到规范化。

移相电路可以用 RC 移相网络、模拟门积分比较器、锁相环等组成。

（3）直流放大器

由 PSD 输出的信号是直流电压或缓慢变化的信号，因此后续的电路应为直流放大器。直流通道主要问题是放大器零漂的影响。由于 PSD 输出的直流信号可能很小（特别是对微弱正弦信号的检测），因此要选择低漂移的运算放大器作为直流放大器的前置级。其次，器件的 $1/f$ 噪声也是引起输出电压波动的原因，因此要求 $1/f$ 噪声尽量小。

（4）相关器

详见"相关器的研究及其主要参数的测量"。

2.锁定放大器的特性参量

任何仪器均有自己的主要性能指标。锁定放大器是一种微弱信号检测仪器，可以实现在噪声中微弱正弦信号的测量，因此它的主要特性参量就是根据这个要求而确定的。

（1）等效噪声带宽（ENBW）

为测量深埋在噪声中的微弱信号，必须尽可能地压缩频带宽度，锁定放大器最后检测的是与输入信号幅度成正比的直流电压，原则上与被测信号的频率无关，因此，频带宽度可以做得很窄。可采用一级普通的 RC 滤波器来完成频带压缩。所以，锁定放大器的等效噪声带宽（ENBW）可以引用滤波器的（ENBW）的定义。一个普通的一级 RC 滤波器，其传输系数

$$K = \frac{1}{\sqrt{1 + w^2 R^2 C^2}}$$

其等效噪声带宽

$$\Delta f = \int_0^\infty K^2 \, \mathrm{d}f = \int_0^\infty \frac{\mathrm{d}f}{1 + w^2 R^2 C^2} = \frac{1}{4RC} \tag{1}$$

如取 RC 时间常数 $T=1$ s,则 $\Delta f=0.25$ Hz。

（2）信噪比改善（SNIR）

对于锁定放大器的 SNIR,可用输入信号的噪声带宽 Δf_{ni} 与锁相检波器输出的噪声带宽 Δf_{no} 之比的平方根来表示,即

$$SNIR=\sqrt{\frac{\Delta f_{ni}}{\Delta f_{no}}} \tag{2}$$

令 $\Delta f_{ni}=10$ kHz,RC=1 s,若用一级 RC 滤波,则 $\Delta f_{no}=0.25$ Hz,那么信噪比改善为 200 倍。

（3）动态范围

根据锁定放大器的三个性能指标,可以确定锁定放大器的动态范围,它们三者之间的关系如图 5 所示,FS 为满刻度输入电平,OVL 为最大输入过载电平,MDS 为最小可检测电平。

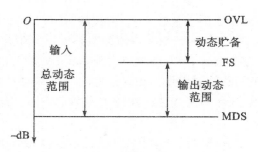

图 5　锁定放大器的动态特性

锁定放大器的 FS 又称满刻度灵敏度,是指输出端电表指示达满刻度时输入的同相、同频正弦信号的有效值。显然放大器的增益越大,则信号输入越小。因此,锁定放大器的满刻度灵敏度 FS,通常是指仪器放大倍数为最大时,使输出达满刻度的输入电平。

锁定放大器的过载电平是指仪器不产生非线性失真时的最大噪声电平,它是在仪器最大增益状态下测量的。由于过载时会使仪器工作在非线性状态,从而使满刻度信号响应产生误差,通常定义使信号输出产生 5% 误差的噪声电平为本仪器的 OVL。显然,OVL 的值远大于 FS 值,其比值称为锁定放大器的动态储备,即

$$动态储备 = 20\lg\frac{OVL}{FS}(\text{dB}) \tag{3}$$

动态储备的物理意义是指锁定放大器在维持满刻度输出条件下,输入端所能允许的最坏情况下信噪比的直接量度。

对于锁定放大器来说,由于采用 PSD 技术,只要低通滤波器的截止频率减少（相当于 RC 加大）,则就可以排除更多噪声,可测量更微弱的正弦信号幅度。从理论上说,输入的噪声再大,也可以抑制,或者说,再小的正弦信号幅度也能被检测到。但实际上,太小的正弦信号不能被检测到,这是由于当相关器输出的信号过小时,则将被直流通道的零点漂移所淹没,从而使信号幅度不能被准确的测量。锁定放大器可以检测的最小信号电平也是反映锁定放大器性能的主要指标之一。MDS 越小,则可检测的信号幅度就越小。

因此，MDS 值远小于仪器的 FS 值，其比值称为锁定放大器的输出动态范围，即

$$输出动态范围 = 20\lg \frac{FS}{MDS} \tag{4}$$

MDS 测量方法一般是将锁定放大器输入端短路，用记录仪记录其输出漂移量，再除以信号通道增益，折合到输入端的值即为 MDS。

根据以上讨论，可以计算出输入总动态范围：

$$总动态范围 = 动态储备 + 输出动态范围 = 20\lg \frac{OVL}{FS} + 20\lg \frac{FS}{MDS} \tag{5}$$

它是评价锁定放大器从噪声提取信号能力的主要因素，输入总动态范围一般取决于前置放大器的输入端噪声及输出直流漂移，往往是给定的。当噪声大时应增加动态储备，使放大器不因噪声而过载，但这是以增大漂移为代价的。当噪声小时，可增大输出动态范围，相对压缩动态储备，而获得低漂移的准确测量值。满度信号输入位置的选择要根据测量对象，通过改变锁定放大器的输入灵敏度来达到。

3. 相关器的研究及其主要参数的测量

微弱信号检测的核心问题是对噪声的处理。最简单、最常用的办法是采用选频放大技术。为检测信号，要求选频放大器的中心频率 f_0 与检测信号的频率 f_s 相同，尽量压缩带宽使 Q 值提高，$Q = f_0 / \Delta f$（Δf 为选频放大器的信号带宽），从而使大量处于通带两侧的噪声得以抑制，而检测出有用的信号。但是，选频放大器对信号频率 f_s 没有跟踪能力，很难达到 $f_0 = f_s$ 的要求；另外，选频放大器信号带宽应大于被测信号的频谱宽度，Q 值一般不能太高，当背景信号中的窄带噪声谱宽度与信号谱宽度可以比拟时，或在信号频率 f_s 附近有较强的干扰时，选频放大器处理噪声和干扰的能力更差。据此，在微弱信号检测中，常规的选频放大器已不能满足要求。对于窄带微弱信号，要求电路具有极窄的信号频带，即极高的 Q 值，并且对于信号频率的变化不仅要具有自动的跟踪能力，而且同时又能锁定信号的相位 φ，那么，噪声要同时符合与信号既同频又同时的可能性大为减少。这就是相干检测的基本思想以及对噪声的处理方法。也就是说，我们需要另一个相干信号，它只能识别被测信号的频率与相位。完成频域信号窄带化处理的相干检测系统称为锁定放大器，亦有译为锁相放大器的。目前，锁定放大技术已广泛地用于物理、化学、生物、电讯、医学等领域。因此，培养读者掌握这种技术的原理和应用，具有非常重要的现实意义。

本实验的目的是让读者了解相关器的原理，测量相关器的输出特性，掌握相关器正确的使用方法等。

（1）相关器的工作原理

①相关检测。微弱信号检测的基础是被测信号在时间轴上具有前后相关性的特点，所谓相关，是指两个函数间有一定的关系。如果它们之间的乘积对时间求平均（积分）为零，则表明这两个函数不相关（彼此独立）；如不为零，则表明两者相关。相关的概念按两个函数的关系又可分为自相关和互相关两种。由于互相关检测抗干扰能力强，因此在微弱信号检测中大都采用互相关检测原理。

如果 $f_1(t)$ 和 $f_2(t-\tau)$ 为两个功率有限信号，则可定义它们的相关函数为

$$R(\tau) = \lim_{x \to \infty} \frac{1}{2T} \int_{-T}^{T} f_1(t) \cdot f_2(t-\tau) dt \qquad (6)$$

另 $f_1(t) = V_s(t) + n_1(t)$，$f_2(t) = V_r(t) + n_2(t)$，其中 $n_1(t)$ 和 $n_2(t)$ 分别代表与待测信号 $V_s(t)$ 及参考信号 $V_r(t)$ 混在一起的噪声，则式（6）可写成

$$R(\tau) = \lim_{x \to \infty} \frac{1}{2T} \int_{-T}^{T} \{[V_s(t) + n_1(t)][V_r(t-\tau) + n_2(t-\tau)]\} dt$$

$$= \lim_{x \to \infty} \frac{1}{2T} \int_{T}^{-T} [V_s(t)V_r(t-\tau) + V_s(t)n_2(t-\tau) + V_r(t-\tau)n_1(t) + n_1(t)n_2(t-\tau)] dt$$

$$= R_{sr}(\tau) + R_{s2}(\tau) + R_{r1}(\tau) + R_{12}(\tau) \qquad (7)$$

式中，$R_{sr}(\tau)$、$R_{s2}(\tau)$、$R_{r1}(\tau)$、$R_{12}(\tau)$ 分别代表两信号之间，信号对噪声及噪声之间的相关函数。由于噪声的频率和相位都是随机量，它们的偶尔出现可用长时间积分使它不影响信号的输出。所以，可认为信号和噪声、噪声和噪声之间是互相独立的，它们的相关函数为零，于是式（7）可写为

$$R(\tau) = \lim_{x \to \infty} \frac{1}{2T} \int_{T}^{-T} V_s(t)V_r(t-\tau) dt \qquad (8)$$

上式表明，对两个混有噪声的功率有限信号进行相乘和积分处理（即相关检测）后，可将信号从噪声中检出，噪声被抑制，不影响输出。

②相关器。根据相关检测的原理可以设计的相关检测器，简称相关器，如图 6 所示，它是锁定放大器的心脏。

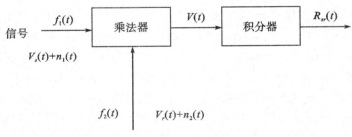

图 6　相关器基本框图

通常相关器由乘法器和积分器构成。乘法器有两种：一种是模拟乘法器；另一种是开关式乘法器，常采用方波作参考信号，而积分器通常由 RC 低通滤波器构成。

开关式乘法器，称为相敏检波器（简称 PSD）。相关器由相敏检波器与低通滤波器组成。此时待测信号 $V_s(t)$ 为正弦信号，参考信号 $V_r(t)$ 为方波信号。如图 7 所示。

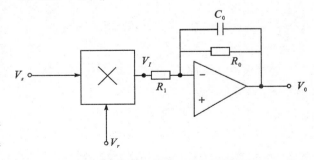

图 7　锁定放大器中通常采用的相关器

$$V_s(t) = e_s \cos\omega_s t$$

$$V_r(t-\tau)$$

$$=\frac{4}{\pi}\left[\cos(\omega_r t+\varphi)+\frac{1}{3}\cos3(\omega_r t+\varphi)+\frac{1}{5}\cos5(\omega_r t+\varphi)+\cdots+\frac{1}{n}\cos n(\omega_r t+\varphi)\right]$$

$$V_s(t)\cdot V_r(t-\tau)$$

$$=\frac{4}{\pi}e_s\left\{\cos[(\omega_r\pm\omega_s)t+\varphi]+\frac{1}{3}\cos[3(\omega_r\pm\omega_s)t+\varphi]+\frac{1}{5}\cos[5(\omega_r\pm\omega_s)t+\varphi]+\cdots\right.$$

$$\left.+\frac{1}{n}\cos[n(\omega_r\pm\omega_s)t+\varphi]\right\}$$

当待测信号频率和参考信号基波频率相同,即 $\omega_r=\omega_s$ 时,LPS 的输出为

$$V_0(t)=K\cdot e_s\cos\varphi \tag{9}$$

式中,K 是只与 LPS 传输系数有关,而与参考信号幅度无关的电路常数。

由式(9)表明,在参考信号为方波的情况下,经相关检测后,其输出仅与待测信号的幅度有关,也与两信号的相位差有关。当改变参考信号相位 φ 时,可以得到不同的输出。图 8(a)~(d)表示输出 V_0 与相位差 φ 关系。当 $\varphi=0$ 时,V_0 正最大,$\varphi=\pi$ 时,V_0 负最大;$\varphi=\pi/2$ 和 $\varphi=3\pi/2$ 时,$V_0=0$。当非同步的干涉信号进入 PSD 后,由于与参考信号无固定的相位关系,得到如图 8(e)所示的波形,经 LPF 积分平均后,其输出值为零,实现了对非同步信号的抑制。

理论上,由于噪声和信号不相关,通过相关检测器后应被抑制,但由于 LPF 的积分时间不可能无限大,实际上仍有噪声电平影响,它与 LPF 的时间常数密切相关,通过加大时间常数可以改善信噪比。

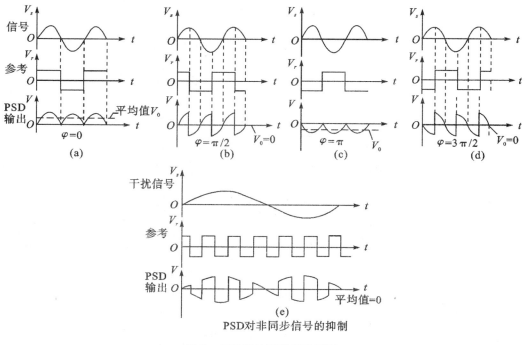

图 8　相敏检波器输出波形图

（2）相关器实验装置

相关器实验盒原理如图 9 所示。信号通道由加法器、交流放大器、开关式乘法器、低通滤波器、直流放大器组成。参考通道由放大器和开关驱动电路组成。加法器、开关式乘法器、直流放大器的输出端分别连接到面板所对应的电缆插座，供测量观察使用。交流放大倍数、直流放大倍数及低通滤波器的时间常数，均由面板上对应的旋钮控制。为了掌握相关器实验盒的原理，可参考实验室提供的电原理图和仪器的面板图。

加法器由运算放大器组成，有两个输入端，一个是待测信号输入端，另一个是噪声或干扰信号输入端。加法器把待测信号和噪声混合起来，便于研究观察相关器抑制噪声的能力。加法器的输出连接到面板加法器输出插座，便于用示波器观察相加后的波形。

交流放大器也由反相输入的运算放大器器组成，放大倍数分别为 1、10、100，由面板旋钮控制。

乘法器由两个运算放大器和一对开关组成，其由面板 PSD 输出插座输出，供示波器观察乘法器输出波形。

低通滤波器由运算放大器和 RC 电路组成，时间常数由 RC 决定，面板控制时间常数分别为 0.1 s、1 s、10 s。

直流放大器由一级反相输入的运算放大器组成，低通滤波器输出的信号由直流放大器进行放大，最后由面板直流输出插座输出，放大倍数 1、10、100 由面板控制旋钮调节。

参考方波信号由面板参考输入插座输入后，经两级运算放大器变成相位相反的一对方波，去控制由两个场效应管组成的并串联开关，完成乘法器的功能。

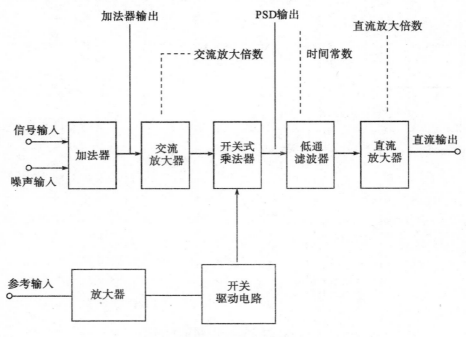

图 9　相关器实验盒原理框图

【实验内容与步骤】

1. 相关器 PSD 波形的观察及输出电压的测量

（1）按图 10 连接，NL-1 中的 1 kHz 信号源输出分两路，一路给 NL-1 作参考信号，一路由面板噪声输入电缆插座输入，由噪声输入控制开关，作为加法器 2 的输入信号。

（2）适当调节 1 kHz 信号源的输出电压（100 mV 左右），用示波器通过交流输出孔观察 PSD 的输出波形，整机灵敏度开关置于 100 mV 挡，输入短路，置相关器交流放大倍数×10，直流放大倍数×1，低通滤波器时间常数选择 1 s 挡。

（3）当宽带相移器相位转换开关拨到 $\varphi=0°$ 时，调节参考通道的移相器，使参考激励方波与输入信号同相，则示波器显示 PSD 输出的波形如全波整流输出的波形一样，如图 8（a）所示的波形。再将相移开关分别拨到 $\varphi=90°,180°,270°$，记录相位、直流输出电压、PSD 波形。观察到的波形图应如图 8（b）～（d）所示。

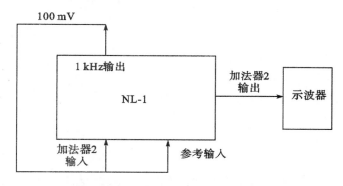

图 10　相关器的 PSD 输出波形及输出电压测量连线图

注意：如果电路接好以后，PSD 输出没有波形或不正常，可用示波器分别观察相关器加法器输出、宽带相移器输出、多功能信号源输出等，看波形正常与否，直到找到故障，给予排除。

2. 相敏检波特性的测量与观察

如果相关器信号输入为一个恒定的方波信号，和参考方波信号频率相同，则相关器为相敏检波器，输出的直流电压与相位差 φ 成线形关系，可以作鉴相器使用。

实验仪器和连接电路如图 11 所示，输入方波信号幅度调节为 100 mV，相关器的交流放大倍数和直流放大倍

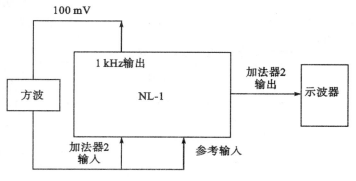

图 11　相关器的相敏检波特性

数分别选择为 1，低通滤波器的时间常数选择为 1 s。

改变宽带相移器的相移量,由示波器观察相关器 PSD 输出的波形,用相位计和直流电压表分别测出相移量 φ 和相关器的输出直流电压,从 0° 到 360° 选择一些关键点,测量一个周期,用坐标纸画出输出电压 V_0 随相位 φ 变化的特性曲线,并分析输出直流电压和相移量之间的关系。测得的输出直流电压与相移量的相敏特性应如图 12 所示。

3. 相关器谐波响应的测量与观察

相关器中的乘法器和低通滤波器达到匹配后,奇次谐波能通过,抑制偶次谐波,传输函数和方波的频谱一样,其偶次谐波相关器直流输出等于零,奇次谐波直流输出幅度的绝对值按照 $1/n$ 逐渐减少。这说明相关器能在噪声或干扰中检测和参考信号频率相同的正弦或方波信号。

实验仪器同实验连线如图 13 所示,此时,可以改变待测信号和参考信号的频率之比,使 n =1,2,3,…。

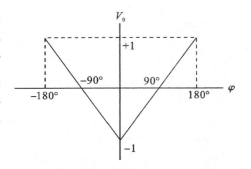

图 12　输入与参考信号同频率时输出直流电压与相位差的关系

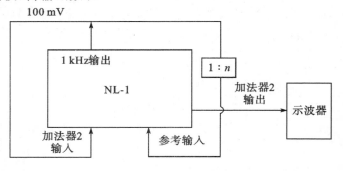

图 13　相关器谐波响应的连接图

先置分频数为 1,按下宽带相移器相移零度开关,调节相移旋钮,使相关器输出的直流电压最大,观察示波器的波形相同于全波整流波形,说明相关器待测信号与参考信号频率相同,相位也相同,满足 $n=1$ 的要求,记录输入信号、参考信号、PSD 信号、直流输出信号,画出各点波形。

改变分频数 N 为 2,3,4,5,…,分别重复上述测量,记录数据和画出波形,并分析相关器谐波响应直流输出电压的特点。

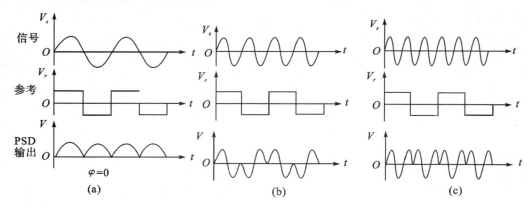

图 14　相关器谐波相应的波形

4. 相关器对不相干信号的抑制

相关器对相干信号进行检测,对不相干信号进行抑制,也就是输入信号与参考信号频率相同、相位相同,输出直流信号最大,待测信号得到了检测;对频率不同、相位不同的信号,直流输出得到衰减,或者等于零,说明噪声得到抑制。但对于干扰信号为奇次谐波时,相关器抑制干扰能力变弱。

实验仪器同实验连线如图 15 所示,将低频信号源输出的正弦信号作为相关器的干扰信号,连接到相关器的噪声输入端。用示波器观察 PSD、加法器输出的波形;用交直流噪声电压表分别测量输入信号、干扰信号、输出直流信号的电压;用频率计分别测量输入信号和干扰信号的频率。

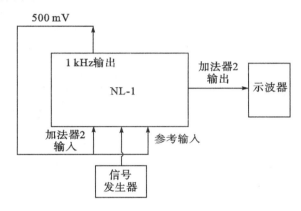

图 15　不相干信号抑制能力测试连接图

(1)选择相关器的交流放大倍数为 10,直流放大倍数为 1,时间常数为 0 s。NL-1 灵敏度开关置于 1 000 mV,高通置于 100 Hz,低通置于 1.5 kHz。调节多功能信号源的频率旋钮,使其幅度电压为 500 mV,分两路,一路作为参考信号,另一路作为输入信号。低频信号发生器作为干扰源由噪声输入端输入,在加法器中与信号相加混合。

(2)开始时使相关器噪声输入的信号等于零。调节宽带相移器的相移,使相移量为零,相关器直流信号为最大,记录加法器输出、PSD 输出的波形及相关器直流输出的电压值。

再调节低频信号放生器任选一个频率,如 3 300 Hz,调节其输出幅度,使输入相关器噪声端的信号达到 1 000 mV,为待测信号的二倍,此时,待测信号已被噪声所淹没。由示波器观察加法器输出、PSD 输出的波形,由交直流噪声电压表测量相关器直流输出电压,如果 PSD 输出、直流输出测量结果与没有噪声干扰变化不大,说明相关器抑制干扰能力强,否则抑制干扰能力差。

(3)改变干扰信号的频率,重复上述测量,将噪声干扰频率逐渐接近输入信号频率或是奇次谐波时,抑制干扰能力下降,输出直流电压发生周期性的变化,在信号各谐波处形成带通特性,通带宽度由低通滤波器的时间常数决定,通带宽度不同,抑制干扰的能力不同。改变积分时间常数为 0.1 s 或 10 s,分别进行测量,根据各组数据,进行分析总结。

【思考和讨论】

(1)相关器为什么可以检测微弱信号？

(2)输入相关器的待测信号和参考信号间的相位关系对输出的直流信号有何影响？

(3)低通滤波器的时间常数的选择对相关器输出的直流信号有什么影响？

基于 PASCO 科学工作室的数字化物理实验

展望新世纪,信息技术是最活跃、发展最迅速、影响最广泛的科学技术之一。无论在生产、生活还是科研活动中,随处可见信息技术带来的巨大变化。随着现代社会信息技术的发展,信息化教学不断深入,传统教学方式正向着信息化教学的方向转变。

信息技术的发展为我们提供了丰富实用的各类传感器,数据采集器,计算机和配套软件。信息技术结合到物理实验教学中,就产生了新的实验模式,即数字化的物理实验模式。

基于PASCO科学工作室的物理实验不同于传统物理实验,它是以传统实验为基础,采用各类传感器代替传统的测量工具(如米尺、电压表、电流表、温度计、秒表等)采集实验数据,然后经数据采集接口传输至计算机后由计算机对数据进行处理的新型实验模式。

这种新型的实验模式相比传统实验有其自身优势。第一,各种传感器为读者提供了新的探究工具,能测量一些传统设备很难测量的物理量;第二,实验数据以图表曲线的形式在计算机上实时显示,使得一些不可见的物理现象、物理规律能够直观显现;第三,强大的数据采集和数据处理功能简化了以往手工记录的读数方式并缩短了数据处理的时间,大大提高了实验教学的效率;第四,可以利用不同的传感器组合出多种实验项目,具有良好的开放性和通用性,有利于读者创新能力的培养。

PASCO 科学工作室简介

PASCO 科学工作室(Science Workshop)主要由以下三个部分组成:

(1)数据采集接口。用于将来自传感器的测量数据传入计算机。

(2)传感器。利用各类传感技术,实时采集物理实验中各物理量。

(3)DataStudio 软件。控制传感器的数据测量。可实时显示测量数据,以及进行各类数据处理。

这三部分是利用 PASCO 科学工作室进行数字化物理实验的基础,需要认真阅读,并结合软硬件进行操作练习,做到熟练掌握。下面将对这三部分内容分别进行介绍。

§1 科学工作室数据采集接口

科学工作室的数据采集接口常用的有两种:750 型和 500 型。

1.750 型接口(CI-7565A)

Science Workshop 750 型接口配备 12 ～20 VDC,2 A 专用电源适配器。750 型接口有 4 个数字通道,3 个模拟通道,还可提供直流、交流信号。注意:在启动计算机前应先打开 750 型接口电源开关,这样 Windows 才能识别该 SCIS 设备。

图1 750 型接口外观

750 型接口的主要功能有:

(1)4 个数字通道。最多可使用 4 个光门或 2 个转动传感器,或一个光门和一个运动传感器Ⅱ,或者其他组合。与 TTL 电平兼容(最大驱动电流 8 mA)。最大输入逻辑转换时间为 500 ns,边沿触发采样率 10 kHz。每口有一个独立的 16 位计数器,客队光电门等数字采样事件计数,并含有边缘检测器,可用于设置触发条件。使用运动传感器时分辨率为 1 μs。

(2)3 个模拟通道(A、B、C 插口)。输入阻抗 1 MΩ,最大输入电压范围−10～+10 V。当使用一个通道时,最大采样率可达 250 kHz。每个通道有 3 种增益(1,10,100)可设置。小信号在模数转换时的带宽:增益为 1 时 1 MHz;增益为 10 时 120 kHz;输入放大器的转换率为 1.2 V/μs。

(3)输出通道(输出电压、电流)。内部功放提供 DC 电源和函数信号发生器,可通过此模拟输出通道输出 DC 或 AC 信号。DC 电压输出范围−4.997 6～+5.000 0 V,信号幅值依步长 2.44 mV 精密可调。AC 交流模式峰—峰值可调范围为 10 V_{p-p}，频率范围 0.001～50 kHz，每步电压为 2.44 mV。AC 频率范围：0.001 Hz～50 kHz，±0.01%。DIN 连接器精度：±3.6 mV，满量程的±0.1%。使用香蕉夹时的最大输出：±5 V 时约 300 mA，电流限制范围 300 mA±12 mA。允许输出电压和电流被监视显示而不必占用模拟量输入口，此时（缺省方式）电压增益为 1，输出范围−5～＋5 V，输出电流≤300 mA。

(4)12 比特内部模—数转换。为 12 位 ADC，用于上述 A-C 模拟输出口和电压电流输出口共 5 个信号源。电压分辨率在增益 1 时为 4.88 mV，在增益 100 时为 0.049 mV，电流测量分辨率为 244 μA(即 50 mA/V)。

2.500 型接口(CI-6400)

500 型接口的主要功能：

(1)2 个数字通道。5 μs 时间分辨率。

(2)3 个模拟通道。A 通道：差分输入阻抗 2 MΩ；增益＝1 或 10。

B 通道：单端口输入阻抗 200 kΩ；增益＝1 或 10。

图 2　500 型接口外观

C 通道：单端口输入阻抗 200 kΩ；增益＝1。

±10 V 量程(可读精度为±0.02 V＋0.1%)；5 mV 分辨率。

(3)连接装置：串口。

(4)数据记录按钮：按下该按钮可在接口的数据缓存器中记录并存储数据。

(5)数据采集：可记录 17 000 个模拟(力、电压等)数据点或 7 000 个运动传感器的数据点。

(6)内置式电池室：可安装 4 节 5 号电池用于户外工作。

(7)电源：9 V/500 mA 的直流电源。

§2　PASCO 系列传感器

PASCO 传感器分为模拟传感器和数字传感器两大类，有几十种传感器。模拟传感器连接科学工作室接口的模拟通道，数字传感器连接科学工作室接口的数字通道。下面介绍部分常用传感器。

一、转动传感器(CI-6538)

转动传感器是学生物理实验中最具实用性的位置/运动测量装置。其测量线性位移的精度为 0.055 mm，测量旋转运动的精度为 0.25°。传感器具有双向性，可用来测定运动的方向。

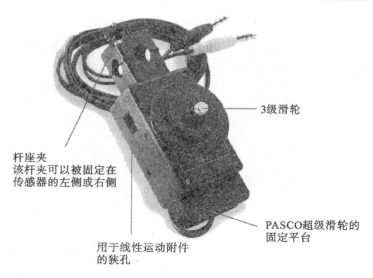

3级滑轮

杆座夹
该杆夹可以被固定在
传感器的左侧或右侧

PASCO超级滑轮的
固定平台

用于线性运动附件
的狭孔

图 3　转动传感器(CI-6538)

1. 性能规格

传感器上的三级滑轮:直径分别为 10 mm、29 mm 和 48 mm。

精度:1°和 0.25°。

最大转速:1°精度时 13 r/s(360 个数据点/转);

0.25°精度时 3.25 r/s(1 440 个数据点/转)。

2. 典型应用

单摆、复摆、转动惯量测量;与齿条结合测量线性位移,如光的干涉衍射实验。

3. 注意事项

因转动方向有正负之分,互换插头位置则正负变换。当转动较慢时可选择分辨率为
1 440 个数据点/转,当转速很快如刚体转动惯量测定实验,则选择 360 个数据点/转。采
样速率一般选择尽可能快些(但太快了图形上连线会粗得难看)。

二、运动传感器Ⅱ (CI-6742)

CI-6742 型运动传感器利用超声波脉冲测量物体的位置,实为一超声声纳设备。当
触发时,爆发式地发射出 16 个频率为 49 kHz 的超声脉冲组成的脉冲组(此时可听见一
轻微响声),然后自动检测被目标(障碍物)反射回来的脉冲组,通过声速和收—发脉冲组
时间间隔的一半计算出待测距离,也可计算速度和加速度。传感器上安有模式选择开
关,在 STD 标准模式下,测距范围为 0.15~8 m,此时发射方向旋钮应抬起大约 5°,以避
免其他障碍物如墙壁、桌面等等误作目标反射物。另一可选模式为 Narrow(狭窄),量程
为 0.15~2 m,当测量距离小于等于 2 m 而且具有高反射目标物时选用此模式,可以降低
其他虚假目标(噪声)的灵敏度。相应地对大距离或低反射目标宜选用 STD 模式。本传
感器有两个数字口插头:黄色(传送发射信号)和黑色(传送返回的发射信号)。

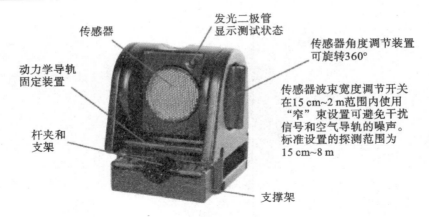

传感器
发光二极管
显示测试状态
传感器角度调节装置
可旋转360°
动力学导轨
固定装置
传感器波束宽度调节开关
在15 cm~2 m范围内使用
"窄"束设置可避免干扰
信号和空气导轨的噪声。
标准设置的探测范围为
15 cm~8 m
杆夹和
支架
支撑架

图 4　运动传感器(CI-6742)

1. 性能规格

最小作用范围：15 cm。

传感器转角：360°。

宽/窄波束开关：

宽：最大作用距离 8 m；

窄：最大作用距离 2 m(可避免干扰信号和空气导轨的噪声)。

固定方式：

——固定在 12.5 mm 直径或更细的杆子。

——卡在 PASCO 动力学导轨一端，或直接放到导轨上。

——用 ME-6743 小车转接附件把运动传感器安装在动力学小车上。

——用防滑橡胶脚架固定在桌上。

2. 典型应用

可用于常规的位置、速度、加速度实验，研究碰撞过程中的能量和动量守恒，监控弹簧上物体的正弦运动等。

3. 注意事项

脉冲组的触发率可通过软件在设置窗口选定。对于较长距离或记录相对较慢的事件选择如 5 次/秒，对较快事件如自由落体则选择 120 次/秒。由于超声波在不同空气环境中传播速度不相同，因此使用本传感器前要校正。可选择距传感器 1 m 处的发射目标点击标定之。LED(发光二极管)在捕获目标时会发光。接收器的增益应当按距离增加。

三、力传感器(CI-6537)

量程 $-50 \sim +50$ N，以压力为正、拉力为负，对应输出电压范围 $-8 \sim +8$ V。设计成 0 N 力时输出电压为 0 V，1 N 力的变化产生 160 mV 电压变化，使用时一般不需要再校正，但也允许用二点校正(线性)。传感器盒上有"TARE"按钮，用以清零，按一次可保持清零状态超过 30 min。CI-6537 型力传感器用于测量变力时，允许变力频率达 25 N/ms，带宽 2 kHz(内部低通滤波器)。

1. 性能规格

力的量程：－50～＋50 N。

分辨率：0.03 N 或 3.1 g。

过载保护：机械式停止功能，以避免大于 50 N 的力破坏传感器。

图 5　力传感器(CI-6537)

置零功能："TARE"按钮，按下可清零。

安装：可安装于 12.4 mm 的支撑杆上。

2. 典型应用

测量弹性碰撞和非弹性碰撞中的力，测量由振动物体产生的力，测量回转力。

四、经济型力传感器(CI-6746)

该型力传感器是一款可用于学生实验的高质量、低成本、通用型力传感器，并可通过手指孔方便地用手操作，还可安装在动力学小车上，是理想的测量一维力的实验装置。

1. 性能规格

力的量程：－50～＋50 N。

分辨率：0.03 N 或 3.1 g。

过载保护：机械式停止功能，以避免大于 50 N 的力破坏传感器。

置零功能："TARE"按钮，按下可清零。

图 6　经济型力传感器(CI-6746)

安装：可安装于 12.4 mm 的支撑杆上，亦可配合力传感器支架使用。

五、力传感器支架(CI-6545)

此辅助支架带有缓冲器，可将传感器直接安装到动力学导轨上。包含：

——五种用于力传感器的碰撞附件。

——弹簧缓冲器（不同的劲度系数）(2 个)。

——磁性缓冲器(1 个)。

——橡胶缓冲器(1 个)。

——用于非弹性碰撞的黏土坯（带有黏土）(1 个)。

——十字螺丝刀（用于安装力传感器）。

从两个侧面看的辅助支架，可看到缓冲弹簧和多种固定方式

图 7　力传感器支架(CI-6545)

六、加速度传感器(CI-6558)

加速度传感器可在几乎所有的实验中用于记录加速度数据。只需把该传感器直接插入 500 型接口,就可以构成一台便携式的加速度测量装置。利用其支架,可将加速度传感器直接安装在动力学小车上。

图 8　加速度传感器(CI-6558)

1. 性能规格

量程:$-5 \sim +5g$(g 为重力加速度)。

分辨率:0.01 g。

置零功能:清零按钮,可消除重力影响。

传感器响应设置:可选择。

慢:可在测量电梯、过山车、汽车的加速度实验时使用,降低高频振动噪声;

快:用于持续时间较短的实验,如小车的碰撞。

2. 典型应用

动力学小车的碰撞,电梯中的加速度。

七、光门/滑轮系统(ME-6838)

光门/滑轮系统用一个光门端头监控低阻尼滑轮的旋转,可计算小车及其他重物的位置、速度、加速度,并作出曲线。此外,滑轮可以拆除,以便用光门进行光门实验。

1. 性能规格

滑轮:转动惯量:1.8×10^{-6} kg·m^2。

　　　摩擦系数:$<7 \times 10^{-3}$。

　　　直径:5 cm,重物:5.5 g。

光门:宽:7.5 cm;上升时间:<500 ns。

　　　空间分辨率:<1 mm。

　　　时间分辨率:0.1 ms。

2. 典型应用

研究匀速运动、测量自由下落物体、沿斜面的运动、抛射体的速度、小车的加速度等。

图 9　光门/滑轮系统(ME-6838)

八、温度传感器(CI-6605)

该低热容量温度传感器可进行快速的温度测量,并且对所测量的影响可以忽略。在具有腐蚀性的化学液体中使用时,需要在探针上套上聚四氟乙烯保护层。

1. 性能规格

温度范围:$-35℃ \sim +135℃$。

图 10　温度传感器(CI-6605)

精度:±0.5℃。

分辨率:0.05℃。

2. 典型应用

进行通常的低温实验,用于在吸热放热反应实验中测量快速的温度变化。

九、声音传感器(CI-6506B)

该声音传感器带有灵敏的麦克风,敏感元件为驻极体集成微音器(含场效应晶体管放大器)。输出双极信号−10～+10 V,灵敏度可达 0.5 mV(人耳勉强可听到的声水平),测量范围广泛:45～100 dB。灵敏度水平(增益)可通过软件从校正窗口下拉菜单中选择。当传感器输出电压>1 V,设置为 1×(低增益),输出电压在−1～+1 V 之间,设置为 10×(中增益),输出电压在−0.1～+0.1 V 之间,设置为 100×(高增益)。

1. 性能规格

频率响应范围:20～7 200 Hz。

分贝范围:45～100 dB。

信噪比:<60 dB。

放大:两级低电平信号。

2. 典型应用

测量声音强度,测量声速,测量拍频,研究多普勒效应,学习了解乐器的泛音。

图 11　声传感器(CI-6506B)

十、光传感器(CI-6504A)

光传感器的敏感元件为硅 PIN 光电二极管。响应光谱 320～1 100 nm(其中 420～920 nm 区域线性较好)。通过选择不同增益可使用不同光通量水平,测量范围宽广并且适合在普通环境光下进行实验。在 1×挡(增益低端),输出光照度最大 500 lx,传感器输出电压>1 V;在 10×挡(增益中端),输出光照度最大 50 lx,传感器输出电压在 0.1～1 V 之间;在 100×挡(增益高端),输出光照度最大 5 lx,传感器输出电压<0.1 V。注意:上述增益选择调节只对于模拟输入通道 A、B 口适用,C 口增益不可调。正确的增益设置应使实验中相对光强适度变化。本传感器校正可以按输出电压的百分比作相对光强校正,也可以通过已知标准光源按 lx 单位作绝对标定。

1.性能规格

感光部件:硅 PIN 光电二极管。

响应光谱范围:320～1 100 nm。

增益设置:100×(最大光照度 500 lx),10×(最大光照度 50 lx),1×(最大光照度 5 lx)。

输出电压:0～5 V。

2.典型应用

图 12　光传感器(CI-6504A)

可在白天测量相对光强(甚至可测日食),比较光强和距离的关系,研究光的干涉、衍射和偏振。

十一、高灵敏光强传感器(CI-6604)

用于低光强场合的实验。

1.性能规格

感光部件:硅 PIN 光电二极管。

响应光谱范围:320～1 100 nm。

增益设置:100×(最大光照度 500 lx),10×(最大光照度 50 lx),1×(最大光照度 5 lx)。

输出电压:0～5 V。

2.典型应用

分光光度计。

图 13　高灵敏度光传感器(CI-6604)

十二、红外传感器(CI-6628)

该传感器在红外波段(>40 000 nm)非常敏感,也可探测可见光波段。它可以探测人手的辐射。由于其响应能力在整个频率范围内是线性的,因而是棱镜式分光光度测定(包括黑体曲线和吸收光谱)的理想工具。

1.性能规格

感光部件:48 个结合面,蓝宝石窗口,充氩气的热电堆。

敏感光谱区:到 40 000 nm(线性)。

增益级数:100×,10×,1×,可选。

输出电压:0～5 V。

2.典型应用

图 14　红外光传感器(CI-6628)

测量白炽灯泡的光谱图,黑体辐射。

十三、电压传感器(CI-6503)

电压传感器可测量交直流电压。通过一专用电缆连接数据采集接口的模拟通道,直接利用接口盒内部电压采集和 A/D 转换电路构成该传感器。电压最大输入范围－10～

＋10 V,频率范围可达 50 kHz,3 种增益(1,10,100)可选择。

1. 性能规格

电压范围:－10～＋10 V DC/AC。

针口布局:5 针 DIN 插头。

2. 典型应用

研究电阻、电压和电容,进行功率放大实验。

图 15　电压传感器(CI-6503)

十四、电流传感器(CI-6556)

该传感器可用于测量电路中任何一点的电流。传感器串联于待测电路之中,通过对一个 1 Ω 的内部标准电阻两端电势差的测量,自动转换成电流测量值。量程－1.5～＋1.5 A,分辨率在 1×挡为 5 mA,在 10×挡为 0.5 mA。最大公共电压－10～＋10 V,最大电流输入 1.5 A,最大电势差 1.5 V,以上均为 DC 值或 AC 的均方根值。注意:测量电压绝对不能超过(DC)60 V 或(AC)42.4 V。

1. 性能规格

最大电流输出:1.5 A(DC 或 AC RMS(均方根))。

最大差分电压:1.5 V(DC 或 AC RMS(均方根))。

最大共模电压:10 V。

分辨率:5 mA(1×增益),0.5 mA(10×增益)。

2. 典型应用

研究电阻、电压和电容。

图 16　电流传感器(CI-6556)

3. 注意事项

对 500 型接口,电流传感器必须接到 A 通道。对 750 型接口,则三个模拟通道皆可。

不可将电流传感器直接接到电源两端,或接入无负载的电路。超过 1.5 A 的电流将对传感器造成永久损坏。

十五、磁场传感器(CI-6520A)

该磁场传感器非常灵敏,可测量地球磁场。该传感器可用于测量和标定单个线圈或亥姆霍兹线圈、螺线管、电磁铁或磁铁的场强。

图 17　磁场传感器(CI-6520A)

1.性能规格

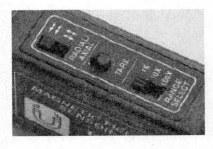

图 18　磁场传感器局部

灵敏度：±10 Gs,50 mG 分辨率；

　　　　±100 Gs,50 mG 分辨率；

　　　　±1 000 Gs,500 mG 分辨率。

测量模式：径向或轴向的磁场。

探头长度：7.5 cm。

置零按钮：按"TARE"键清零。

2.典型应用

地磁场测量,线圈磁场测量等。

3.注意事项

长方形探头顶部安装两片不同方位的霍耳片,各有一小白点以代表处于∥或⊥位置的霍耳片平面,可用盒身上的滑动开关来选择。总量程−1 000～+1 000 Gs(即−0.1～+0.1 T),共分 3 挡,通过拨动开关选择：1×挡,量程−1 000～+1 000 Gs,分辨率 0.5 Gs,标定因子 100 Gs/V,主要用于测量永磁体等较强磁场；10×挡,量程−100～+100 Gs,分辨率 0.05 Gs,标定因子 10 Gs/V,可用于测量通电螺线管、亥姆霍兹线圈等磁场；100×挡,量程−10～+10 Gs,可用以测量微弱磁场(如地磁场)。注意：拨动开关设置应当与软件中量程设置相一致。传感器盒身上的"TARE"按钮用于测量前调零,以消除地磁场、实验室电源磁场等环境因素的影响。调零前注意使较强磁物质尽量远离传感器,而且对于所选择的平行和垂直每个方向,都应先调零然后测量。

本传感器另附有一个零高斯室,为一圆柱形中空盒子。对于测量±10 Gs(即 100×挡)这样的微弱磁场时,应当先将探极置于零高斯室内,再按下"TARE"钮调零。

此外,虽然对霍耳元件已设有内部温度补偿,但在测量微弱磁场时,还是应当在连接装置之后过 5～10 min 待元件达到稳定热平衡再进行测量操作。

磁场传感器附件：消磁室(EM-8652)。

这个双壳层、高磁导率的金属腔可以在腔室内产生一个无磁场的空间。把传感器探头放在腔室内并按下置零按钮,传感器的测量值即为零。

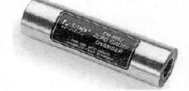

图 19　零高斯室

十六、心率传感器(CI-6543B)

心率传感器可以用来测量人的心率,进行健康研究。

传感元件为一微型红外发射—检测装置,安装在检测夹子(简称耳夹)两侧。当心脏搏动使血液在血管中流动时,透过皮肤内血管的红外光透射比发生瞬间变化,用软件对这些信号进行分析,就可以计算心率了。夹子可夹在耳垂、手指尖、脚趾上以及大拇指与食指之间的部

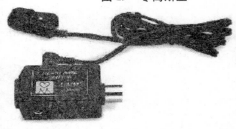

图 20　心率传感器(CI-6543B)

位。由于此传感器较为敏感,测量时要保持较为平静的状态,最好两人配合测量。

§3 DataStudio 软件使用说明

DataStudio 是一种数据获取、显示及分析程序。此软件与 PASCO 数据采集接口和传感器配合使用,用以收集和分析数据。DataStudio 可用于建立和完成各类生物学、化学、物理学实验。

DataStudio 软件用于在实验过程中收集和显示数据。设定实验相当简单,将传感器插入接口并配置软件即可。DataStudio 有许多显示数据的方式,包括数字表、仪表、图表、示波器。

一、DataStudio 的软件安装和运行环境

为运行 DataStudio,计算机至少满足以下要求:
(1)Windows98 或 NT4.0 以上,以及兼容操作系统;可用内存为 8 M 以上;
(2)标准 USB 端口;光驱,40 Mb 可用硬盘空间;
(3)注意:安装软件之后,必须输入注册码。

二、DataStudio 软件启动

双击 DataStudio 软件在桌面上的图标启动程序。出现如下启动画面:

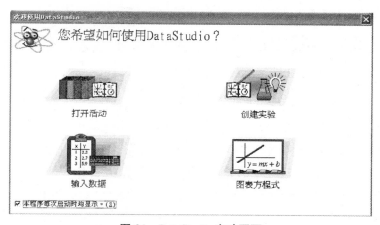

图 21　DataStudio 启动画面

打开活动(Open activity)

开启示范活动,每组示范活动内包含:①已做好的实验数据;②仅设定好各项实验及记录参数的范本档案。两种范本档案开启后皆会显示实验内容简介。开启示范档案后,将接口以及传感器等硬件连接好,在工具栏上直接按下"启动",即可开始进行实验记录。

创建实验(Create experiment)

创建新的实验活动。

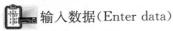输入数据(Enter data)

可人工输入数据,DataStudio 会将输入的数据绘制成图形。

图表方程式(Graph Equation)

可自行输入方程式,DataStudio 会自动将输入的方程式绘制成图形。

三、DataStudio 软件主要功能

(1)可通过曲线、数字表、仪表盘、表格、直方图、示波器、快速傅氏变换等显示和分析数据。

(2)可在采集数据的同时进行计算、曲线拟合,可自定义计算表达式,计算结果可实时显示在图表中。

(3)无论是否有实际实验装置,都可以使用 DataStudio 软件。

(4)丰富的图形数据处理功能,如全屏显示、缩放工具、曲线拟合等。

(5)电子工作簿功能,用于建立有指导的科学活动或作为实验报告工具。可以将视频、图片、Flash 和数据都导入电子工作簿中。可演示实验。

(6)声音教学软件 WAVEPORT。可让学生听到和操作声音,进行定性、定量学习。

四、DataStudio 软件设置

(1)点击【设置】按钮,显示【实验设置】窗口,有【增加传感器】、【设置计时器】、【校正传感器】、【采样选项】和【选择接口】五个选项,如图 22 所示。

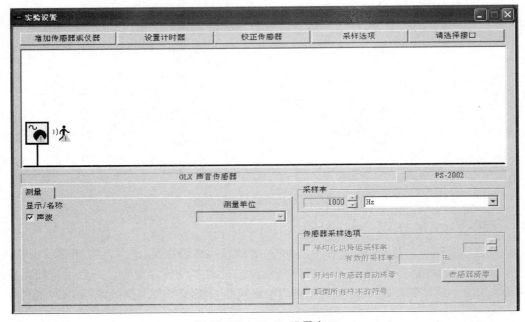

图 22　DataStudio 设置窗口

①在【实验设置】窗口中点击【增加传感器或仪器】按钮,在新出现的窗口选择科学工作室模拟传感器或科学工作室数字传感器,选择要增加的传感器。

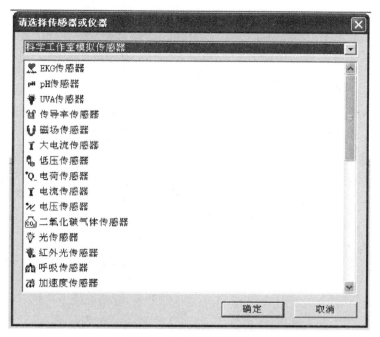

图 23　传感器选择窗口

②在【实验设置】窗口点击【设置计时器】。在新出现的窗口中选定要增加的计时器。

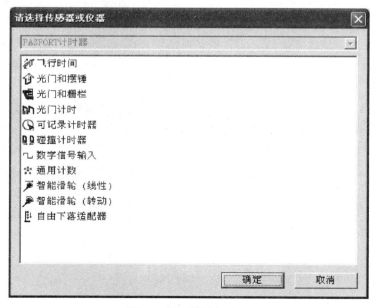

图 24　计时器选择窗口

③在【实验设置】窗口中点击【校正传感器】，出现当前传感器的校正项目。

④在【实验设置】窗口中点击【采样选项】，在新窗口中有手动取样、延迟启动和自动停止选择。

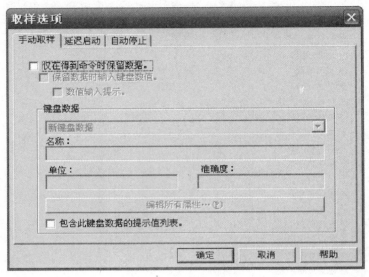

图 25　采样设置窗口

手动取样：此选项用于需要选取特定数据点的实验。这些数据点与不通过传感器测量的参数有关，这些参数可以手动输入，如亥姆霍兹线圈磁场测量实验中磁场传感器的位置。选【仅在得到命令时保留数据】复选框，启动手动取样模式。若保留有关联的手动输入数据，选【保留数据时输入键盘数值】复选框。【数值输入提示】复选框提示使用者手动输入数据。其余选项用于描述命名，指定单位及数据准确度。

延迟启动：在满足规定条件之前只是监视而不存储实验数据。此条件基于时间或某个实验条件。使用延迟启动，在时间和数据测量之间作出选择，然后设定启动条件的参数。

自动停止：在满足规定条件时停止数据收集。此条件可基于时间或某实验条件。使用自动停止，在时间和数据测量之间作出选择，然后设定停止条件参数。

⑤在【实验设置】窗口中点击【选择接口】，在新出现的窗口中出现多个选项。

此选项用于更换 PASCO接口。如需要启动声音发生器

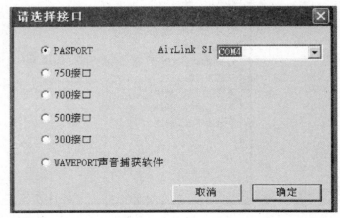

图 26　接口选择窗口

和声音分析器,选择【WAVEPORT 声音捕获软件】,按【确定】即可。如需启动科学工作室 500 型接口,选择【500 接口】,按【确定】即可。

一般进行实验时,事先将数据采集接口(500 型或 750 型)连接到计算机上,所用的传感器连接到接口上。启动计算机,打开接口的电源,启动 DataStudio 软件。启动后,软件会自动查找接口。

五、数据显示及数据类型描述

按【摘要】按钮,【数据】面板列出相应的传感器和有关信息,【显示】面板列出可选用的数据类型,如图 27 所示。

(1)【数据】面板

在摘要面板底部,将要用的显示类型单击并拖到顶部的传感器上,在画面上就可为该传感器或目标数据建立一个显示。

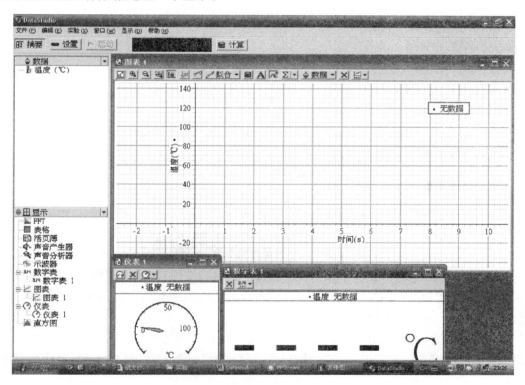

图 27　实验活动窗口

(2)【显示】面板

共有八种显示类型。用哪种显示类型,取决于传感器或实验条件。八种显示数据类型描述如下。

　　FFT(快速傅氏变换):

显示数据的频谱分析。较高的采样频率会得到更精细的频谱。与其他显示类型不同,此显示不存储数据,而只是显示数据的"时间切片"的快照。

表格:

用表格显示坐标数值。

示波器:

示波器显示相对于时间的图表,但也只是显示"时间切片"快照,不存储数据。适合使用高取样频率的实验

活页簿:

用于建立电子工作簿。此功能可用于建立有指导的科学活动或作为实验报告工具。活页簿可包含 Data Studio 显示、图形及文字。

3.14 数字表:

显示在实验进行中的实时数值。

图表:

以曲线的方式显示传感器数据的变化。

仪表:

使用图形仪表显示数据。

直方图:

绘制显示作为总数和合并成"直方条"的数据点。直方条面积与特定数据范围的频率或所观测到的特定测量次数成正比。

六、数据采集

完成实验设置后,按【启动】按钮开始采集数据。

启动按钮是启动/停止双向按钮。一旦按下【启动】按钮,该按钮就变为【停止】按钮。定时器显示当前时间,即采集数据开始后的延续时间或由某起始定时条件设定的倒计时数。

若实验设置为手动取样,【启动】按钮变为【保留】按钮和【停止】按钮。在数据采集过程中按下【保留】按钮就存储一个数据点。按下【保留】按钮右边的【停止】即停止数据采集。

七、显示和分析工具

全屏显示:

此工具能自动调整图像显示范围,从而令数据能够填满整个显示窗口。

放大、缩小、范围选取按钮:

图表和直方图显示比例工具。如要使用范围选取工具,则在此按钮按一下,然后通

过鼠标拖曳在需要观察的数据区域画一个方框,此图表就会被拉近到选取的区域。【全屏显示】按钮可将此数据还原为最佳显示所有数据点的比例。

🔲 智能工具:

智能工具可以启动一组十字标线,用于显示指定数据点的坐标。智能工具也可以用于显示两个数据点之间的差值。

移动智能工具。要改变十字标线的位置,使光标在智能工具中心盘旋,直至其指标变为两个交叉箭头和手掌。拖曳十字标线到希望的位置。若要十字标线的移动限制为某坐标轴,将光标在沿移动坐标轴垂直的虚线上盘旋,直至其指标变为手掌,然后将十字标线拖曳到新的位置。

测量图表上两个坐标数据点坐标值的差。拖曳十字标线到一个数据点上,将鼠标指针绕十字标线小方框的一个边缘点上盘旋,直至此指标变为三角形和手掌。然后单击并拖曳至第二个数据点,出现虚线方框,在虚线方框的边上,可看到这两个数据的差。

📈 斜率工具:

手形鼠标拖到曲线上任一点,即显示该点的斜率。

📉 拟合 ▾ 拟合工具:

取决于数据类型的关系。下拉菜单有多项选择,点击选中的项,显示拟合后的曲线,再点击带有√的选项,拟合被删除。

🔲 计算器:

按此按钮,启动计算机窗口。按【新建】按钮,开始书写表达式。用 $y=f(x)$ 格式输入函数,其中 y 为函数名称,x 为变量。按【接受】按钮,DateStudio 执行此表达式。在计算前,根据实验变量 x 可定义为常数、实验常数、数据测量或模型范围。

🅰 记事工具:

在图表或直方图上留下附注。也可标记单个数据点。

📉 电子笔

用于对数据圈出重点。

Σ ▾ 统计工具:

此按钮可以开启和关闭统计功能。按下右边的下拉菜单,显示统计数据的清单。

🔲 数据 ▾ ✕ 数据:

按下此按钮,选定和显示运行的数据。按"✕"按钮,从显示中移除选定的数据。

🔲 ▾ 设置值:

按下此按钮显示绘图设置窗口,更改显示选项。按下下拉箭头,显示选项清单。双击显示窗口的中部也可启动显示选项功能表。

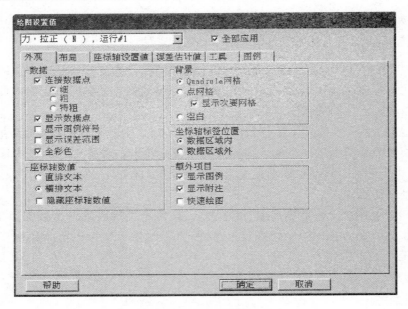

图 28　绘图设置窗口

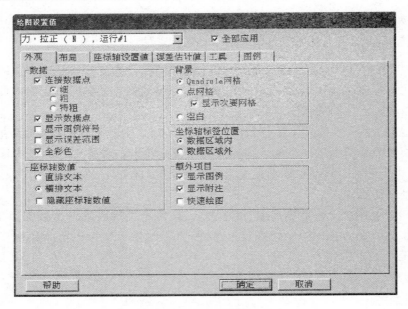 显示时间工具：

开启和关闭表格显示中数据对时间的对应关系，如图 29 所示。

图 29　数据时间关系表格

 编辑数据工具：

用于表格中编辑数据、插入行、删除行。启动此工具后，数据摘要栏内出现此数据的副本。DataStudio 的原始数据是不可修改的。使用此工具在数据表格内插入空白行或删除行。有些实验需要手工采集数据。此类数据可被输入 DataStudio 内进行分析。输入数据最简便的方式是建立空白数据表格。

八、实验数据导入和导出

实验数据以文本文件(TXT)格式可以导入 DateStudio 软件中以数字表显示,可以选择其他类型显示数据。在 DataStudio 软件中运行的数据,也可以以文本文件格式导出。

九、活页簿(电子工作簿)

活页簿显示是一种强有力的独立创作环境。此功能可用于建立指导的科学活动或作为实验报告工具。活页簿中可包含文字、图像、视频及 DataStudio 实验数据显示等。要建立一个活页簿,双击显示类型中的活页簿图标,空白活页簿就会打开。如要关闭或再显示活页簿工作栏,按〈Ctrl+T〉。

十、声音教学软件 WAVEPORT

此软件可以让读者听到、看到、设计和操作声音,对声音进行定性和定量的学习和分析。启动 DataStudio 后,点击【设置】按钮,再点击【选择接口】按钮,选择"WAVEPORT 声音捕获软件",出现如下界面:

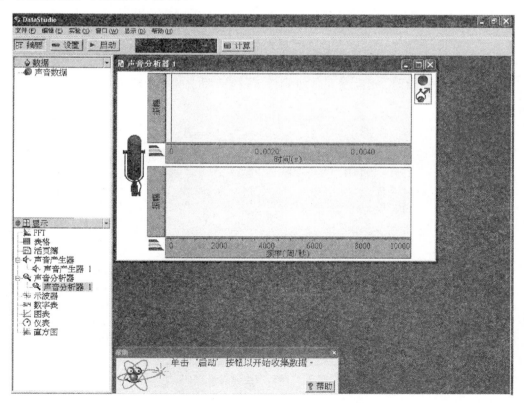

图 30　WAVEPORT 软件窗口

若电脑已经连接话筒，单击 🎤 或者 ▶ 启动 ，然后对着话筒讲话，或者敲击音叉，则可以在图像中观察波形。

双击【显示】栏中的"🔊 声音产生器"，出现如下图面：

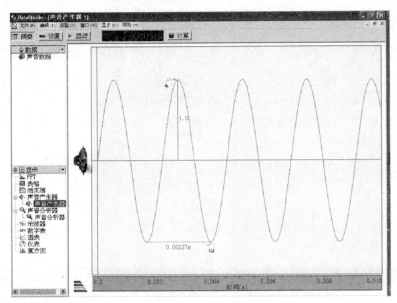

图 31 声音产生器窗口

这时单击 ▶ 启动 或者 🔊 可以听到声音，拖动图中的手形标志可以改变声音的频率和幅度。

双击图像中任何一个地方，出现如下界面：

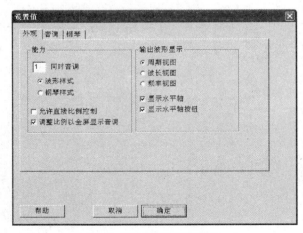

图 32 声音产生设置窗口

将"能力"中改为 2 同时音调 ，这样会出现两个声波，拖动频率，使得两个声波的频率略微有所不同，就会听到悠扬的拍频。

动力学系统实验

实验一　加速度和简谐振动

【实验目的】

测量不同倾角的斜面上的弹簧和物体系统的振动周期,并验证牛顿第二定律。

【实验仪器】

带质量块的动力学小车、弹簧、底座和支杆、天平、加速度传感器、经济型力传感器、运动传感器、动力车导轨。

【实验原理】

牛顿第二定律:

$$F = ma$$

式中,F 是作用在物体上的外力,a 是物体的加速度,m 是物体惯性质量。

虎克定律:弹簧产生的力与弹簧被压缩或伸长的距离成正比,$F = -kx$,这里 k 是比例常数,可以通过施加不同的力让弹簧压缩或伸长不同的距离来确定。作力—距离图,直线的斜率就等于 k。

对于光滑斜面上的弹簧振子,其运动微分方程为

$$ma = -kx + mg\sin\theta$$

式中,θ 为斜面倾角。

解方程,可得振动的理论周期为

$$T = 2\pi\sqrt{\frac{m}{k}}$$

【实验步骤】

一、仪器安装

如图 1 所示,把小车放在导轨上,弹簧的一端插入小车的孔中,把弹簧和小车连在一起。然后把弹簧的另一端与导轨的末端连在一起。抬高与弹簧相连的导轨的末端,让导

轨倾斜。导轨一端用夹子固定在杆上。

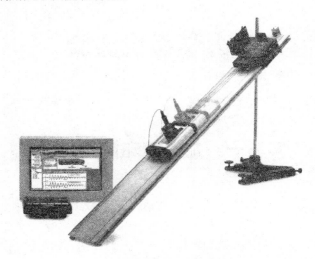

图1　仪器安装图

二、理论周期的测量

(1)用天平称出小车和加速度传感器的质量,记下这个值 m。

(2)导轨的末端升高后,弹簧会伸长。调节导轨倾角,让导轨的倾角足够小,这样,被拉长的弹簧的长度不超过导轨长度的一半。记下平衡位置 x_0。

(3)把力传感器的模拟插头接到接口的 A 通道,把运动传感器的数字插头接到通道 1 和 2。

(4)把科学工作站接口连到计算机上,打开接口,打开计算机。

(5)打开 DataStudio 软件,并进行相应设置。

(6)点击"启动"按钮,计算机开始记录数据。拖动小车拉长弹簧,在力—位移图中,斜率就是弹簧常数 k。

(7)根据 $T = 2\pi\sqrt{\dfrac{m}{k}}$,计算理论周期。

三、测量实验周期

(1)把力传感器的模拟插头接到接口的通道 A,把加速度传感器的插头接到通道 B。

(2)把科学工作站接口连到计算机上去,打开接口,打开计算机。

(3)打开 DataStudio 软件,并进行相应设置。

(4)让小车离开平衡位置一段距离后松手,点击"启动"按钮,计算机开始记录数据。在力—时间的图中,可以得到振动的时间周期。

(5)比较力—时间图和加速度—时间图。

(6)改变斜面的倾角,重复步骤(4)和(5)。

【思考题】

(1)周期会随着倾角的改变而改变吗?

(2)比较实验值和理论值,结果如何?

(3)随着倾角改变平衡位置会改变吗?

(4)如果倾角变为 90°,周期将是多少?

【拓展实验】

(1)水平导轨上的简谐振动。

(2)水平导轨上两个小车和三根弹簧的振动。

(3)斜面上弹簧串联和并联时小车的振动。

实验二 完全弹性碰撞中的动量守恒和能量守恒

【实验目的】

用运动传感器定量验证小车与另一静止小车发生弹性碰撞时动量和能量是否守恒。

【实验仪器】

运动传感器、动力学小车、导轨、天平。

【实验原理】

动量守恒定律:碰撞(或其他相互作用)前一个系统中的动量之和等于碰撞后这个系统中的动量之和。

$$m_1 v_1 + m_2 v_2 = m_1 v_1' + m_2 v_2'$$

如果忽略外力(如摩擦力),碰撞前两个小车的动量之和与碰撞后这两个小车的动量之和应该相等。

当弹性碰撞发生时,动能转化为势能,然后弹回时再转化为动能。如果是弹性碰撞,则碰撞前后的能量也应相等。

$$\frac{1}{2} m_1 v_1^2 + \frac{1}{2} m_2 v_1^2 = \frac{1}{2} m_1 v_1'^2 + m_2 v_2'^2$$

把运动传感器的插头接到接口的通道 1 和 2,另一个运动传感器的插头接到通道 3 和 4。

【实验步骤】

一、仪器设置

(1)把小车放在导轨上,看它朝哪个方向滚动,依此水平校准导轨。升降导轨的末端调节其水平尺寸直到小车放在导轨上静止。如图 2 所示。

（2）将运动传感器放置在导轨两端。为增大小车运动范围，其中一个运动传感器可放在距离导轨一端 15 cm 左右的位置。

水平调节脚

图 2　仪器装置图

二、计算机设置

（1）把运动传感器连接到 750 型接口的数字通道。

（2）把 750 型接口连到计算机上，打开接口，打开计算机。

（3）打开 DataStudio 软件，并进行相应设置。

（4）在下面三种情况下，作出速度—时间图。

①把一辆小车静止地放在导轨的中央。给另一小车一个初速度，速度方向朝静止的小车。

②把两辆小车分别放在导轨的末端。给每辆小车朝着对方大约相同的速度。

③把两辆小车放在导轨的同一端，给第一辆小车较小的速度，第二辆小车较大的速度，这样第二辆小车可以赶上第一辆小车。

（5）把两块砝码放在其中的一辆小车上，这样这辆小车的质量 $3m$ 为另一辆小车质量 m 的 3 倍。在下面四种情况下，作出速度—时间图。

①把质量为 $3m$ 的小车静止地放在导轨的中央。给另一小车一个初速度，速度方向朝静止的小车。

②把质量为 m 的小车静止地放在导轨的中央。给另一小车一个初速度，速度方向朝静止的小车。

③把两辆小车分别放在导轨的末端。给每辆小车朝着对方大约相同的速度。

④把两辆小车放在导轨的同一端，给第一辆小车较小的速度，第二辆小车较大的速度，这样第二辆小车可以赶上第一辆小车。对两辆小车都要这样做：开始给 $1m$ 的小车较小的速度，然后给 $3m$ 的小车较小的速度。

（6）在每一个速度—时间图中，记下碰撞前一刻和碰撞后一刻的速度，验证动量及能量是否守恒。

【思考题】

（1）当两辆小车具有相同的质量和速度，它们碰撞时都反弹回去，两小车的总末动量是多少？

（2）弹性碰撞对系统的总动量和总动能的影响如何？

【拓展实验】

验证两辆动力学小车相斥互相分离时的动量守恒。

实验三 动力学小车的加速度(牛顿第二定律)

【实验目的】

研究当动力学小车受到不同大小的外力时,它的运动的变化。

【实验仪器】

科学工作室接口,砝码和砝码架,灵敏滑轮,桌夹,细绳,天平,动力学小车,导轨。

【实验原理】

物体的加速度与合外力成正比且具有相同的方向,而与这个物体的质量成反比:

$$a=F/m$$

【实验步骤】

一、仪器安装

如图 3 所示,重物上系一根细绳,细绳绕过灵敏滑轮拉动一辆动力学小车。灵敏滑轮可配合光门测量小车的运动。

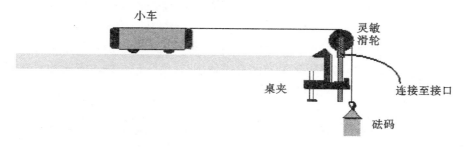

图3 仪器装置图

(1)将小车放在动力学轨道上并将轨道调至水平,使小车不会在轨道上滚动。

(2)将灵敏滑轮安装到轨道末端(或实验台的边缘)。

(3)在小车上系一根细绳,绳子长度应足够长,使得小车靠近滑轮时,绳子可够到地面。

(4)将一个砝码吊架系在绳子另一端。

(5)将连接小车和砝码吊架的这根绳子绕过滑轮。调整滑轮的位置,使拴在小车上的绳子与轨道平面或桌面平行。

（6）将大约 20 g 砝码放在吊架上。

（7）将大约 200 g 砝码放在小车上。小车受到的合外力就是吊架和砝码的重量（mg）与摩擦力之和。

（8）测量并记录小车的总质量（M）。

二、计算机设置

（1）将接口线连接到计算机上，打开计算机。

（2）将灵敏滑轮的立体声插头连接到光门端口上。

（3）打开 DataStudio 软件，自设一个速度（m/s）—时间（s）图表。

三、数据记录

（1）当准备收集数据时，将小车拉离灵敏滑轮，直到砝码吊架几乎碰到滑轮为止。

（2）旋转滑轮，使滑轮的光门光束未被阻断（光门上的发光二极管（LED）未发光）。

（3）单击"记录"按钮开始数据记录。

（4）释放小车，下落的吊架将拖动小车运动。数据记录将在灵敏滑轮的光门第一次被阻断时开始。

（5）砝码吊架刚刚要触及地面时，单击"停止"按钮结束数据记录。

注意：一定不要让小车碰到灵敏滑轮，提前保护！

（6）在图表中，单击"全屏"按钮来重新分度图表以适应数据。单击"拟合"按钮，选择"线性拟合"。"拟合"区域将显示截距、斜率和线性品质。

（7）记录速度—时间曲线的斜率值，即小车的平均加速度。

（8）从小车上取下砝码，放到吊架上，来改变施加的力（$F=mg$）。这样就可以改变受力而不改变总的质量。测量并记录 M（小车的总质量）和 m（砝码和吊架的总质量）的新值。

（9）将数据记录步骤重复几次：每次从小车上取下几个砝码加到吊架上，并测量和记录 M（小车的总质量）和 m（砝码和吊架的总质量）的新值。记录每次实验的斜率值。

【选做】

改变总的质量，而合外力保持与第一次实验一致：往小车上加放砝码，同时保持吊架的质量不变。记录质量和得到的加速度的新值。至少重复 5 次。

【分析数据】

（1）记录每次实验中作用在小车上的合外力。作用在小车上的合外力等于细绳的张力加上摩擦力。如果忽略摩擦力，合外力就是

$$F_{net}=Ma$$
$$a=\frac{mg}{m+M}$$

（2）计算每次实验中被加速的总质量。

（3）描绘出总质量相同的情况下，加速度—施加的合外力的关系曲线。

（4）用牛顿第二定律（$F=ma$）计算理论加速度。在数据表中记录这一理论加速度。

（5）计算加速度的实际值和理论值之间的差别百分比。如果做了选做内容，描绘出施加合外力相同的情况下，加速度—总质量的关系曲线。

数据表　小车的加速度

实验	$M(kg)$	$m(kg)$	加速度（实验值）（m/s²）	施加的合外力 $F_{net}(N)$	总质量（kg）	加速度（理论值）（m/s²）	差别百分比（%）

【思考题】

（1）曲线图的变量之间存在什么关系？

（2）实际加速度与理论加速度有何差别？

（3）实际加速度与理论加速度之间的平均差别百分比是多少？导致这一差别的原因有哪些？

转动综合实验

实验一　复摆特性的研究

【实验目的】

(1)掌握复摆物理模型的分析。

(2)通过实验学习用复摆测量重力加速度的方法。

(3)对物理量的测量中如何使用计算机控制实时测量系统有一定的掌握。

【实验仪器】

转动传感器、复摆装置、数据采集接口、计算机。

【实验原理】

复摆是一刚体绕固定的水平轴在重力的作用下做微小摆动的动力运动体系。如图 1 所示,刚体绕固定轴 O 在竖直平面内做左右摆动,C 是该物体的质心,与轴 O 的距离为 h,θ 为其摆动角度。若规定右转角为正,此时刚体所受力矩与角位移方向相反,即有

$$M = -mg\sin\theta h$$

若 θ 很小($\theta < 10°$)近似有

$$M = -mgh\theta$$

根据转动定律,该复摆又有

$$M = I\ddot{\theta}$$

式中,I 为该复摆的转动惯量。

由以上两式联立可得

$$\ddot{\theta} = -\omega^2\theta \qquad \left(\omega^2 = \frac{mgh}{I}\right)$$

此方程说明复摆在小角度下做简谐振动。振动周期为

$$T = 2\pi\sqrt{\frac{I}{mgh}}$$

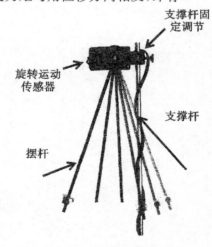

图 1　摆杆的摆动

设 I_C 为转轴过质心且与 O 轴平行时的转动惯量,那么根据平行轴定律可知

$$I = I_C + mh^2$$

代入前式得

$$T = 2\pi\sqrt{\frac{I_C + mh^2}{mgh}}$$

对于固定的刚体而言,I_C 是固定的,因而实验时,只需改变质心到转轴的距离如 h_1,h_2,则刚体周期分别为

$$T_1 = 2\pi\sqrt{\frac{I_C + mh_1^2}{mgh_1}},\ T_2 = 2\pi\sqrt{\frac{I_C + mh_2^2}{mgh_2}}$$

为了使计算公式简化,取 $h_2 = 2h_1$,合并上两式可得

$$g = \frac{12\pi^2 h_1}{(2T_2^2 - T_1^2)}$$

【实验步骤】

(1)检查硬件的连接是否完好,打开接口电路。

(2)开启电脑,进入 DataStudio 界面,进行相应设置。

(3)用左键单击"记录"按钮,随之记录开始,此时可摆动复摆,计算机开始自动记录,最后单击"停止"按钮,停止记录。上述步骤可重复进行第二次、第三次……并每次以不同颜色线表示。

(4)如图 2 所示,复摆的杆长为 L,杆上有一孔,处于下端的 L_1 处。有两个质量为 m_1 的砝码块,根据实验需要分别放在杆上不同位置。据测量:$L = 35.5\ \text{cm}$,$L_1 = 19\ \text{cm}$,砝码 m_1 的高度为 2 cm。

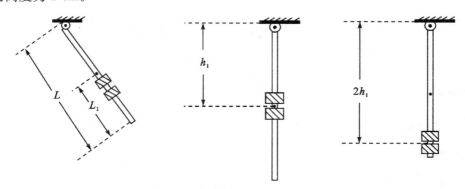

图 2　砝码块位置变动示意图

(5)将两砝码块置于孔上。孔至上转轴的距离为 h_1,微微摆动,用计算机测出周期。同样取 10 个波形,确定时间 t_{10},求出周期 T_1。同样的方法进行 3 次,求出平均值,将数值填入表 1。

(6)变动砝码距离如图 2 所示,使图示距离为 $2h_1$,重复上述步骤求出 T_2,将数据填入表 1。

表 1　复摆的振动周期

序号	$t_{10}(s)$	$T_1(s)$	$t_{10}(s)$	$T_2(s)$
1				
2				
3				
平均				

【数据分析】

(1)由公式计算出

$$g = \frac{12\pi^2 h_1}{(2T_2^2 - T_1^2)} = \underline{\hspace{3cm}}$$

(2)求出相对误差

$$E = \frac{g - g_{理}}{g_{理}} \times 100\% = \underline{\hspace{2.5cm}}$$

【思考题】

(1)试推导角不是很小时的摆动方程。

(2)在实验中用较大的角度(如 $\theta \approx 20°$、$\theta \approx 30°$)摆动复摆,记录其 10 个周期,每个周期与角度的关系会得到什么样的结果? 试分析原因。

实验二　圆盘和圆环的转动惯量

【实验目的】

测量圆环和圆盘的转动惯量并与理论值比较。

【实验仪器】

大型杆底座、摆杆、迷你转动附件、砝码、转动传感器、天平、夹子。

【实验原理】

一已知力矩施加在转动传感器的转轮上,引起圆盘或圆环转动。通过角速度随时间的变化测量产生的角加速度。圆盘与圆环产生的总转动惯量可由力矩和角加速度计算得出。单独对圆盘重复实验可测出圆盘的转动惯量。

理论上,圆环的转动惯量由下式计算:

$$I = \frac{1}{2}M(R_1^2 + R_2^2) \tag{1}$$

式中，M 是圆环质量，R_1 是圆环内径，R_2 是圆环外径。圆盘的转动惯量如下：

$$I = \frac{1}{2}MR^2 \tag{2}$$

式中，M 是圆盘质量，R 是圆盘半径。为测量圆盘和圆环转动惯量，可在圆盘和圆环上施加一已知力矩，并测量转动的角加速度 α。

由 $\tau = I\alpha$，可得

$$I = \frac{\tau}{\alpha} \tag{3}$$

式中，τ 为重物引起的力矩，重物通过绳系在滑轮上：

$$\tau = rT \tag{4}$$

式中，r 为滑轮半径，T 为仪器转动时绳子张力。此外，$a = r\alpha$，a 是绳子线加速度。

应用牛顿第二定律：

$$\sum F = mg - T = ma \tag{5}$$

则

$$T = m(g - a) \tag{6}$$

一旦重物线加速度确定，力矩和角加速度亦可得出，用于计算转动惯量。

【实验步骤】

一、仪器安装

（1）如图 3 所示安装仪器。细线应系在转动传感器转轮最小的环上，再穿过边缘的小孔，然后绕过转轮的中环。

（2）注意保持转轮到超级滑轮的细线水平。适当调整超级滑轮方向，使得细线与超级滑轮的凹槽水平。

（3）将转动传感器插入接口的数字通道 1 和 2。

（4）运行 DataStudio 软件。

二、基本测量以计算转动惯量理论值

（1）测量圆环和圆盘的质量。

（2）测量圆环的内径和外径，圆盘的半径。

三、实验方法测量转动惯量

（1）测圆盘和圆环的加速度。

①将圆盘和圆环放在转动传感器上。将 20 g 砝码作为重物加在滑轮上，建立一个图标记录下落

图 3 仪器安装

过程中角速度随时间的变化。

②用图中曲线拟合按钮寻找与数据最接近的直线。注意用鼠标选择重物下落时的数据。

③最佳拟合直线的斜率即为角加速度。

④将圆环去掉,只用圆盘重复此过程。

(2)测量转动传感器的加速度:在步骤(1)中,转动传感器和圆盘、圆环一起转动。有必要单独测量其加速度、转动惯量,以便此部分转动惯量可在总转动惯量中减去,留下的则是圆盘和圆环的转动惯量。所以将圆盘和圆环都拿掉并重复步骤(1),只测量转动传感器的转动惯量。注意:此时只需加 2 g 的重物即可。

(3)用游标卡尺测量转动传感器中环的直径,计算滑轮的半径。

【数据分析】

(1)计算圆盘、圆环、转动传感器一起转动的转动惯量。

(2)计算圆盘和转动传感器的转动惯量。

(3)计算转动传感器的转动惯量。

(4)转动传感器和圆盘一起转动的转动惯量中减去转动传感器的转动惯量,将只剩圆盘的转动惯量。

(5)在三者合转动惯量中减掉圆盘与转动传感器的合转动惯量,则剩下的是圆环的转动惯量。

(6)计算圆盘与圆环的转动惯量理论值。

(7)比较实验值与理论值。

实验三　混沌摆

【实验目的】

观察混沌摆的振动特性,并与非混沌摆作对比。

【实验仪器】

大型杆底座、120 cm 杆、45 cm 杆、多角度夹、混沌/谐振附件、振动驱动装置、直流电源、转动传感器、光门、750 型接口。

【实验原理】

通过驱动一个非线性摆,观察混沌摆的行为。绘制其在相空间的运动和庞加莱图,并与非混沌摆的图作对比。

此振动系统包括一个与两条弹簧相连的铝盘。在铝盘边缘的一个质量块使得振动系统为非线性,见图4。有非线性才能引起混沌运动。正弦驱动器的频率可以改变,以使运动状态由可预知的(谐振)变为混沌运动。另外,铝盘受磁性阻尼作用。磁阻尼同样可调以改变混沌运动的特征。摆盘的角速度和角位移作为时间的函数可由转动传感器记录。通过绘制振荡器的角位移和角速度可得实时相图。

通过记录相图上每周期驱动器臂通过光门时在相图对应的相点,可实时绘制庞加莱图,添加于相图之上。

可通过调节几个变量使得常规的摆的运动变为混沌运动。这些变量包括驱动器频率、驱动器振幅、阻尼幅值和初始状态。

一般常用三种方法来描绘摆动:

(1)角位移与时间;

(2)相图:角速度与角位移,如图5所示;

(3)庞加莱图:角速度(ω)与角位移(θ)(驱动器每转一周(一个策动周期)绘制一个点)如图6所示。相空间和庞加莱图对于辨识混沌摆是非常有用的。当运动为混沌时,图是不重复的。

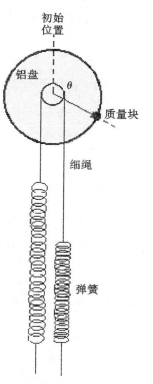

图4 混沌摆示意图

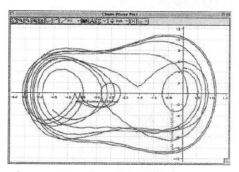

图5 混沌摆相图示例

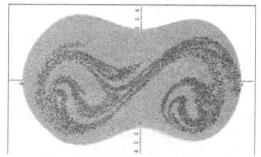

图6 庞加莱图示例

此摆有两个平衡点,左、右各一个,分别在由质量所受重力引起的力矩和由弹簧引起的力矩平衡的地方。为画出势能 U 相对于角位移 θ 变化的曲线,可将质量块放置在图4中的初始位置,去掉磁阻尼和驱动力,摆由垂直的位置释放并自由摆动。通过测量角速度,可以计算动能。于是,势能可由能量守恒求出。原理如下。

自由振动的摆盘能量守恒:

$$U_i + K_i = U + K$$

式中,U_i 表示初始势能,K_i 表示初始动能。

由于摆的初始位置是最大振幅的位置,且初始速度为零,所以动能 $K_i=0$。则有

$$U_i=U+\frac{1}{2}I\omega^2$$

由于 $U_i=$ 常数 $=C$,所以 $U=C-\frac{1}{2}I\omega^2$。

由上式可知,势能 U 与角速度的平方值的负值($-\omega^2$)只差一个常数。所以,通过画出负的角速度的平方值($-\omega^2$)相对于角位移 θ 的变化,就可看出势能曲线相对于角位移变化的情况。

【仪器安装】

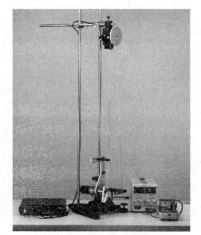

图 7　仪器安装图

图 8　驱动器和光电门头图

图 9　绳与传感器的连接

图 10　铝盘与质量块

(1)如图 7、图 8 所示,将驱动器固定在铁架台的杆子上,并将一个光电门头连接在驱动器上。

（2）用两个垂直的杆子使得系统更加坚固。

（3）将转动传感器固定在水平杆上。

（4）截取一段1.5 m长的绳子。将绳子的中央旋绕于转动传感器最小的滑轮上，见图9、图10。然后将绳子两端一起穿过最大的滑轮上的小孔中。最后，绳子的每一端都绕这个最大的滑轮一周。

（5）旋转驱动器旋臂，直到其垂直向下。将一段绳子与驱动旋臂相连，并且将该绳子穿过驱动器上的引导孔。然后，将该绳子的末端与一根弹簧相连，并且保证弹簧末端与驱动器的引导孔接近。

（6）将大约10 cm长的绳子与铁架台上的螺丝相连。绳子另一端与第二根弹簧相连。

（7）用手控制好摆盘，使得黄铜质量块位于最高点时滑轮两边的绳具有相同张力。两根弹簧大致有相同的拉力。要保持圆盘旋转一周时，两根弹簧不碰到滑轮。另外，弹簧也不能在圆盘旋转时完全收缩起来。

（8）如图8所示，将磁阻尼附件安装在转动传感器侧面。

（9）将驱动器与直流电源相连，并且将电压表接在电源上。

（10）将转动传感器插在750型接口上的1、2号通道。将光电门插在接口的3号通道。

（11）打开名为"Chaos"的DataStudio文件。

【实验步骤】

1. 绘制势阱

（1）将驱动器电源关闭。将磁阻尼螺丝旋到最后，使得圆盘受到的磁阻尼最小。将质量块放在一侧。让质量块足够高使得释放后摆盘能振动到达另一侧。

（2）启动DataStudio软件，点击"启动"并释放摆使其振动一次。点击"停止"。

（3）观察图像中势能随角度的变化。图像中是否在平衡点的位置处有2个势阱？它们一样深吗？为什么？

2. 共振频率

（1）将磁阻尼螺丝旋到离盘3 mm。不打开驱动器，让质量块能落至摆的某一边的平衡位置。点击"启动"并将摆从平衡位置释放，振荡几个周期。点击"停止"。

（2）考察角位移相对时间变化。振荡是正弦变化的吗？是否受阻尼？

（3）考察相图（角速度相对角位移），是什么图形？如何受阻尼大小影响？如果没有阻尼的话，图像会怎样？

（4）通过角位移相对时间的图上方的智能工具来测量振荡周期。

3. 非混沌振荡

注意初始状态：在下面的操作中，要使质量块从最高点开始下落，同时保证驱动器臂在最低点。

（1）设置驱动器臂长大约3.3 cm。保证驱动器臂每周挡住光门一次。将磁阻尼调至离摆盘 4 mm。打开驱动器将电压调至 4.5 V。于是振荡只是铝盘简单的左右摆动。

（2）点击"启动"，记录数据。时间为几分钟。

（3）观察角位移对时间的变化。是正弦振荡吗？周期是多少？周期与驱动力周期相同吗？为何此时的图像与第二部分的图像不同？

（4）观察相图中角速度随角位移的变化。为何出现这种现象？此时的图像与第二部分的图像有何不同？

（5）观察庞加莱图。为何会有这样的图像？此图像如何显示出振荡为规则的？

在相图上添加庞加莱图：

要在相图上添加庞加莱图，在相图上打开图形设置窗口。确定在"Apperance"下"Full Color"未选中。在"Layout"点击"Create New Graph and Group by Unit of Measure"。点击并拖动"v vs. x"数据至相图。然后在相图上选择"v vs. x"数据并选择绘制数据点而非绘制连线。相数据点将以灰色显示并且被连线。"v vs. x"数据将被着色并添加在相图上。要回到开始时的设置，可以反向执行上述步骤，或只是在保存数据后重新打开原来的文件。

（6）渐渐地增加电压以增加驱动力频率。稍等片刻使得摆盘响应频率变化。增加频率直到摆的运动变得复杂。它将不仅是一个简单的左右摆动，而且左右摆动时在一侧有一个额外的小振幅的摆动。重新开始振荡，将质量块移至最高点，然后在驱动器臂处于最低点时放开。

（7）点击"启动"记录数据。时间为几分钟。

（8）观察角速度随时间变化的图形。是正弦振荡的吗？周期是多少？是否与驱动周期相同？与之前的振荡有何不同？

（9）观察相图中角速度随角位移的变化。为什么是这个样子？与先前的相图作比较。

（10）观察庞加莱图。为什么是这个样子？这个图为何能显示出振荡是规则的？

4. 混沌振荡

（1）通过增大驱动器电压使得驱动频率增大，直至接近共振频率。为使摆的运动非常复杂，可能需要调节磁阻尼与摆盘的距离。在运动中，摆会在某些位置突然停止，并且摆在每侧停留的时间是随机的。重新开始振荡，将质量块移至最高点，并在驱动器臂处于最低点时放开。

（2）点击"启动"记录数据。记录时间长一些。

（3）观察角度随时间变化的图像。是正弦的吗？周期是多少？与驱动周期是否相同？

（4）观察相图中角速度与角位移的关系。为什么它会如此？

（5）观察庞加莱图。为什么会如此？为何该图可以表明振荡是混沌的？

【进一步的研究】

（1）改变驱动频率使振荡从规则变为混沌。保持驱动频率不变，尝试调节磁阻尼。

（2）保持磁阻尼和驱动频率不变，改变驱动幅度。

（3）探究初始状态对振荡的影响。

磁场测量系列实验

实验一　地球磁场测量

【实验目的】

通过磁场传感器和转动传感器测量地球磁场。

【实验仪器】

磁场传感器、零高斯室、转动传感器、罗盘、通用桌夹、45 cm 不锈钢杆子（消磁）、可调角度夹。

【实验原理】

地球表面的地磁场并非是均匀的。地磁场的水平分量指向北方（地磁南极）。磁针的北端会被吸引而指向地磁场的南极。也就是说，通常所说的北方实际上是地磁场的南极。

地磁场与水平面之间有一夹角 θ，此夹角称为磁倾角，见图 1。

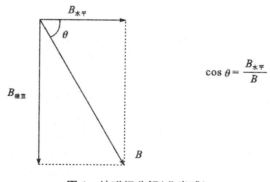

$$\cos \theta = \frac{B_{水平}}{B}$$

图 1　地磁场分解（北半球）

【仪器安装】

（1）实验时，请远离所有可以产生磁场的设备（如电器、电脑、条形磁铁），也要远离铁磁体（如铁、钢制桌椅）。

（2）将可调节角度夹与转动传感器相连。

（3）将配套的无磁性不锈钢杆子穿过桌夹。桌夹是铝制的。

（4）把转动传感器固定在支撑杆上。把传感器手柄旋在磁场传感器上。

（5）如图2所示，把磁场传感器的手柄插在转动传感器的轴上。把转轮装在转动传感器的轴上。把O形橡胶圈套在转轮上。

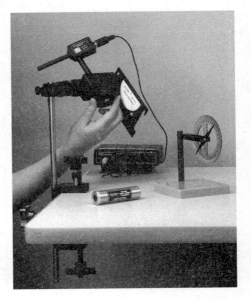

图2　仪器安装

【实验步骤】

1. 测量地磁场水平分量

（1）为了使磁场传感器在水平方向旋转，调整与转动传感器相连的夹子，使得量角器读数为90°。

（2）将罗盘水平放置于转动传感器下面。调整旋转运动传感器的外壳与罗盘的磁针方向一致。这样，可以将转动传感器外壳作为地球磁场方向的参考。然后将罗盘拿走，以免影响实验。

（3）转动磁场传感器，让探头与由转动传感器外壳指示的地球磁场方向相互垂直。将零高斯室套在磁场传感器的探头上，按一下传感器上的"TARE"按钮。

（4）把量角器插在转动传感器上。注意：当旋转磁场传感器时，不会碰到量角器。把量角器上的螺丝取走，因为它们是铁磁性的。

（5）把转动传感器插入500型接口的1、2通道。

（6）把磁场传感器插在500型接口的A通道。传感器上增益选择100×，磁场测量方向选择轴向。

（7）保持磁场传感器处于（3）中描述的位置，点击Datastudio中的"启动"按钮。慢慢地，平稳地旋转磁场传感器一周。请确保Datastudio采集到的角度数值为正，因为Datastudio软件将在角度数据为360°时自动停止采集。

（8）为了消除来自电子线路的磁噪声，需要在Datastudio软件中使用Smooth函数，平滑因子取8。

（9）观察"磁场强度—角度"图像。自起始位置多少度的位置时，磁场达到最大值？这与罗盘所指示的地球磁场方向大致吻合吗？哪个方向是北方（磁南极）？注意：当磁场线穿入传感器时，读数为正。

（10）用智能工具，测量从峰值到坐标零的数值，确定磁场水平分量的最大值。

2. 测量地磁场强度

（1）调整转动传感器的角度夹，使得磁场传感器可以在垂直方向旋转一周，此时量角器读数为0°。保持转动传感器与地球磁场方向（与罗盘指示）一致。

（2）将磁场传感器探头转到水平方向。

（3）将零高斯室套在磁场传感器的探头上，按一下传感器上的"TARE"按钮。

（4）保持磁场传感器水平，点击 Datastudio 中的"启动"按钮。缓慢并平稳地旋转运动传感器一周，数据将在角度转 360°后自动停止。

（5）为了消除来自电子线路的磁噪声，请在 Datastudio 中使用 Smooth 函数，平滑因子取 8。

（6）用智能工具，测量从峰值到坐标零的数值，确定地球磁场数值。

3.磁倾角

（1）用水平分量和地球磁场数值计算磁倾角。

（2）观察磁场传感器沿着垂直方向旋转时形成的"磁场—角度"图像。在偏离了水平方向多少度后，磁场变为负值最大。这个角度就是磁倾角。

实验二　亥姆霍兹线圈的磁场

【实验目的】

考察由一对亥姆霍兹线圈中的电流所产生的磁场，测量两个线圈之间的磁场强度，并将测量值与理论值作比较。

【实验仪器】

磁场传感器、功率放大器、亥姆霍兹线圈、实验室千斤顶、米尺（木制）、接插线。

【实验原理】

亥姆霍兹线圈是半径（R）相等的一对线圈，沿同一个轴相距为 R 彼此平行放置。这两个线圈之间的中点处沿着轴的磁场可用下式表示：

$$B = \frac{8\mu_0 NI}{\sqrt{125}R}$$

式中，$\mu_0 = 4\pi \times 10^{-7}$（T·m/A），$I$ 是一个线圈中的电流（A），R 是线圈的半径（m），$N = 200$ 是一个线圈的绕线匝数。

在这个实验中，用功率放大器提供通过亥姆霍兹线圈的电流，磁场传感器测量两个线圈之间的磁场强度。程序控制功率放大器，并记录和显示磁场强度及传感器的位置。把磁场强度的测量值与理论值作比较。

【实验步骤】

1.计算机设置

（1）将 500 型接口连接到计算机上，打开接口，然后打开计算机。

（2）将磁场传感器 DIN 插头连接到接口的模拟通道 A 上。

（3）将功率放大器连接到模拟通道 B 上。将电源线插入功率放大器背后，然后连接到一个合适的插座。

（4）在 DataStudio 软件中自设图表。例如，打开一个磁场强度—位置的图表，还有一个控制功率放大器的信号发生器窗口。

（5）信号发生器被设置为输出 10.0 V 直流电。它被设置为自动，因此当单击"启动"按钮时，信号输出将自动开始；当单击"停止"按钮时，信号输出将自动停止。

（6）采样设置：采样率为 10 Hz，键入参数为"位置"，单位为"m"。

（7）调整这些窗口的位置，以便可以看到电流的数字显示和磁场强度的数字显示。

2. 传感器校准和仪器设置

无须校准磁场传感器或功率放大器，磁场传感器会产生一个与磁场强度成正比的电压：10 mV∝10 Gs（1 000 Gs＝0.1 T）。传感器的量程是－1 000～＋1 000 Gs。

（1）在实验设置窗口中，双击磁场传感器图标，打开传感器设置窗口。

（2）在传感器设置窗口中，单击"灵敏度"，然后从菜单中选择 Med（10×）。单击"OK"返回实验设置窗口。

3. 仪器设置

（1）如图 3 所示，将亥姆霍兹线圈与功率放大器的输出端串联在一起：用第一根接插线，将功放的正接线端与第一个线圈上的正接线端连接在一起；用第二根接插线，将第一个线圈上的负接线端与第二个线圈上的正接线端连接在一起；用第三根接插线，将第二个线圈上的负接线端与功放的负接线端连接在一起。

（2）测量一个线圈的半径，并记录在数据一节中。将两个线圈彼此平行放置，间距为 R。

（3）用下面的方法建立一个磁场传感器导轨：在亥姆霍兹线圈的两侧各放一个实验室千斤顶，用来支撑米尺。将米尺横穿过亥姆霍兹线圈（图 1），使米尺的 50 cm 刻度位于两个线圈之间的中点。

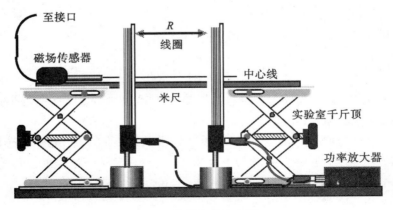

图 3 仪器安装示意图

（4）调整两个实验室千斤顶的位置，使它们距离线圈的中点至少 30 cm 远。

（5）调整两个实验室千斤顶的高度，使磁场传感器搁在米尺上时，可以沿着两个线圈（垂直方向）的中心线移动。

4. 数据记录

(1)保持磁场传感器远离磁场源。单击传感器盒上的"TARE"按钮,使传感器归零。

(2)拨动磁场传感器顶部的磁场选择器开关,选择"轴向"磁场测量。

(3)将传感器盒放在米尺上面,传感器杆的末端与 30 cm 刻度对齐,面向线圈。将传感器保持在这个位置。

(4)打开功率放大器背后的电源开关。(注意:功率放大器前面的红色发光二极管(LED)可能会发光。这表示功率放大器正提供最大电流)

(5)单击"启动"按钮开始收集数据。键盘取样窗口将打开。移动键盘取样窗口,以便看到电流的数字显示和磁场强度的数字显示。

(6)将"数字显示"中显示的电流值记录在"数据"中。键盘取样窗口在数据列表的上面显示参数和单位。Entry 1 的缺省值是 10.0000。

(7)因为传感器的末端位于 30 cm 刻度处,所以键入−20 作为 Entry 1。单击 Enter 来记录键入的值。键入的值将出现在数据列表中。(Entry 1 为−20 是因为传感器距离线圈的中点 20 cm)

(8)将传感器末端从 30 cm 处移到 35 cm 处,或更靠近线圈中点的 5 cm。在键盘取样窗口中键入−15,作为 Entry 2。单击 Enter 记录键入的值。单击 Enter 后,键入的第二个值将作为 Entry 2 出现在数据列表中。Entry 3 的新的缺省值将发生变化,以映射前两次输入的特征曲线。

(9)将传感器末端从 35 cm 处移到 40 cm 处(另一个更靠近线圈中点的 5 cm)。因为键盘取样窗口中的缺省值就是 10.0000,所以单击 Enter 把这个值记作 Entry 3。

第二个输入将出现在数据列表中。键盘取样窗口中的缺省值变成−5.0000。

注意:以后将以每次 1 cm 的增量移动传感器,穿过线圈。

(10)将传感器末端从 40 cm 处移到 41 cm 处(更靠近线圈中点的 1 cm)。键入−9,作为 Entry 4,然后单击 Enter 记录数据。键入的值将作为 Entry 4 出现在数据列表中。缺省值将发生变化,以映射新的特征曲线。

(11)将传感器末端从 41 cm 处移到 42 cm 处。因为缺省值已经是 8.0000,所以单击"Enter"记录这个值。

(12)继续以每次 1 cm 的增量移动传感器末端,穿过线圈的中间区域。单击"Enter"记录每个新位置。

(13)当到达米尺的 60 cm 刻度时,以 5 cm 的增量改变传感器末端的位置(或从 60 cm 处移动到 65 cm 处)。单击"Enter"记录这个值。

(14)将传感器从 65 cm 处移到 70 cm 处,进行最后一次测量。当传感器位于 70 cm 刻度时,单击"Enter"记录这个值。

(15)单击键盘取样窗口中的"停止取样"按钮,停止收集数据。

键盘取样窗口将消失。Run ♯1 将出现在实验设置窗口的数据列表中。

(16)关掉功率放大器。

【数据分析】

(1)单击"图表显示"使之活动。单击"全屏"按钮来重新分度图表以适应数据。

(2)单击"智能光标"按钮。记录两线圈之间的中点处的磁场强度(Y 坐标)。

(3)记录其中一个线圈的匝数。

(4)根据测量出的这个线圈的电流、半径和匝数,计算亥姆霍兹线圈之间的中点处磁场强度的理论值。

(5)将中点处(磁场强度)的理论值与测量值作比较。

线圈的半径＝_____ m,匝数＝_____。

电流＝_____ A,测量的磁场强度＝_____ Gs。

理论磁场强度＝_____ Gs,差别百分比＝_____％。

【思考题】

(1)根据你的图表,沿着轴的距离超过多少时,磁场强度可以看做一个常数?

(2)磁场强度的测量值与理论值作比较如何? 导致这些差别的可能因素有哪些?

【选做】

将磁场传感器拿在手中,单击"启动"按钮来监测数据。用传感器来研究线圈之间的全部体积内的磁场。注意观察当把传感器从线圈中心移到两线圈边缘等高点的中间位置时,磁场强度的变化有多大?

如果可能的话,将两线圈之间的距离从 1R 改为 1.5R,重复这个实验。

当从线圈中心沿径向向外(朝向线圈上的绕组)移动传感器时,两线圈之间磁场强度的均一性如何?

实验三　螺线管的磁场

【实验目的】

测量一个螺线管内部的磁场强度,并将测量出的磁场强度与根据流过螺线管的电流计算出的理论值作比较。

【实验仪器】

磁场传感器、功率放大器、米尺、接插线、螺线管(如 SE-8563 初级/次级线圈)。

【实验原理】

一个长螺线管内部的磁场强度可由下式得出:

$$B = \mu_0 n I$$

式中，$\mu_0 = 4\pi \times 10^{-7}$ (T・m/A)，I 是电流(A)，n 是单位长度的螺线管的绕线匝数。注意：这个表达式与线圈的半径以及位于线圈内的位置无关。

【实验步骤】

在这个实验中，磁场传感器测量一个圆柱形螺线管内部的磁场强度。功率放大器提供通过螺线管的直流电。

程序记录并显示磁场、位置和通过螺线管的电流。把测量的螺线管内部磁场强度与根据电流和单位长度绕线匝数计算出的理论磁场强度作比较。

1. 计算机设置

(1) 将 ScienceWorkshop 接口连接到计算机上，打开接口，然后打开计算机。

(2) 将磁场传感器 DIN 插头连接到接口的模拟通道 A 上。

(3) 将功率放大器连接到模拟通道 B 上。将电源线插入功率放大器背后，然后连接到一个合适的插座。

(4) 打开如下命名的 ScienceWorkshop 文件：P52_SOLE. SWS。

文件打开并带一个磁场强度数字显示和一个电流数字显示，还有一个控制功率放大器的信号发生器窗口。或者打开 DataStudio 软件自设一个图表。

(5) 信号发生器设置为输出 10.0 V 直流电。将其设置为自动，因此单击"启动"时，信号输出将自动开始；单击"停止"时，信号输出将自动停止。

(6) 调整这些窗口的位置，以便可以看到电流的数字显示和磁场强度的数字显示。

2. 传感器校准和仪器设置

无须校准磁场传感器。磁场传感器会产生一个与磁场强度成正比的电压：10 mV∝ 10 Gs(1 000 Gs＝0.1 T)。传感器的量程是－1 000～＋1 000 Gs。

(1) 只使用初级/次级线圈装置的输出线圈。用接插线将功率放大器的输出端连接到螺线管的输入插孔中，如图 4 所示。

(2) 适当安排螺线管和磁场传感器的位置，使传感器可以放入螺线管中。

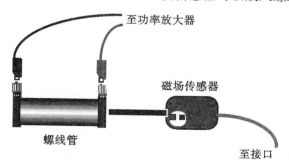

图 4　测量螺线管的磁场

3. 数据记录

(1) 保持磁场传感器远离磁场源。按下传感器盒上的"TARE"按钮，使传感器归零。

（2）拨动磁场传感器上的磁场选择开关,选择(轴向)磁场。

（3）将传感器放回螺线管旁边的原位置。

（4）单击"启动"按钮开始监测数据。信号发生器将开始自动输出信号。

（5）将数字显示中的电流值记录到"数据"中。

（6）将传感器的杆插入线圈中央。在线圈内部沿四周移动传感器,看看传感器径向位置的改变是否会引起计算机上读数的改变。

（7）将线圈内磁场中点(远离线圈的任一端)的轴向部分的读数记录在"数据"中。

（8）将磁场传感器从线圈内取出。单击传感器盒上的磁场选择开关,选择(径向)磁场。保持磁场传感器远离磁场源,按下传感器盒上的"TARE"按钮,使传感器再次归零。

（9）将传感器的杆插入线圈中央。将这个磁场径向部分的读数记录在"数据"中。

（10）测量螺线管线圈的长度。(注意:测量线圈时,确定只测量螺线管绕线部分的长度,而不是整个螺线管的长度)

【数据分析】

记录的电流 ＝ _____ A,初级线圈的长度 ＝ _____ cm,理论磁场强度 ＝ _____ Gs,测量的磁场强度 ＝ _____ Gs。

根据测量的线圈的电流、长度和匝数(SE-8653 输出线圈的匝数是 2920),计算线圈内磁场的理论值。记录这个值。

【思考题】

（1）当你从线圈中央沿径向向外(朝向线圈上的绕组)移动传感器时,径向读数发生变化吗?

（2）当传感器位于线圈内两端的附近时,轴向读数是否与中点处有所不同?

（3）通过比较轴向读数和径向读数,你推断螺线管内磁力线的方向是怎样的?

（4）比较理论值和轴向值的差别。导致这样的差别的因素有哪些?

光学综合实验

实验一　双缝和单缝衍射斑的光强

【实验目的】

通过衍射和干涉现象研究光的波动性。

【实验仪器】

科学工作室接口、光传感器、旋转运动传感器基座和支撑杆、附件托架（用于放置衍射屏）、衍射屏（双缝）、衍射屏（单缝）、激光器、线性运动附件、光具座。

【实验原理】

光通过单个狭缝时会产生衍射,衍射图案中衍射强度最小处(黑点)的角度由以下公式给出:

$$a\sin\theta = m'\lambda \quad (m'=1,2,3,\cdots) \tag{1}$$

式中,a 为狭缝的宽度,θ 为衍射图案中心与衍射强度最小位置处的夹角,λ 为光的波长,m' 为衍射级数(1 为第一级最小,2 为第二级最小……从衍射中心数起)。

在图 1 中,衍射光斑显示在计算机绘出的光强与位置的图的下面。θ 为衍射图案中心和第一级最小衍射之间的夹角,所以 m' 对应图中所示情况的某一个衍射级数。

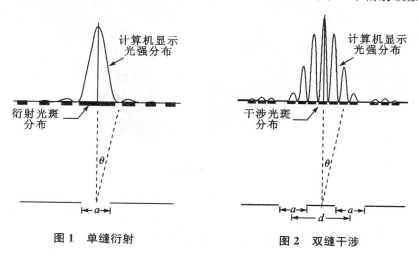

图 1　单缝衍射　　　　　　　　图 2　双缝干涉

光通过双缝时会产生干涉,中心最大干涉强度位置(亮点)与两边最大干涉强度位置的夹角由下式确定:

$$d\sin\theta = m\lambda \quad (m=1,2,3,\cdots) \tag{2}$$

式中,d 为狭缝的间距,θ 为衍射图案中心与第 m 级最大衍射强度之间的夹角,λ 为光的波长,m 为衍射级数(0 为中心最大位置,1 为一级衍射,2 为二级衍射······从衍射中心数起)。

在图 2 中,干涉光斑显示在计算机绘出的光强与位置的图的下面。θ 为双缝的中心位置与第二级衍射之间的夹角,所以在如图所示的情况下 $m=2$。

【仪器安装】

(1)将单缝盘安装在光具座上,每个狭缝盘安装在一个可以卡入空透镜支架的圆环上。圆环必须旋入透镜支架,以便圆环中间位置处的狭缝垂直于支架(图 3)。然后上紧支架上的螺丝以防止圆环在使用过程中转动。为了选择所需的狭缝,只需要旋转单缝盘直到所需的狭缝处在支架的中心。

注意:除了比较狭缝是水平的以外,所有的狭缝都是垂直的。比较狭缝之所以是水平的,是因为宽二极管激光的光束需要同时覆盖住被比较的两个狭缝。如果试图旋转这些狭缝到垂直位置,激光光束将不足以大到同时照亮两个狭缝。

图 3 安装狭缝

(2)将转动传感器安装在线性转换器的齿条上,并将线性转换器安装在光学轨道的末端(图 4)。将光传感器与光阑底架安装在转动传感器的杆夹中。

图 4 仪器安装

(3)为了完成激光光束和狭缝的对准,将二极管激光器放在光具座的一端。将狭缝支架距离激光器几厘米放置,使支架狭缝的边缘与激光束最接近。连接二极管激光的电源并打开激光器。注意:眼睛千万不要对着激光器。

（4）从左到右并从上到下调整激光束的位置直到光束在缝隙的中心。一旦这个位置确定,查看圆盘的任何一个狭缝将都不需要再作进一步的调节。当将盘旋转到一个新的缝隙,激光束就可对准。通过旋转狭缝盘,可轻松地将缝隙从一个位置换到另一个位置。当激光束正确对准时,衍射图案应当在处于位于光传感器前的缝隙的中心位置。升高或降低光传感器以便能够垂直地对准图案。

（5）将光传感器增益开关设置为 $10\times$,如果强度超出量程,将其降到 $1\times$。

（6）将转动传感器连接到数据采集器的数字通道 1 和数字通道 2,并将光传感器连接到模拟通道 A。

（7）打开接口开关,打开计算机。启动 DataStudio 软件。

【实验步骤】

一、单缝衍射

（1）选择 0.04 mm 的单缝。

（2）开始记录数据前,将光传感器移到激光图案的一边。可以用线性转换器上的黑色夹子标记初始记录位置。

（3）关掉室内灯光并点击"启动"按钮。然后缓慢旋转转动传感器的滑轮开始扫描。完成扫描后点击"停止"按钮。如果实验操作有误,只需要重新扫描一遍即可。依据衍射图案的强度,选择光传感器上不同倍数的增益（$1\times$,$10\times$,$100\times$）。可将光阑盘上的♯4狭缝放在光传感器的前面。扫描出每一个草图,如果有打印机可以打印衍射图案的图表。

（4）由衍射图案计算测定狭缝的宽度:

①用 DataStudio 软件中的智能工具测量中心最大位置两边的第一级最小位置之间的距离并除以 2。

②在激光表中查出激光的波长。

③测量狭缝盘与光传感器前面遮面罩之间的距离。

④求狭缝宽度。测量至少两个不同的最小位置并取平均值。确定平均值与轮上标出的狭缝宽度之间的百分误差。注意标明的狭缝只给出了一个大概的数值,实际的数值在 0.035～0.044 mm 之间变化。

（5）选择不同的单缝进行实验,分析衍射图案有何异同点。

二、双缝干涉

（1）用多缝盘代替单缝盘。选择多缝盘上缝间距（d）为 0.25 mm、缝宽（a）为 0.04 mm 的双缝。

（2）选择光阑盘上的♯4缝。

（3）开始记录数据前,将光传感器移动到激光图案的一边,立在线性转换器的终止位置处。

（4）关闭室内灯光并点击"启动"按钮。然后缓慢旋转转动传感器的滑轮。完成扫描后点击"停止"按钮。依据衍射图案的强度,选择光传感器上不同倍数的增益（1×,10×,100×）。为了得到更多的细节,尽可能使用光阑上最小的缝隙。

（5）用放大工具放大中心最大位置和两边第一级最小位置。

（6）测量最大位置与两边的第二级和第三级最大位置之间的距离。同样测量中心最大位置与衍射图案（不是干涉）中第一级最小位置之间的距离。

（7）测量缝轮与光传感器前面遮面罩之间的距离。用第一级、第二级、第三级最大测定"d"并求出"d"的平均值。求出计算的平均值与狭缝盘上标明的狭缝间距的百分比差异。

（8）用方程（1）测定狭缝的宽度以及中心最大位置和衍射图案（不是干涉图案）中第一级最小之间的距离。狭缝盘上是不是已经给出狭缝的宽度?

（9）用双缝（$a/d=0.04/0.50$ mm）对干涉图案重复步骤（2）到步骤（8）。

【思考题】

（1）什么物理量对单缝和双缝来说是相同的?

（2）单缝图案上中心最大位置到第一级最小位置之间的距离与双缝图案上中心最大位置到第一级衍射最小位置处的距离相比较如何?

（3）什么物理量决定干涉缝的振幅变为零?

（4）理论上,对 $d=0.25$ mm 和 $a=0.04$ mm 的双缝来说,中心包络线中有多少个最大干涉?

（5）实际上,中心包络线中有多少个最大干涉?

【选做】

（1）单丝衍射。测量单丝宽度。

（2）圆孔衍射。

实验二　偏振——验证马吕斯定律

【实验目的】

找出通过两个偏振器的透射光强度与两个偏振器轴的夹角 φ 之间的关系。

【实验仪器】

科学工作室接口、光传感器、转动传感器、零件支架（用于偏振器）、光源和电源光具座（附加的）、偏振片（2 个）。

【实验原理】

一个偏振器只允许在一个特定平面内振动的光通过。这个平面形成偏振轴。非偏振光在垂直于传播方向的所有平面内振动。如果非偏振光入射到一个理想偏振器上,则只有一半光可以透过偏振器。而实际上并没有"理想"偏振器,所以只有不到一半的光可以透过偏振器。透射光只在一个平面内偏振。如果这个偏振光入射到第二个偏振器上,而这个偏振器的轴垂直于入射光的偏振平面,则没有光可以透过第二个偏振器。

然而,如果第二个偏振器与第一个偏振器不垂直,则偏振光电场的某些部分会与第二个偏振器的轴位于同一方向。这样,有些光就可以透过第二个偏振器(图5)。

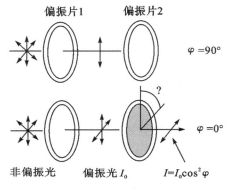

图 5　两种极端情况

偏振光电场 E_0 在偏振轴方向的分量 E 为 $E = E_0\cos\varphi$。因为光强度随电场的平方而变化,所以透过第二个滤光器的光强可由下式得出:

$$I = I_0\cos^2\varphi \qquad (1)$$

式中,I_0 是透过第一个滤光器的光强,φ 是两个滤波器的偏振轴之间的夹角。考虑两种极端的情况:

(1)如果 $\varphi = 0°$,第二个偏振器与第一个偏振器的光轴平行,$\cos^2\varphi$ 的值等于1,则透过第二个滤光器的光强等于透过第一个滤光器的光强度。这种情况下,透射光的强度达到最大值。

(2)如果 $\varphi = 90°$,第二个偏振器与第一个滤光器的偏振平面垂直,$\cos^2\varphi$ 的值等于零,则没有光透过第二个滤光器。这种情况下,透射光的强度达到最小值(图5)。

这些结果假定光的吸收只是因为偏振器的作用。实际上,大多数偏振膜并不透明,因此人造偏振光滤波器的颜色也会引起某些光的吸收。

3 个偏振片的原理:

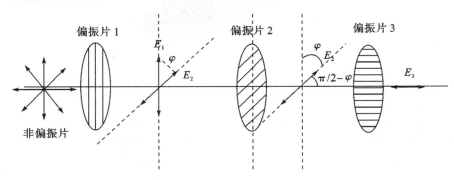

图 6　通过 3 个偏振片的电场传输

非偏振光通过 3 个偏振片(图 6)。第一个和最后一个偏振片相互之间的角度调整为 90°。第二个偏振片将角度调整为与第一个偏振片相差角度为 φ。因此,第三个偏振片与第二个偏振片的旋转角度为 $\left(\dfrac{\pi}{2}-\varphi\right)$。通过第一个偏振片的光强为 I_1，通过第二个偏振片的光强为 I_2，由如下的公式给出：

$$I_2 = I_1\cos^2\varphi \tag{2}$$

通过第三个偏振片的光强为 I_3，由如下公式给出：

$$I_3 = I_2\cos^2\left(\frac{\pi}{2}-\varphi\right) = I_1(\cos^2\varphi)\cos^2\left(\frac{\pi}{2}-\varphi\right) \tag{3}$$

利用三角恒等式 $\cos(\alpha-\beta)=\cos\alpha\cos\beta+\sin\alpha\sin\beta$，得出如下公式：

$$\cos\left(\frac{\pi}{2}-\varphi\right) = \cos\frac{\pi}{2}\cos\varphi + \sin\frac{\pi}{2}\sin\varphi = \sin\varphi$$

因此，由于 $\cos\varphi\sin\varphi=\dfrac{1}{2}\sin(2\varphi)$，故

$$I_3 = \frac{I_1}{4}\sin^2(2\varphi) \tag{4}$$

由于数据的采集开始于第三个偏振片透射光强最大的地方，该角度 Θ 在实验测量中为零，而此时 $\varphi=45°$。因此，φ 角与 Θ 角的关系为

$$\varphi = \Theta + 45° \tag{5}$$

该公式被输入到 DataStudio 的计算器中，由 Θ 角算出 φ 角，而不是直接测出 φ 角。

【仪器安装】

图 7　仪器安装

(1)将狭缝圆盘安装在光阑支架上。

(2)将光传感器安装在光阑支架上，将光传感器插入到接口中。

(3)旋转光阑圆盘使得半透明的遮罩覆盖在光传感器入口上(图 8)。

(4)将转动传感器安装在偏光片支架上。通过橡胶带将传动传感器上的大滑轮连接到偏振片滑轮上(图 9)。

(5)将转动传感器插头插入接口中。

(6)如图 10 所示将所有元件放在轨道上。

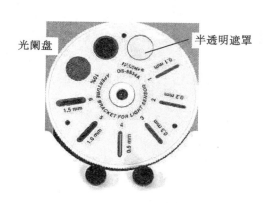

图 8 使用半透明的遮罩

图 9 转动传感器通过皮带连接到偏振片上

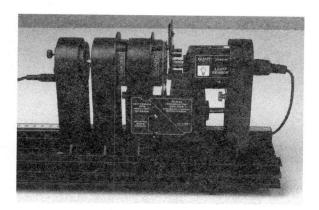

图 10 仪器安装侧面图

(7)启动 DataStudio 软件,并做相应设置。

【实验步骤】

一、两个偏振片

(1)因为激光已经是偏振光,第一个偏振镜必须对准激光轴。首先从轨道上移开带偏振片的支架和转动传感器。将所有的原件滑动到一起并使室内的光线变弱。点击"启动"并旋转没有转动传感器的偏光片,直到图标上的光强变为最大。可以使用图表左上的按钮来扩大图标的缩放以便观察得到数据的细节。

(2)为了得到通过两个偏振片的最大

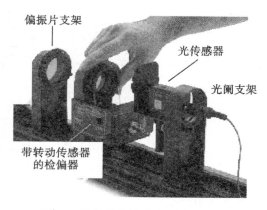

图 11 旋转带有转动传感器的偏振片

光强,将带偏振片和转动传感器的支架放回轨道上,点击"开始",然后转动带有转动传感器的偏光片直到图表上的光强达到最大值。

(3)如果最大值超过 4.5 V,减小光传感器上的增益开关。如果最大值小于 0.5 V,增大光传感器上的增益开关。

(4)点击"开始"并缓慢转动带有转动传感器的偏光片,直到旋转 180°。然后点击"停止"。

【数据分析】

(1)点击图表上的拟合按钮。选择用户自定义拟合并写下公式($A\cos^2 x$),根据常量可以曲线拟合你的数据。

(2)尝试一下 $\cos^3\varphi$、然后再试一试 $\cos\varphi$、$\cos^4\varphi$ 拟合。这几个拟合曲线是否比你原来的好? 能够最好拟合你的曲线的方程式是否与原理符合? 如果不是,原因何在?

【选做】

3 个偏振片的实验(可从其他小组借一个偏振片):

(1)现在使用 3 个偏振片重复该实验。将一个偏振片放置在轨道上并旋转它使得透过的光强最大。

(2)将第二个偏振片放置在轨道上并旋转它使得透过 2 个偏振片的光强最小。

(3)然后将第三个偏振片放在前 2 个偏振片之间。旋转它直到通过 3 个偏振片的光强为最大值。

(4)点击"开始"并记录光强与角度,将带有转动传感器的偏振片旋转 360°。

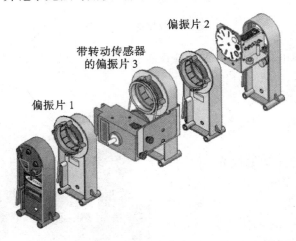

图 12　带有 3 个偏振片的装置

(5)选择你的数据来自于 2 个和 3 个偏振片。3 个偏振片的光强和角度的图表与 2 个偏振片的有哪两处不同?

(6)单击"拟合"按钮并选择用户自定义拟合。双击位于图标之上的用户自定义拟合工具箱并输入与先前 2 个偏振片实验中相同的公式,然后改变公式使其于曲线高度拟合。

【思考题】

(1)在 3 个偏振片的情况下,通过 3 个偏振片的光强最大时中间的偏振片和第一个偏振片之间的角度为多大? 请注意:在该实验中,当开始采集数据时角度将会自动读取为零度,但这并不是与第一个偏振片的夹角。

(2)在 3 个偏振片时,通过 3 个偏振片的光强最小时中间的偏振片和第一个偏振片之间的角度为多大?

附 表

表 1 国际单位制(SI)

	物理量名称	单位名称	单位符号		用其他 SI 单位表示式
			中文	国际	
基本单位	长度	米	米	m	
	质量	千克(公斤)	千克(公斤)	kg	
	时间	秒	秒	s	
	电流	安培	安	A	
	热力学温标	开尔文	开	K	
	物质的量	摩尔	摩	mol	
	光强度	坎德拉	坎	cd	
辅助单位	平面角	弧度	弧度	rad	
	立体角	球面度	球面度	sr	
导出单位	面积	平方米	米²	m²	
	速度	米每秒	米/秒	m/s	
	加速度	米每秒平方	米/秒²	m/s²	
	密度	千克每立方米	千克/米³	kg/m³	
	频率	赫兹	赫	Hz	1/s
	力	牛顿	牛	N	m·kg/s²
	压力、压强、应力	帕斯卡	帕	Pa	N/m²
	功、能量、热量	焦耳	焦	J	N·m
	功率、辐射通量	瓦特	瓦	W	J/s
	电量、电荷	库仑	库	C	s·A
	电位、电压、电动势	伏特	伏	V	W/A
	电容	法拉	法	F	C/V
	电阻	欧姆	欧	Ω	V/A
	磁通量	韦伯	韦	Wb	V·s
	磁感应强度	特斯拉	特	T	Wb/m²
	电感	亨利	亨	H	Wb/A
	光通量	流明	流	lm	
	光照度	勒克斯	勒	lx	lm/m²
	黏度	帕斯卡秒	帕·秒	Pa·s	
	表面张力	牛顿每米	牛/米	N/m	

（续表）

	物理量名称	单位名称	单位符号		用其他 SI 单位表示式
			中文	国际	
导出单位	比热容 热导率 电容率(介电常量) 磁导率	焦耳每千克开尔文 瓦特每米开尔文 法拉每米 亨利每米	焦/(千克·开) 瓦/(米·开) 法/米 亨/米	J/(kg·K) W/(m·K) F/m H/m	

表 2　基本物理常量

真空中的光速	$c = 2.997\ 924\ 58 \times 10^{8}$ m/s
电子的电荷	$e = 1.602\ 189\ 2 \times 10^{-19}$ C
普朗克常量	$h = 1.626\ 176 \times 10^{-34}$ J·s
阿伏伽德罗常量	$N_0 = 6.022\ 045 \times 10^{23}$ mol^{-1}
原子质量单位	$u = 1.660\ 565\ 5 \times 10^{-27}$ kg
电子的静止质量	$m_c = 9.109\ 634 \times 10^{-31}$ kg
电子的荷质比	$e/m_e = 1.758\ 804\ 7 \times 10^{11}$ C/kg
法拉第常量	$F = 9.648\ 56 \times 10^{4}$ C/mol
氢原子里德伯常量	$R_H = 1.096\ 776 \times 10^{7}$ m^{-1}
摩尔气体常量	$R = 8.314\ 41$ J/(mol·K)
波尔兹曼常量	$K = 1.380\ 622 \times 10^{-23}$ J/K
洛施密特常量	$n = 2.687\ 19 \times 10^{25}$ m^{-3}
万有引力常量	$G = 6.672\ 0 \times 10^{-11}$ N·m^2/kg^2
标准大气压	$P_0 = 101\ 325$ P$_a$
冰点的绝对温度	$T_0 = 273.15$ K
标准状态下声音在空气中的速度	$v = 331.46$ m/s
干燥空气的密度(标准状态下)	$\rho_{空气} = 1.293$ kg/m^3
水银的密度(标准状态下)	$\rho_{水银} = 13\ 595.04$ kg/m^3
理想气体的摩尔体积(标准状态下)	$V_m = 22.413\ 83 \times 10^{-3}$ m^3/mol
真空中的介电常量(电容率)	$\varepsilon_\theta = 8.854\ 188 \times 10^{-12}$ F/m
真空中的磁导率	$\mu_0 = 12.566\ 371 \times 10^{-7}$ H/m
钠光谱中黄线的波长	$D = 589.3 \times 10^{-9}$ m
镉光谱中红线的波长(15℃,101 325 Pa)	$\lambda_{ad} = 643.849\ 6 \times 10^{-9}$ m

表 3　部分电介质的相对介电常数

电介质	相对介电常数 ε_1	电介质	相对介电常数 ε_1
真空	1	乙醇(无水)	25.7
空气(1 个大气压)	1.000 5	石蜡	2.0～2.3
氢(1 个大气压)	1.000 27	硫磺	4.2
氧(1 个大气压)	1.000 53	云母	6～8
氮(1 个大气压)	1.000 53	硬橡胶	4.3
二氧化碳(1 个大气压)	1.000 98	绝缘陶瓷	560～6.5
氦(1 个大气压)	1.000 70	玻璃	4～11
纯水	81.5	聚氯乙烯	3.1～3.5

表 4　常温下某些物质相对于空气的光折射率

光波长 物质	H_a 线 (656.3 nm)	D 线 (589.3)	H_β 线 (486.1)
水(18℃)	1.331 4	1.333 2	1.337 3
乙醇(18℃)	1.360 9	1.362 5	1.366 5
二硫化碳(18℃)	1.619 9	1.629 1	1.654 1
冕玻璃(轻)	1.512 7	1.525 3	1.521 4
燧石玻璃(轻)	1.603 8	1.608 5	1.620 0
燧石玻璃(重)	1.743 4	1.751 5	1.772 3
方解石(非常光)	1.484 6	1.486 4	1.490 8
方解石(寻常光)	1.654 5	1.658 5	1.667 9
水晶(非常光)	1.550 9	1.553 5	1.558 9
水晶(寻常光)	1.541 8	1.544 2	1.549 6

表 5　常用光源的谱线波长计(单位:nm)

一、H		
656.28 红	447.15 蓝	589.593(D_1)黄
486.13 绿蓝	402.62 蓝紫	588.995(D_2)黄
434.05 蓝	388.87 蓝紫	五、He-Ne 激光
410.17 蓝紫	三、Ne	632.8 红
397.01 蓝紫	650.65 红	六、Hg
二、He	640.23 红	623.44 橙
706.52 红	638.30 红	579.07 黄
667.82 红	626.65 橙	576.96 黄
587.56(D_3)黄	621.73 橙	546.07 绿
501.51 绿	614.31 橙	491.60 绿蓝
492.19 绿蓝	588.19 黄	435.83 蓝
471.31 蓝	585.25 黄	407.78 蓝紫
	四、Na	404.66 蓝

参考文献

[1] 崔唯. 色彩构成[M]. 北京:中国纺织出版社,1996.

[2] 安宁. 色彩原理与色彩构成[M]. 杭州:中国美术学院出版社,1999.

[3] 汤顺青. 色度学[M]. 北京:北京理工大学出版社,1990.

[4] 杜功顺. 印刷色彩学[M]. 北京:印刷工业出版社,1995.

[5] 王书颖,平澄. 色度学实验[J]. 物理实验,1999,19(3).

[6] 王翠花,颌录有. 色度学实验研究[J]. 大学物理实验,2007,20(1).

[7] 吴思成,王祖铨. 近代物理实验[M]. 北京:北京大学出版社,1995.

[8] 江月松. 光电技术与实验[M]. 北京:北京理工大学出版社,2007.

[9] 武兴建,吴金宏. 光电倍增管原理、特性与应用[J]. 国外电子元器件,2001(8).

[10] 王魁香,韩炜,杜晓波. 新编近代物理实验[M]. 北京:科学出版社,2007.

[11] 吴先球,熊予莹. 近代物理实验教程(第二版)[M]. 北京:科学出版社,1999.

[12] 晏于模,王魁香. 近代物理实验[M]. 长春:吉林大学出版社,1995.

[13] 艾延宝,金永君. 法拉第磁致旋光效应及应用[J]. 物理与工程,2002,12(5).

[14] 吴泽华. 大学物理[M]. 杭州:浙江大学出版社,1999.

[15] E·N·洛伦兹. 混沌的本质[M]. 北京:气象出版社,1997.

[16] 戴逸松. 微弱信号检测方法及仪器[M]. 北京:国防工业出版社,1994.

[17] 〔德〕马科斯·玻恩,〔美〕埃米尔·沃尔夫. 光学原理(下册)[M]. 杨葭荪译. 北京:电子工业出版社,2006.

[18] 叶玉堂,饶建珍,肖峻,等. 光学教程[M]. 北京:清华大学出版社,2005.

[19] 徐介平. 声光器件的原理、设计和应用[M]. 北京:科学出版社,1982.

[20] 薛勇峰,声光效应实验研究[J]. 西安文理学院学报,2008(8).

[21] 褚圣麟. 原子物理学[M]. 北京:人民教育出版社,1979.

[22] 青岛海洋大学物理实验教学中心. 综合与近代物理实验[M]. 青岛:青岛海洋大学出版社,2001.

[23] 龚顺生. 双共振实验[J]. 物理实验,1981,1(4).

[24] 熊正烨,吴奕初,郑裕芳. 光磁共振实验中测量 gF 值方法的改进[J]. 物理实验,2000,20(1).

[25] A·J·德克尔. 固体物理学[M]. 北京:科学出版社,1965.

[26] 方俊鑫,陆栋. 固体物理学(下册)[M]. 上海:上海科学技术出版社,1981.

[27] 吕斯骅,朱印康. 近代物理实验技术[M],北京:高等教育出版社,1991.

[28] 陈佳圭. 微弱信号检测[M]. 北京:中央广播电视大学出版社,1987.